市政工程施工图集

（第二版）

1 道路工程

李世华　李爱华　主编

中国建筑工业出版社

图书在版编目（CIP）数据

市政工程施工图集 1 道路工程/李世华，李爱华主编.
2版. —北京：中国建筑工业出版社，2014.10
ISBN 978-7-112-17098-2

Ⅰ. ①市… Ⅱ. ①李… ②李… Ⅲ. ①市政工程-工程
施工-图集②城市道路-道路施工-图集 Ⅳ. ①TU99-64

中国版本图书馆CIP数据核字（2014）第152214号

本图集主要包括的内容是：国内外部分城市总体规划、城市道路施工测量、城市道路路线、城市道路路基施工、城市道路路面施工、城市道路控制系统及附属设施等内容。本图集以现行施工规范、验收标准为依据，结合多年施工经验，以图文形式编写而成，具有很强的实用性和可操作性。

本书可供从事市政工程施工、设计、维护和质量、预算、材料等专业人员使用，也是非专业人员了解和学习本专业知识的参考资料。

* * *

责任编辑：姚荣华　胡明安
责任校对：陈晶晶　关　健

市政工程施工图集（第二版）
1　道路工程
李世华　李爱华　主编

*

中国建筑工业出版社出版、发行（北京西郊百万庄）
各地新华书店、建筑书店经销
北京红光制版公司制版
北京中科印刷有限公司印刷

*

开本：787×1092毫米　1/16　印张：23¾　字数：573千字
2015年1月第二版　　2015年1月第四次印刷
定价：**64.00**元
ISBN 978-7-112-17098-2
（25861）

修 订 说 明

《市政工程施工图集》（1~5）自第一版出版发行以来，一直深受广大读者的喜爱。由于近几年市政工程发展很快，各种新材料、新设备、新方法、新工艺不断出现，为了保持该套书的先进性、实用性，提高本套图集的整体质量，更好地为读者服务，中国建筑工业出版社决定修订本套图集。

本套图集以现行市政工程施工及验收规范、规程和工程质量验收标准为依据，结合多年的施工经验和传统做法，以图文形式介绍市政工程中道路工程；桥梁工程；给水、排水、污水处理工程；燃气、热力工程；园林工程等的施工方法。图集中涉及的施工方法既有传统的方法，又有目前正在推广使用的新技术。内容全面新颖、通俗易懂，具有很强的实用性和可操作性，是广大市政工程施工人员必备的工具书。

《市政工程施工图集》（第二版）（1~5册），每册分别是：

1　道路工程

2　桥梁工程

3　给水　排水　污水处理工程

4　燃气　热力工程

5　园林工程

本套图集每部分的编号由汉语拼音第一个字母组成，编号如下：

DL——道路；　　　　QL——桥梁；　　　　JS——给水；　　　　PS——排水；

WS——污水；　　　　YL——园林；　　　　RQ——燃气；　　　　RL——热力。

本图集服务于市政工程施工企单位的主任工程师、技术队长、工长、施工员、班组长、质量检查员及操作工人，是施工企事业各级工程技术人员和管理人员进行施工准备、技术咨询、技术交底、质量控制和组织技术培训的重要资料来源，也是指导市政工程施工的主要参考依据。

中国建筑工业出版社

前　　言

　　一座规划合理、设计优良、功能完备的现代化都市的建成，除了对城市有跨世纪发展的伟大规划、高超漂亮的建筑造型、独特而新颖的结构设计外，还应有一支具有丰富的现场操作经验、技术过硬的高素质施工队伍。而这支队伍在市政工程建设过程中，完全能够以国家现行的市政工程施工技术规程、市政公用工程质量检验评定标准、城市道路与桥梁施工验收规范等标准为依据，能按照施工图纸进行正确施工。

　　本书是奉献给广大市政工程建设者一本实用性强、极具参考价值的市政道路工程施工中常见的示范性施工图集。本书较严格地按照我国市政道路工程设计标准、施工规范、质量检验评定标准等要求，结合一批资深工程技术人员的现场施工经验，以图文形式编写而成。

　　本图集主要介绍道路工程的施工，即国内外部分城市总体规划、城市道路施工测量、城市道路路线、城市道路路基施工、城市道路路面施工、城市道路控制系统与附属设施等。

　　本图集由广州大学市政技术学院李世华、李爱华主编。胡际和、张力、吴启凤、肖兴辉、谢建强、聂英才、唐芳容、李紫林、王光辉、李国荣、王海龙、梁双峰为副主编。

　　本图集在编写中不仅得到了广州大学市政技术学院、广州大学土木学院、广东工业大学、广州市政集团有限公司、广州市政园林管理局、广州华南路桥实业有限公司、广州市政设计研究院等单位的领导与工程技术人员的热情关心，而且得到了彭丽华、李再阳、李璞、詹雅婷、曾彤、聂红波、聂涛波、聂文波、胡青玲、胡秋林、李跳洋、李连钦、李如钦、李恒钦、谭志雄、袁预柳、张六喜、刘国隆、戢焕庸、蒋春奎、罗国良、刘曙华、邓欣雨、钟炤培、陈孔坤、吴剑峰、刘益辉、曾月华、俞芝、李英姿、陈展华、欧阳妙姬、李洁莹等专家学者的大力支持，在此一并致谢。

　　限于编者的水平，加之编写时间仓促，书中难免存在有错误和疏漏之处，敬请广大读者批评指正。

目　录

2.2　施工测量方法及实例

3　城市道路路线

3.1　城市道路概述

3.2　城市道路断面图

3.3　城市道路平面图

3.4　城市道路平面交叉口的设计

3.5　城市道路立体交叉口的设计

3.6　城市其他形式的立体交叉口

3.7　城市高架路的设计

4　城市道路路基施工

4.1　道路路基土的分类

4.2　土方施工机械及施工工艺

5　城市道路路面施工

5.1　路面等级、类型及结构

5.2　稳定土路面施工

5.3　水泥混凝土路面施工

5.4 沥青路面施工

5.5 路面维修车结构及工作状态

6　城市道路控制系统与附属设施

6.1　城市道路控制系统

6.2　城市道路隔离护栏

6.3　道路标志、标线及视线诱导

1 国内外部分城市总体规划

1.1 古代北京城图

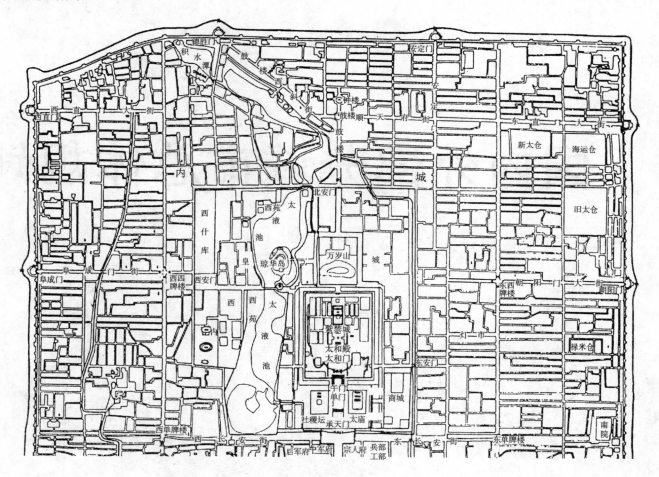

1368～1644 年

| 图名 | 明代北京城图（一） | 图号 | DL1-1（一） |

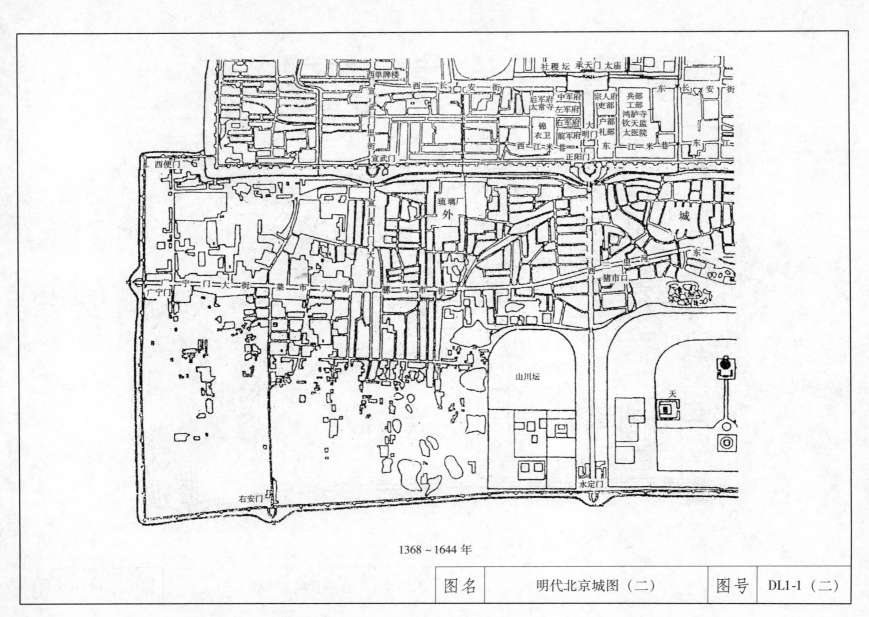

社稷坛 承天门 太庙

西单牌楼
宣武里街
西长安街
西单牌楼
东长安街

后军府 中军府 宗人府 兵部
太常寺 左军府 吏部 工部
右军府 户部 鸿胪寺
锦衣卫 前军府 礼部 钦天监
西三江米巷 大明门 太医院
宣武门 正阳门 东江米巷

西便门
西长安街

琉璃厂外

城

宣武门大街
东

广宁门大街 菜市大街 骡马市街
西猪市口
单河
东

广宁门

山川坛

天

右安门

永定门

1368～1644 年

图名	明代北京城图（二）	图号	DL1-1（二）

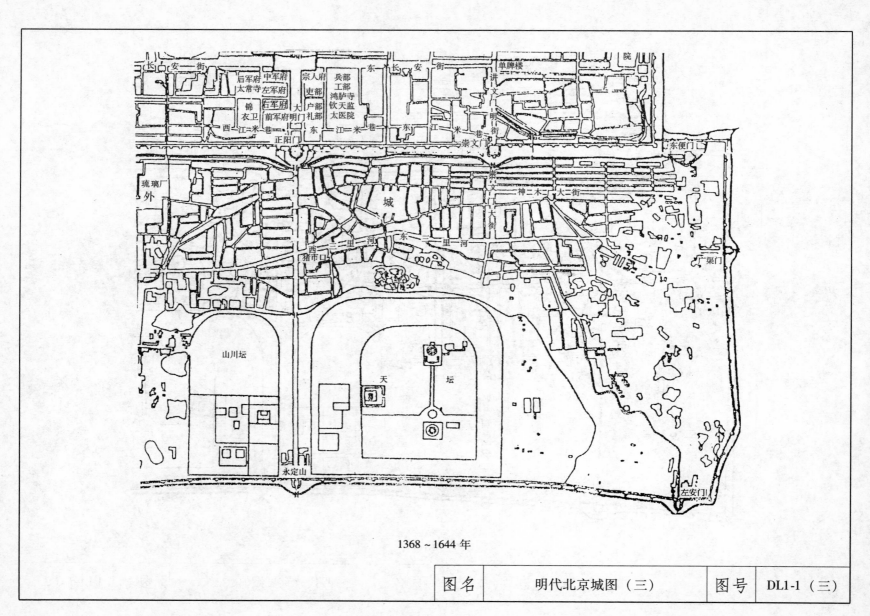

1368～1644 年

| 图名 | 明代北京城图（三） | 图号 | DL1-1（三） |

1.2 国内部分城市总体规划图

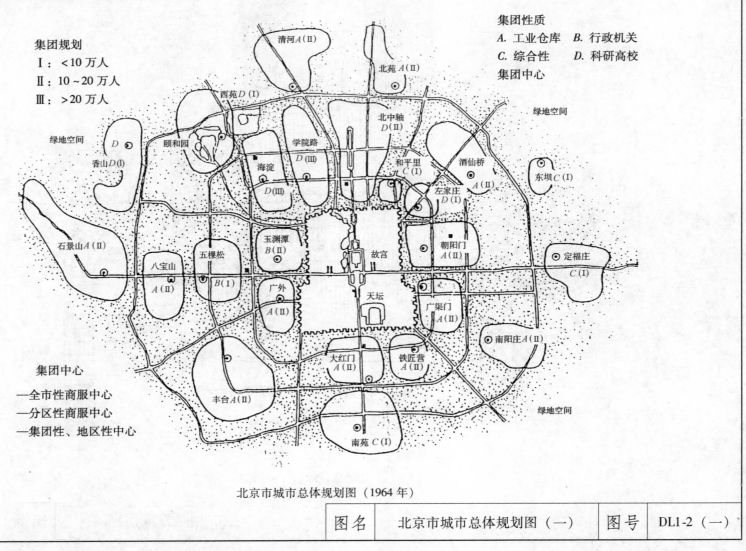

集团规划
Ⅰ：<10万人
Ⅱ：10～20万人
Ⅲ：>20万人

集团性质
A. 工业仓库　B. 行政机关
C. 综合性　　D. 科研高校
集团中心

集团中心
—全市性商服中心
—分区性商服中心
—集团性、地区性中心

清河 A(Ⅱ)
北苑 A(Ⅱ)
西苑 D(Ⅰ)
颐和园
北中轴 D(Ⅱ)
学院路 D(Ⅲ)
香山 D(Ⅰ)
绿地空间
D
海淀 D(Ⅲ)
和平里 C(Ⅰ)
酒仙桥 A(Ⅱ)
东坝 C(Ⅰ)
绿地空间
左家庄 D(Ⅰ)
石景山 A(Ⅱ)
玉渊潭 B(Ⅱ)
故宫
朝阳门 A(Ⅱ)
定福庄 C(Ⅰ)
八宝山 A(Ⅱ)
五棵松 B(Ⅰ)
广外 A(Ⅱ)
天坛
广渠门 A(Ⅱ)
南阳庄 A(Ⅱ)
大红门 A(Ⅱ)
铁匠营 A(Ⅱ)
丰台 A(Ⅱ)
绿地空间
南苑 C(Ⅰ)

北京市城市总体规划图（1964 年）

图名	北京市城市总体规划图（一）	图号	DL1-2（一）

5

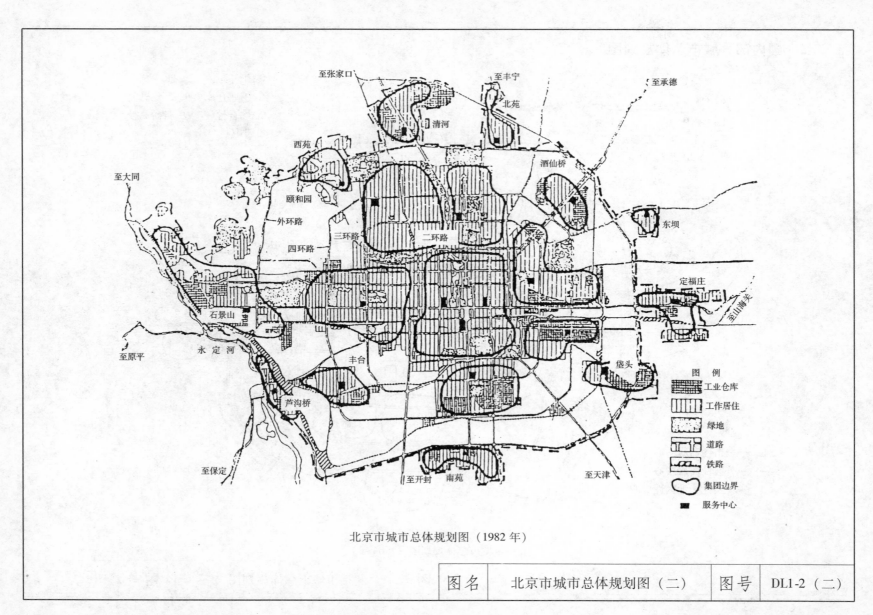

至张家口　　　至丰宁　　　　　至承德

北苑

清河

西苑　　　　　　　　　　　酒仙桥

颐和园　　　　　　　　　　　　　　　东坝

至大同

外环路

三环路　　二环路

四环路

定福庄

至山海关

石景山　　　　　　　　　　　　　　　　　

永定河　　　　　　　　　　　　　　　　　

至原平　　　　　　　丰台　　　　　　　　　袋头

芦沟桥

| 图　例 |
| 工业仓库 |
| 工作居住 |
| 绿地 |
| 道路 |
| 铁路 |
| 集团边界 |
| 服务中心 |

至保定

至开封　　南苑　　　至天津

北京市城市总体规划图（1982 年）

| 图名 | 北京市城市总体规划图（二） | 图号 | DL1-2（二） |

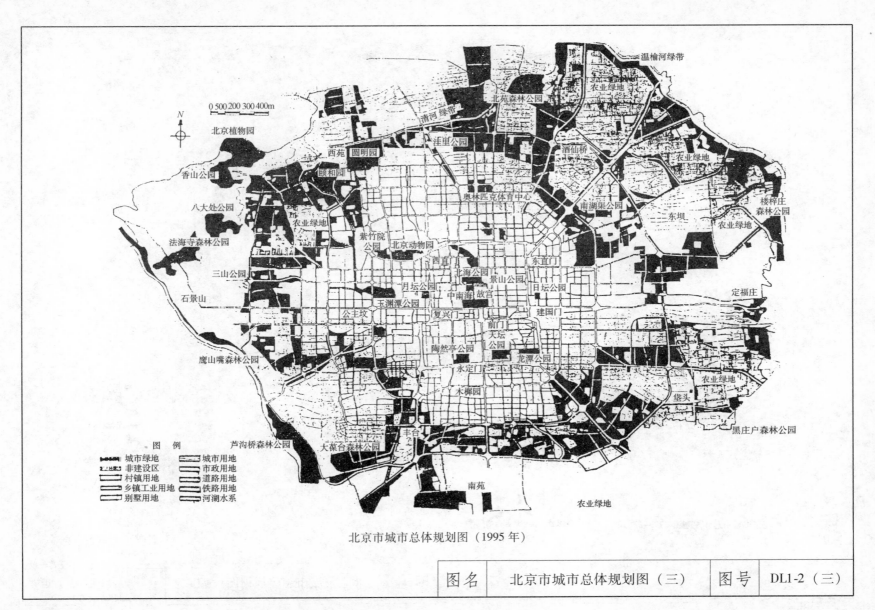

0 500 200 300 400m

北京植物园

西苑　圆明园

香山公园

颐和园

八大处公园

清河绿带

温榆河绿带

北苑森林公园

农业绿地

酒仙桥

农业绿地

楼梓庄
森林公园

农业绿地

洼里公园

奥林匹克体育中心

南湖渠公园

东坝

法海寺森林公园

农业绿地

紫竹院
公园

北京动物园

三山公园

月坛公园

北海公园　景山公园

西直门

石景山

玉渊潭公园

中南海　故宫

日坛公园

东直门

定福庄

公主坟

复兴门

建国门

鹰山嘴森林公园

陶然亭公园

前门
天坛
公园

龙潭公园

农业绿地

永定门

塔头

木樨园

芦沟桥森林公园

丰台

黑庄户森林公园

大葆台森林公园

图　例

城市绿地　　　城市用地
非建设区　　　市政用地
村镇用地　　　道路用地
乡镇工业用地　铁路用地
别墅用地　　　河湖水系

南苑

农业绿地

北京市城市总体规划图（1995 年）

| 图名 | 北京市城市总体规划图（三） | 图号 | DL1-2（三） |

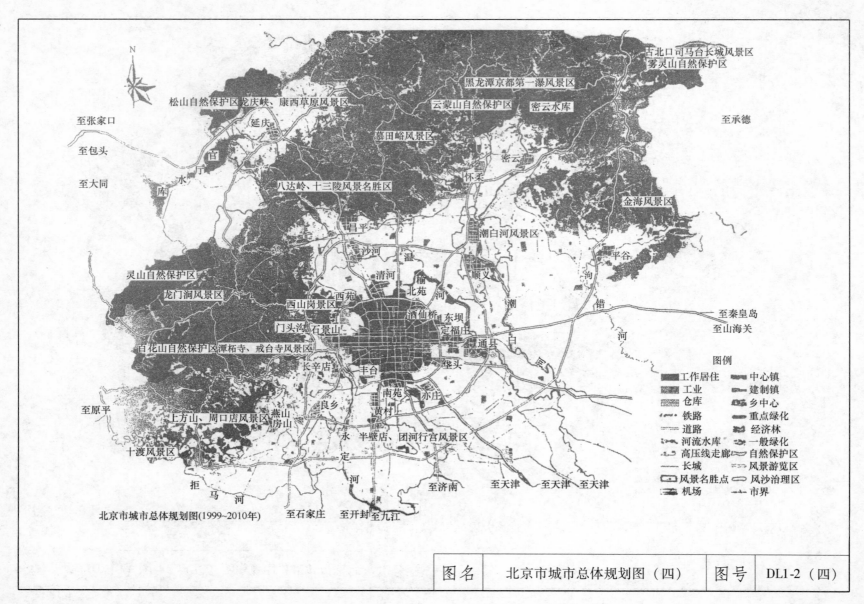

北京市城市总体规划图(1999~2010年)

古北口司马台长城风景区
雾灵山自然保护区

黑龙潭京都第一瀑风景区

云蒙山自然保护区　　密云水库

松山自然保护区龙庆峡、康西草原风景区

慕田峪风景区

至张家口

延庆

至承德

至包头

官　厅

至大同

水　库

八达岭、十三陵风景名胜区

密云

怀柔

金海风景区

昌平

沙河

温

潮白河风景区

平谷

灵山自然保护区

清河

顺义

潮

龙门涧风景区

西苑

西山岗景区

榆北苑

河

至秦皇岛

酒仙桥

东坝

至山海关

门头沟

石景山

定福庄

河

通县

白

百花山自然保护区潭柘寺、戒台寺风景区

长辛店

丰台

俸头

至原平

南苑

亦庄

良乡

燕山

上方山、周口店风景区

房山

黄村

十渡风景区

永

半壁店、团河行宫风景区

定

拒

马

河

河

至济南

至天津　至天津　至天津

至石家庄　至开封至九江

图例	
工作居住	中心镇
工业	建制镇
仓库	乡中心
铁路	重点绿化
道路	经济林
河流水库	一般绿化
高压线走廊	自然保护区
长城	风景游览区
风景名胜点	风沙治理区
机场	市界

图名	北京市城市总体规划图（四）	图号	DL1-2（四）

8

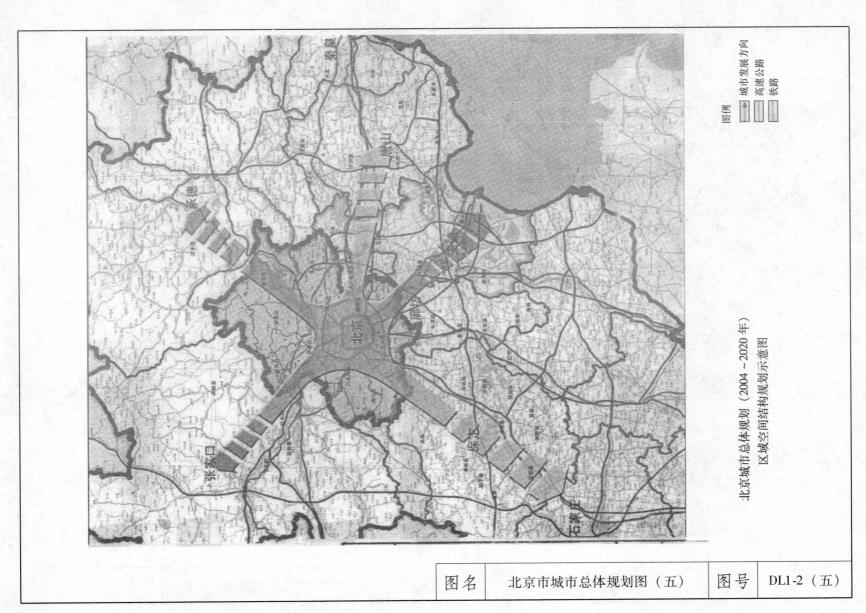

图例
城市发展方向
高速公路
铁路

北京城市总体规划（2004～2020年）
区域空间结构规划示意图

| 图名 | 北京市城市总体规划图（五） | 图号 | DL1-2（五） |

图例

低密度居住区
中高密度居住区
行政商业办公用地
文教体卫用地
工业用地
仓储用地
对外交通用地
绿化用地
生产保护用地
市政用地
特殊用地
水体
城市主干道
铁路
规划区界
其他

广州市城市规划图（1993～2010 年）

| 图名 | 广州市城市总体规划图（一） | 图号 | DL1-3（一） |

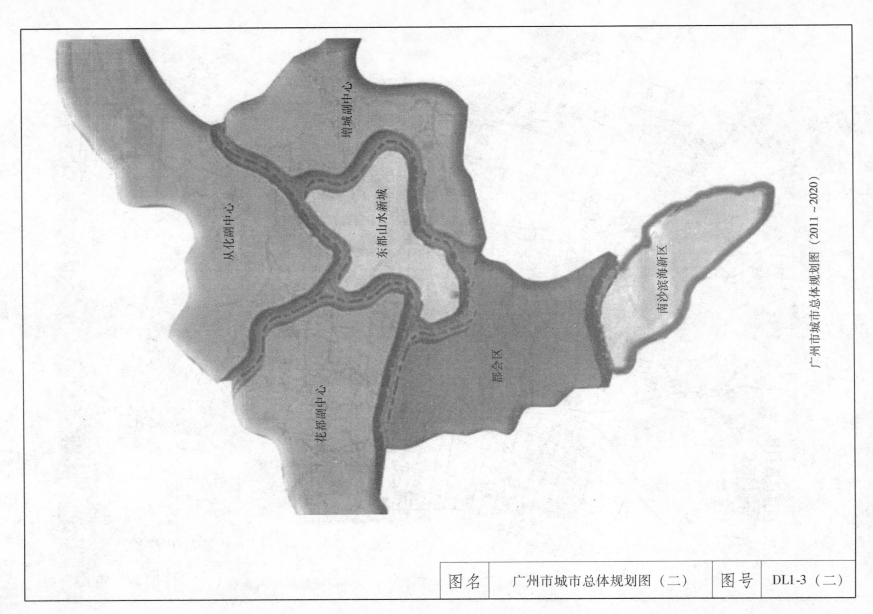

增城副中心

从化副中心

东部山水新城

南沙滨海新区

花都副中心

都会区

广州市城市总体规划图（2011～2020）

图名	广州市城市总体规划图（二）	图号	DL1-3（二）

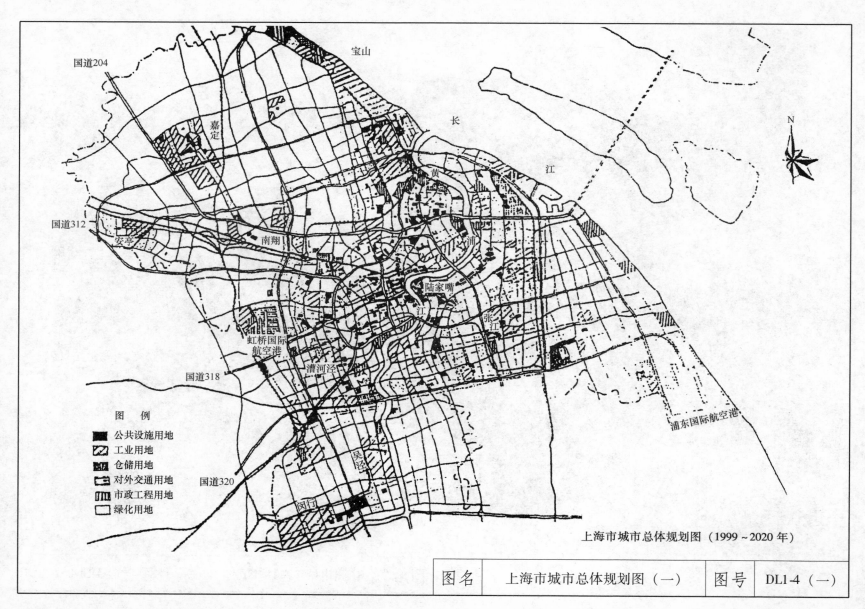

国道204

宝山

嘉定

长

黄

江

浦

国道312

安亭

南翔

陆家嘴

浦

张江

虹桥国际
航空港

漕河泾

浦东国际航空港

国道318

图 例

■ 公共设施用地
▨ 工业用地
▨ 仓储用地
▨ 对外交通用地
▥ 市政工程用地
□ 绿化用地

吴泾

国道320

闵行

上海市城市总体规划图（1999～2020 年）

| 图名 | 上海市城市总体规划图（一） | 图号 | DL1-4（一） |

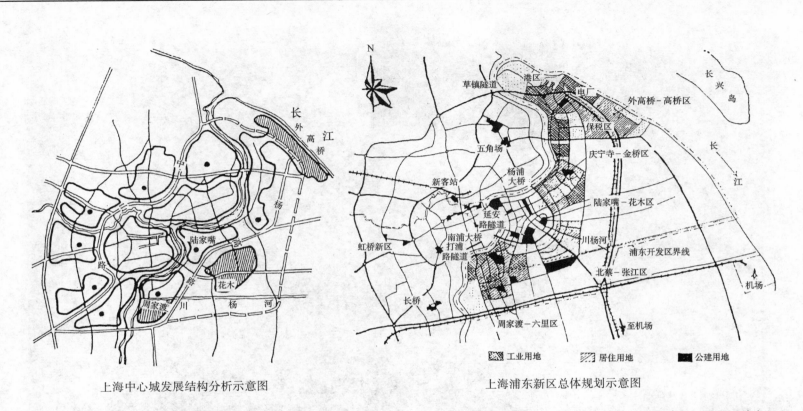

上海中心城发展结构分析示意图

上海浦东新区总体规划示意图

图例：⊠工业用地　⊘居住用地　■公建用地

　　上海是我国重要的经济中心和航运中心，国家历史文化名城。到2020年，将把上海初步建成国际经济、金融、贸易中心之一，基本确立上海国际经济中心城市的地位。发挥上海国际国内两个扇面辐射转换的纽带作用，进一步促进长江三角洲和长江经济带的共同发展。

上海市城市总体规划图（1999～2020年）

图名	上海市城市总体规划图（二）	图号	DL1-4（二）

天津市城市总体规划（2005～2020年）中心城市用地规划图

图名	天津市城市总体规划图	图号	DL1-5

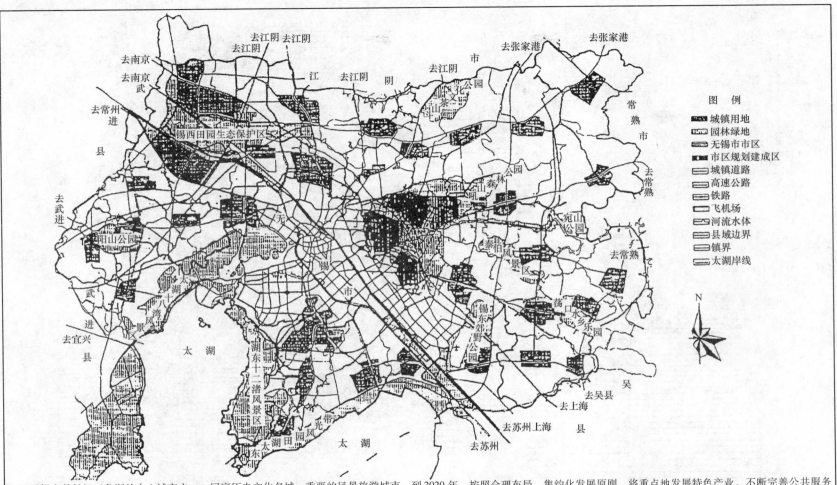

图 例

- 城镇用地
- 园林绿地
- 无锡市市区
- 市区规划建成区
- 城镇道路
- 高速公路
- 铁路
- 飞机场
- 河流水体
- 县域边界
- 镇界
- 太湖岸线

无锡市是长江三角洲的中心城市之一，国家历史文化名城，重要的风景旅游城市。到2020年，按照合理布局、集约化发展原则，将重点地发展特色产业，不断完善公共服务设施和城市功能，逐步将无锡市建设成为经济繁荣、功能完善、社会和谐、生态良好，具有地方特色的现代化城市。

无锡市城市总体规划图（1999～2020年）

图名	无锡市城市总体规划图	图号	DL1-6

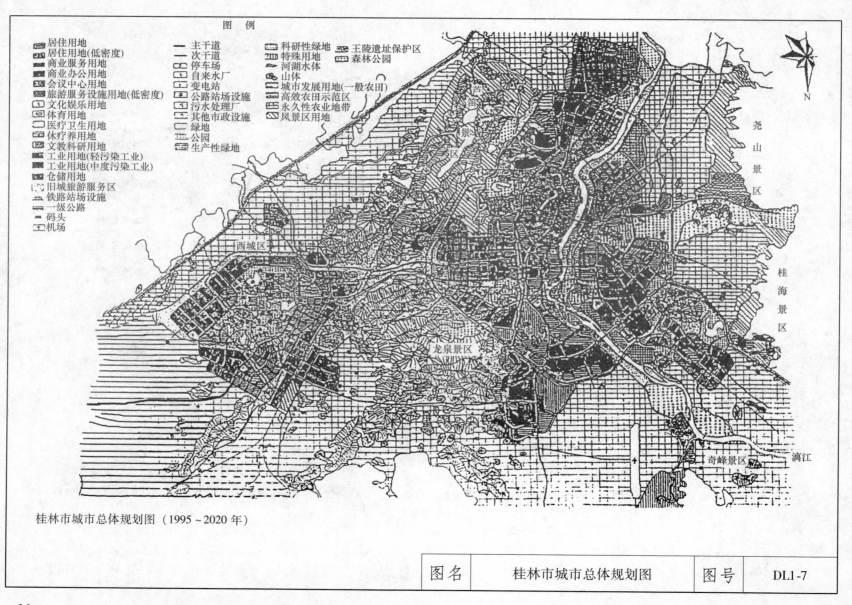

居住用地
居住用地(低密度)
商业服务用地
商业办公用地
会议中心用地
旅游服务设施用地(低密度)
文化娱乐用地
体育用地
医疗卫生用地
休疗养用地
文教科研用地
工业用地(轻污染工业)
工业用地(中度污染工业)
仓储用地
旧城旅游服务区
铁路站场设施
一级公路
码头
机场

主干道
次干道
停车场
自来水厂
变电站
公路站场设施
污水处理厂
其他市政设施
绿地
公园
生产性绿地

科研性绿地
特殊用地
河湖水体
山体
城市发展用地(一般农田)
高效农田示范区
永久性农业地带
风景区用地

王陵遗址保护区
森林公园

芦笛景区

尧山景区

桂海景区

西城区

龙泉景区

奇峰景区

漓江

桂林市城市总体规划图(1995～2020年)

图名	桂林市城市总体规划图	图号	DL1-7

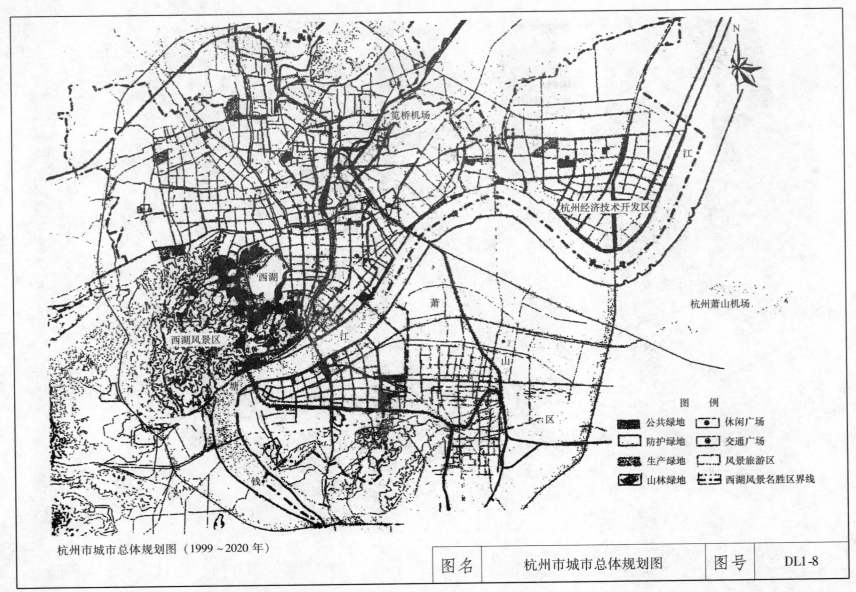

杭州市城市总体规划图（1999～2020年）

| 图名 | 杭州市城市总体规划图 | 图号 | DL1-8 |

17

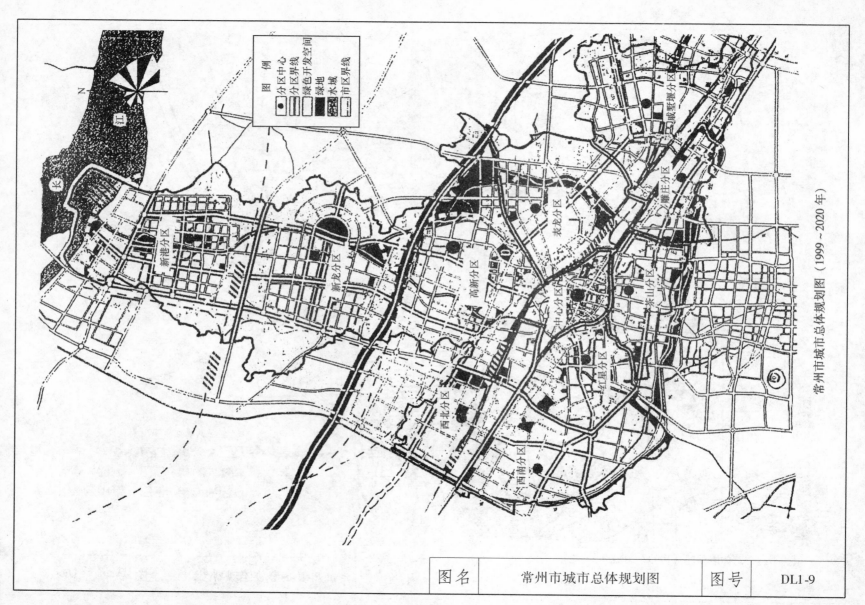

| 图名 | 常州市城市总体规划图 | 图号 | DL1-9 |

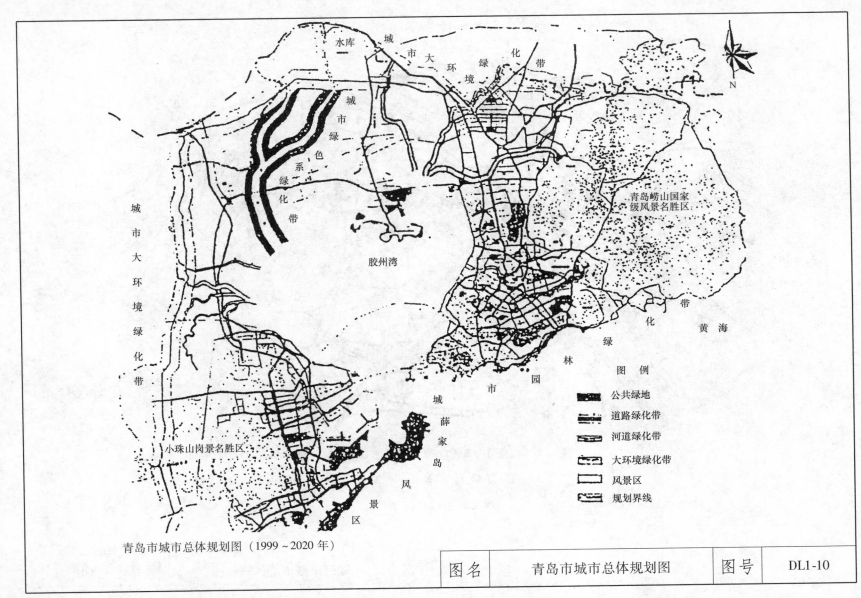

青岛市城市总体规划图（1999～2020年）

图例
- 公共绿地
- 道路绿化带
- 河道绿化带
- 大环境绿化带
- 风景区
- 规划界线

图名	青岛市城市总体规划图	图号	DL1-10

水库　城市　大环境　绿化带
城市绿色系绿化带
城市大环境绿化带
青岛崂山国家级风景名胜区
胶州湾
黄海
市园林绿化带
城薛家岛
小珠山岗景名胜区
风景区

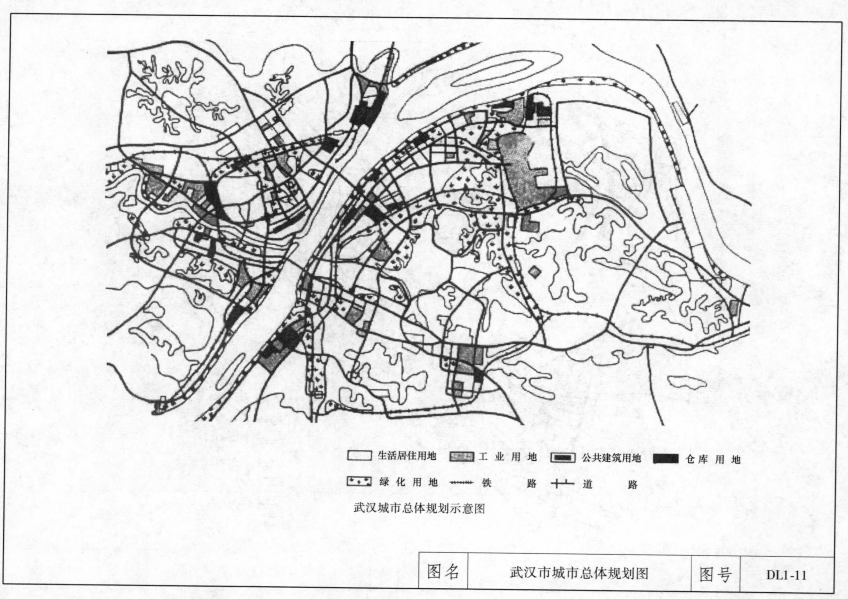

| | 生活居住用地 | | 工 业 用 地 | | 公共建筑用地 | | 仓 库 用 地 |

| | 绿 化 用 地 | 铁　路 | 道　路 |

武汉城市总体规划示意图

| 图名 | 武汉市城市总体规划图 | 图号 | DL1-11 |

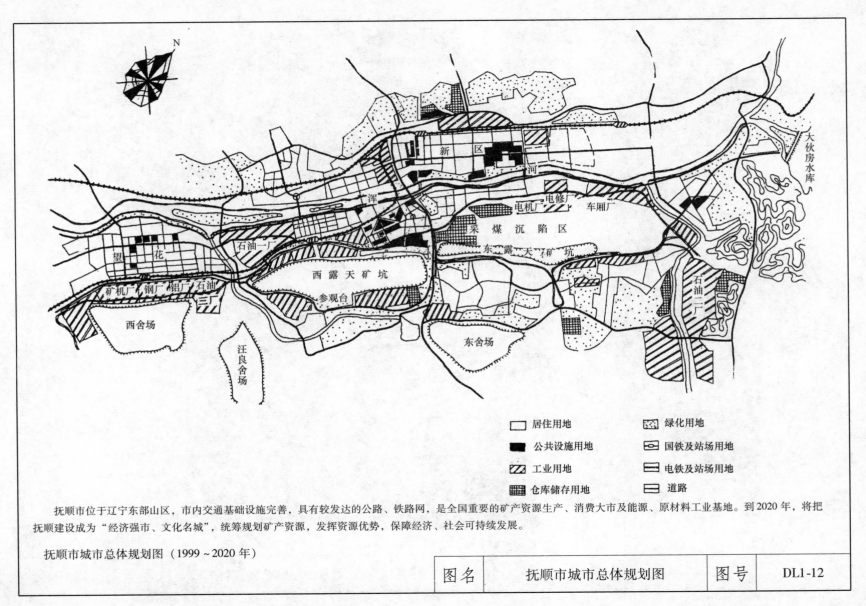

N

新区

河

浑

电机厂 电修厂 车厢厂
采煤沉陷区

石油一厂 东露天矿坑
望
花
西露天矿坑
矿机厂 钢厂 铝厂 石油
参观台 三厂 石油
西舍场 二厂
东舍场
汪良舍场

大伙房水库

图例	
居住用地	绿化用地
公共设施用地	国铁及站场用地
工业用地	电铁及站场用地
仓库储存用地	道路

抚顺市位于辽宁东部山区，市内交通基础设施完善，具有较发达的公路、铁路网，是全国重要的矿产资源生产、消费大市及能源、原材料工业基地。到2020年，将把抚顺建设成为"经济强市、文化名城"，统筹规划矿产资源，发挥资源优势，保障经济、社会可持续发展。

抚顺市城市总体规划图（1999～2020年）

图名	抚顺市城市总体规划图	图号	DL1-12

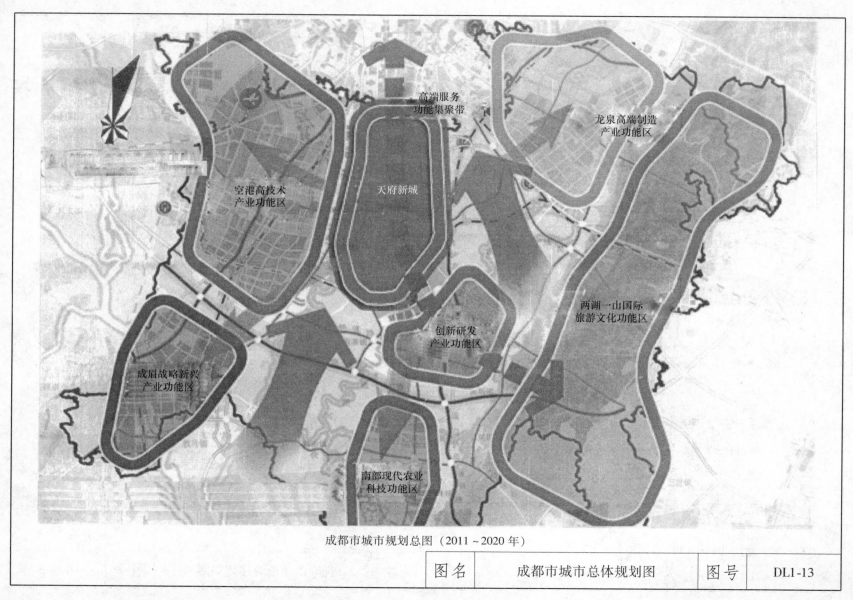

高端服务
功能集聚带

龙泉高端制造
产业功能区

空港高技术
产业功能区

天府新城

两湖一山国际
旅游文化功能区

创新研发
产业功能区

成眉战略新兴
产业功能区

南部现代农业
科技功能区

成都市城市规划总图（2011～2020年）

| 图名 | 成都市城市总体规划图 | 图号 | DL1-13 |

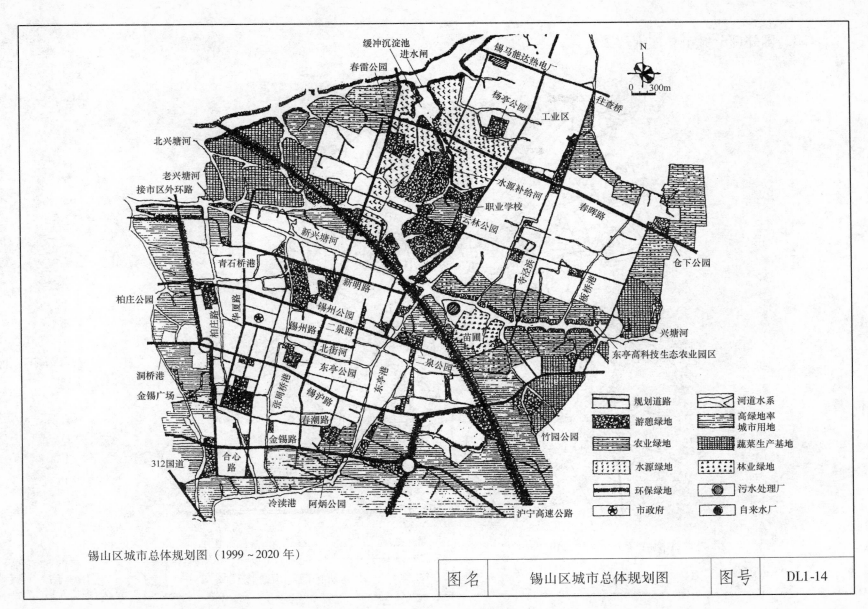

缓冲沉淀池
进水闸
春雷公园
锡马能达热电厂
往查桥
N
0   300m
杨亭公园
工业区
北兴塘河
老兴塘河
接市区外环路
水源补给河
职业学校
春晖路
云林公园
新兴塘河
青石桥港
仓下公园
新明路
柏庄公园
锡州公园
寺泾浜
板桥港
柏庄路
华夏路
锡州路
二泉路
兴塘河
北街河
苗圃
东亭高科技生态农业园区
洞桥港
东亭公园
东亭港
金锡广场
张周桥港
锡沪路
二泉公园
春潮路
竹园公园
规划道路
河道水系
金锡路
游憩绿地
高绿地率
城市用地
合心路
农业绿地
蔬菜生产基地
312国道
水源绿地
林业绿地
环保绿地
污水处理厂
冷渎港
阿炳公园
沪宁高速公路
市政府
自来水厂

锡山区城市总体规划图（1999～2020年）

| 图名 | 锡山区城市总体规划图 | 图号 | DL1-14 |

23

1.3 国外部分城市总体规划图

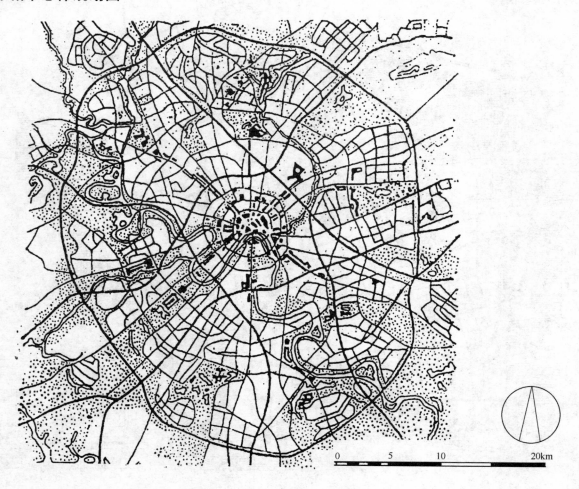

0　　　5　　　10　　　20km

莫斯科市城市总体规划图（1971 年）

图名	莫斯科市城市总体规划图	图号	DL1-15

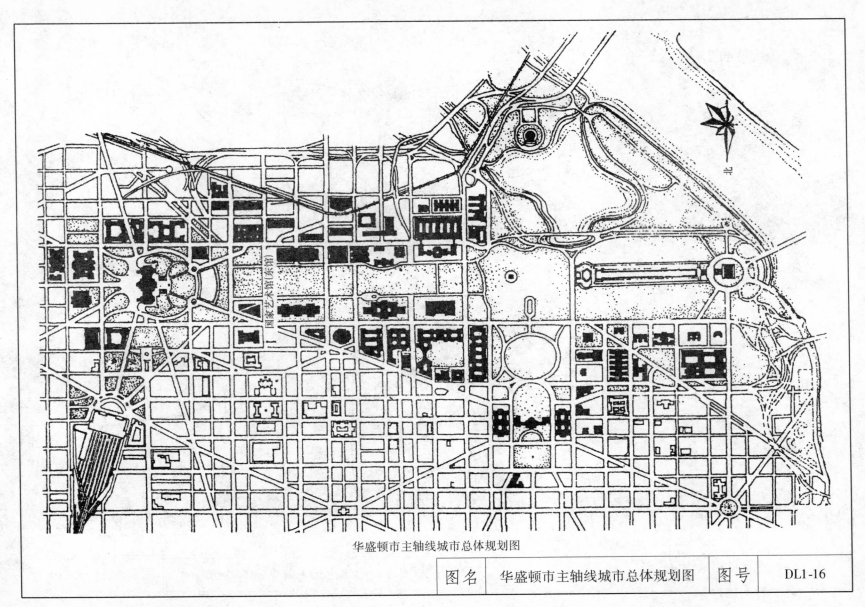

华盛顿市主轴线城市总体规划图

| 图名 | 华盛顿市主轴线城市总体规划图 | 图号 | DL1-16 |

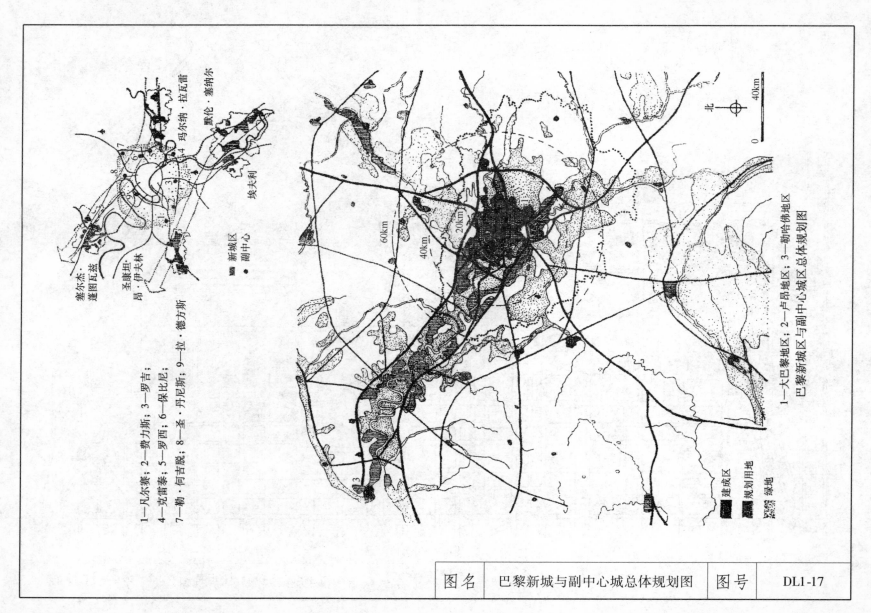

1—凡尔赛；2—费力斯；3—罗吉；
4—克雷泰；5—罗西；6—保比尼；
7—勒博吉脱；8—圣·丹尼斯；9—拉·德方斯

塞尔杰·蓬图瓦兹
圣康坦·伊夫林
玛尔纳·拉瓦雷
黙伦·塞纳尔
埃夫利

■ 新城区
● 副中心

1—大巴黎地区；2—卢昂地区；3—勒哈佛地区
巴黎新城区与副中心城区总体规划图

北 ⊕

0   40km

60km
40km
20km

■ 建成区
▨ 规划用地
〰 绿地

| 图名 | 巴黎新城与副中心城总体规划图 | 图号 | DL1-17 |

26

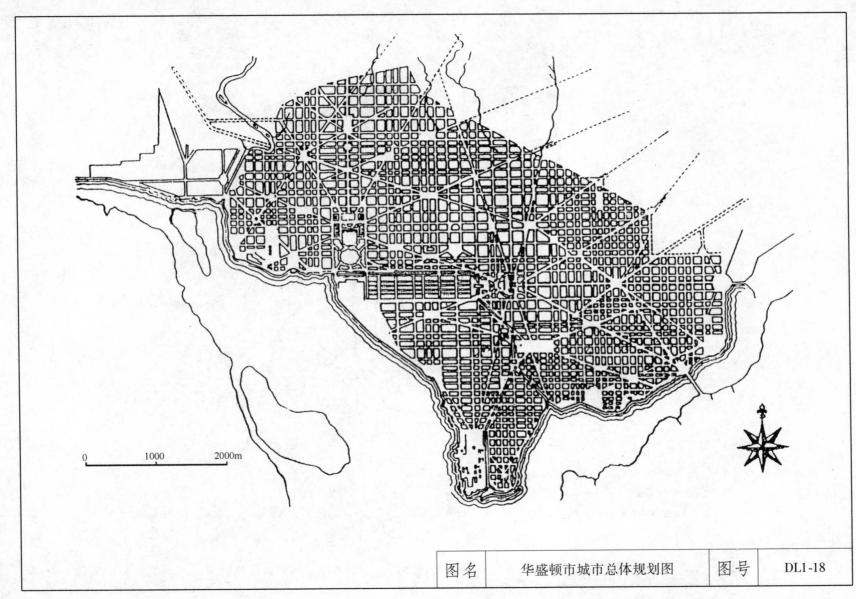

| 图名 | 华盛顿市城市总体规划图 | 图号 | DL1-18 |

27

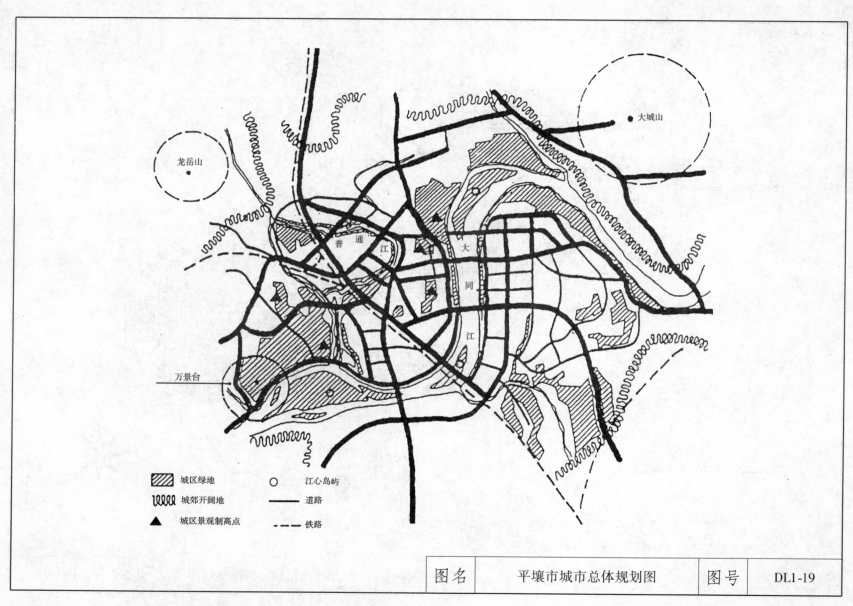

龙岳山

大城山

普 通 江

大
同
江

万景台

城区绿地　　　　　江心岛屿

城郊开阔地　　　　道路

城区景观制高点　　铁路

| 图名 | 平壤市城市总体规划图 | 图号 | DL1-19 |

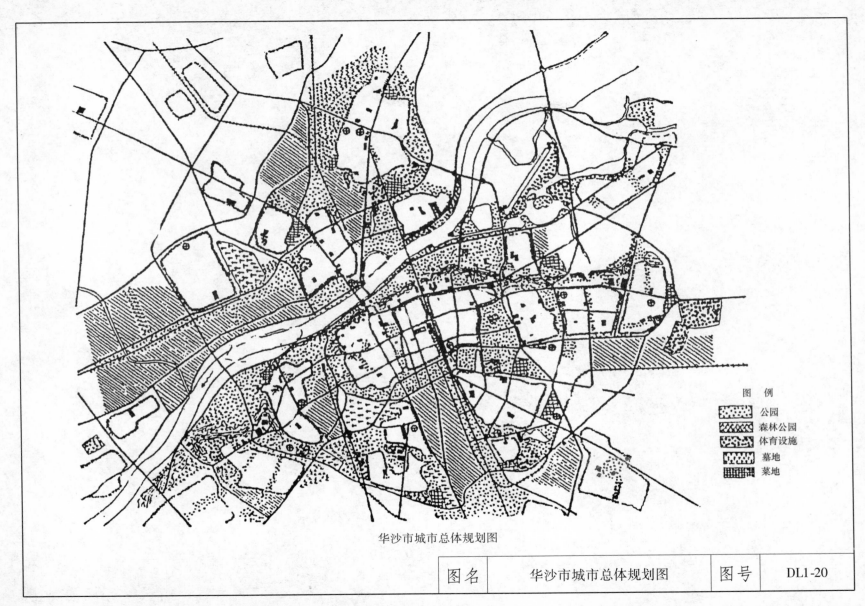

华沙市城市总体规划图

图 例

- 公园
- 森林公园
- 体育设施
- 墓地
- 菜地

| 图名 | 华沙市城市总体规划图 | 图号 | DL1-20 |

29

2 城市道路施工测量

2.1 测量仪器

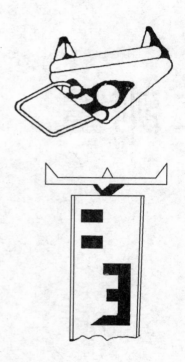 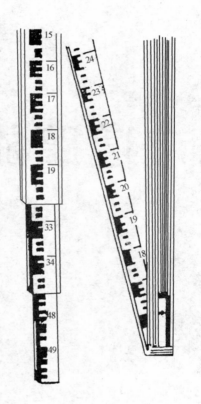  

| 图名 | 水准尺的构造图 | 图号 | DL2-1 |

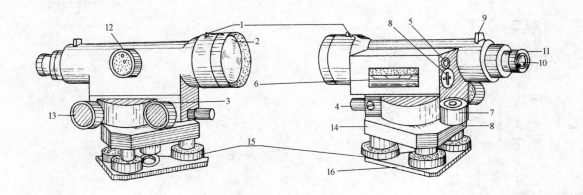

水准仪构造图

1—准星；2—物镜；3—微动螺旋；4—制动螺旋；5—符合水准器观察镜；6—水准管；7—水准盒；8—校正螺丝；
9—照门；10—目镜；11—目镜对光螺旋；12—物镜对光螺旋；13—微倾螺旋；14—基座；15—脚螺旋；16—连接板

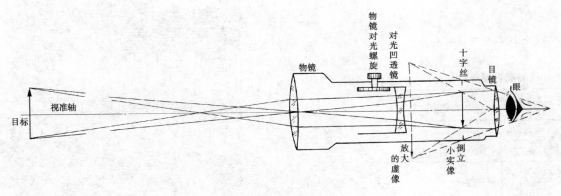

望远镜构造图

| 图名 | 微倾式水准仪的构造图 | 图号 | DL2-2 |

33

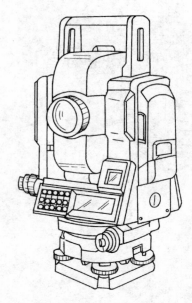

SET2C 全站仪

全站仪及电子经纬仪的准确度等级划分

准确度等级	测角标准偏差	测距标准偏差（mm）
I	$\lvert m_\beta \rvert \leqslant 1''$	$\lvert m_D \rvert \leqslant 5$
II	$1'' < \lvert m_\beta \rvert \leqslant 2''$	$\lvert m_D \rvert \leqslant 5$
III	$2'' < \lvert m_\beta \rvert \leqslant 6''$	$5 \leqslant \lvert m_D \rvert \leqslant 10$
IV	$6'' < \lvert m_\beta \rvert \leqslant 10''$	$\lvert m_D \rvert \leqslant 10$

注：m_D 为每千米测距标准差。

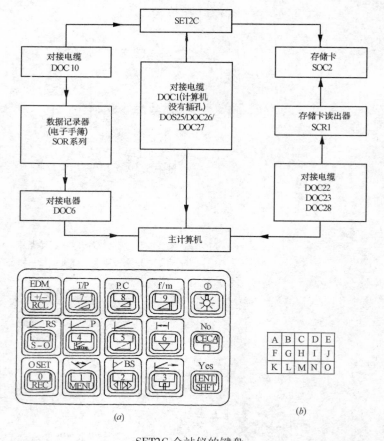

SET2C 全站仪的键盘

（a）键盘图；（b）对应代号说明图

图名	SET2C 型全站仪及其键盘	图号	DL2-3

34

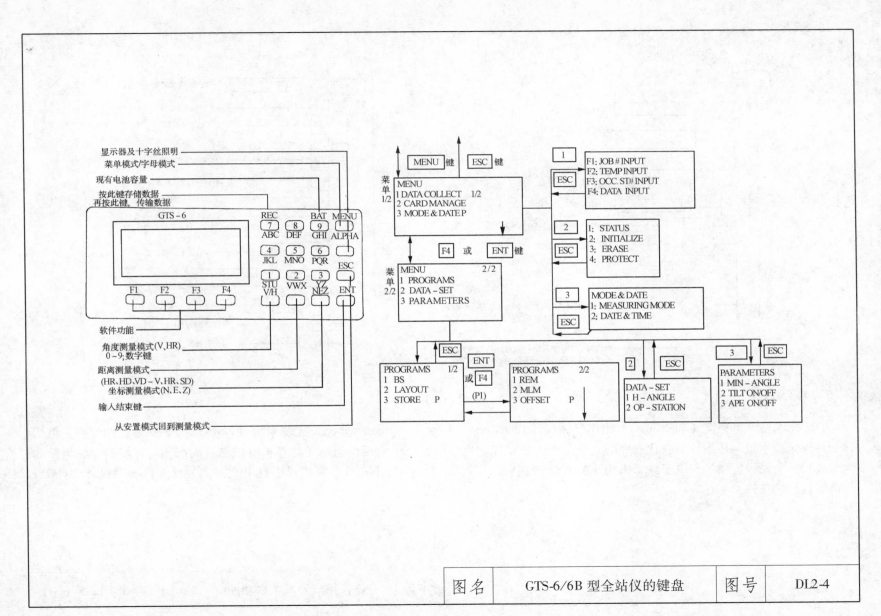

显示器及十字丝照明
菜单模式/字母模式
现有电池容量
按此键存储数据
再按此键，传输数据

GTS-6

REC		BAT	MENU
7 ABC	8 DEF	9 GHI	ALPHA
4 JKL	5 MNO	6 PQR	ESC
1 STU V/H	2 VWX	3 YZ NEZ	ENT

F1 F2 F3 F4

软件功能
角度测量模式(V、HR)
0~9;数字键
距离测量模式
(HR、HD、VD – V、HR、SD)
坐标测量模式(N、E、Z)
输入结束键
从安置模式回到测量模式

菜单 1/2

| MENU 键 | | ESC 键 |

MENU
1 DATA COLLECT   1/2
2 CARD MANAGE
3 MODE & DATE P

F4 或 ENT 键

菜单 2/2

MENU   2/2
1 PROGRAMS
2 DATA – SET
3 PARAMETERS

| 1 | | ESC |
F1: JOB # INPUT
F2: TEMP INPUT
F3: OCC. ST# INPUT
F4: DATA INPUT

| 2 | | ESC |
1: STATUS
2: INITIALIZE
3: ERASE
4: PROTECT

| 3 | | ESC |
MODE & DATE
1: MEASURING MODE
2: DATE & TIME

| ESC |

PROGRAMS   1/2
1 BS
2 LAYOUT
3 STORE   P

ENT 或 F4 (P1)

PROGRAMS   2/2
1 REM
2 MLM
3 OFFSET   P

| 2 | | ESC |
DATA – SET
1 H – ANGLE
2 OP – STATION

| 3 | | ESC |
PARAMETERS
1 MIN – ANGLE
2 TILT ON/OFF
3 APE ON/OFF

| 图名 | GTS-6/6B 型全站仪的键盘 | 图号 | DL2-4 |

35

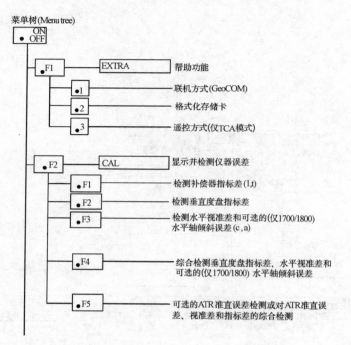

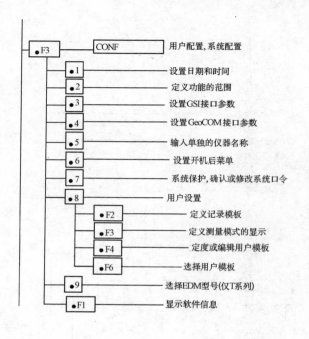

说　　明

　　TPS 技术是由速测仪（Tachymat）、电子经纬仪（Theodlite）和全站仪（Total station）定位系统（Positioning System）的缩写，可简称全站仪定位系统。该系统具有代表性的是全站仪，它是光学经纬仪、电子测距仪与电子计算机有机结合的产物。它能测角、测距和测量高程。全站仪提供了与电子计算机相连的 RS232 接口，实现了全站仪与计算机数据和程序自由交换，为计算机辅助设计（CAD）提供了良好的条件。

图名	全站仪组成及其主要功能（一）	图号	DL2-5（一）

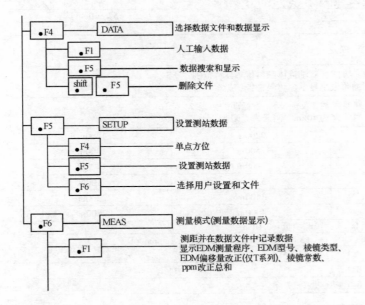

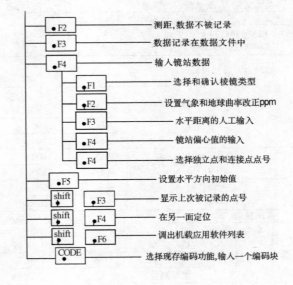

图名	全站仪组成及其主要功能（二）	图号	DL2-5（二）

1. 新型全站速测仪 SETC 系列技术指标

产品型号			SET2CII	SET3CII	SET4CII
望远镜			能360°全旋转、测角、测距同轴，附十字丝照明装置		
倍率			30×		
像			正像		
视场角			1°30′（26m/1000m）		
最短视距			1.3m		
测角部	水平角、天顶距		光电增量编码器，附绝对原点，180°对读装置		
最小显示	水平角、天顶距		1″、5″可选		5″、10″可选
标准差	水平角 天顶距		2″	3″	5″
（DIN 18723）					
测角时间	水平角、天顶距		连续测角、0.5s以内		
双轴自动补偿机构			要、否、可选、方式：双轴液体倾斜传感器，范围：±3 最小显示：同测角最小显示，超限警告：显示警告信息		
最大测距 气象条件			普通：薄雾、可见度约20km，晴，有微弱的阳光 良好：无雾，可见度约40km，阴云，无阳光		
一块棱镜 AP01×1	普通	2400m		2200m	1200m
	良好	2700m		2500m	1500m
三块棱镜 AP01×3	普通	3100m		2900m	1700m
	良好	3500m		3300m	2100m
九块棱镜 AP01×9	普通	3700m		3500m	2200m
	良好	4200m		4000m	2800m
最小显示			精测及粗测：0.001m，跟踪测量：0.01m		
标准差（精测）			±（3mm+2ppm×D）	±（3mm+3ppm×D）	±（5mm+3ppm×D）
测距时间	精 测		3.2s（初次4.9s）		
	粗 测		0.7s（初次1.8s）		
	跟踪测量		0.3s（初次1.6s）		
已调波数			3周		
测距最大显示			9999.999m		
气象修正			输入气温（℃或℉），气压（hPa或mmHg），自动算出气象修正常数并自动修正		
范围			气温：−30～+60℃，气压：500～1400hPa		
棱镜常数修正			−99～99mm（1档1mm）		
地球曲率、折射修正			要、否可选，大气折射常数K：0.142、0.20可选		
显示器			英、数字液晶显示（点矩阵式），附照明装置，两侧设有主显示器（16文字×3行）、 副显示器（4文字×3行） 坐标值显示范围：−9999999.999～9999999.999m		

图名	测量仪器主要技术性能（一）	图号	DL2-6（一）

键　盘		正反两侧设有塑胶密封型 15 键，全机能、全设定，均能在其上完成		
	输入数值范围	−9999999.999 ～ 9999999.999m（点号时，1 ～ 99999.999）		
	输入编码范围	可输入数字、英字母及各种记号，在 20 个单位以内		
水准器格值	长水准器	20″/2mm　30″/2mm		
	圆水准器	10″/2mm（在三角基座）		
光学对点器		像：正像，倍率：3×，最短视距：0.1m		
数据记录装置	插　入　式	存储卡 SDC4，容量：64KB，SRAM（内藏电池，可用 2 年以上，）可记录约 1000 点，数据传输：非接触，邻近电磁耦合方式		
	外　部　式	能和中国制电子外业手簿系列联机		
使用温度范围		−20 ～ +50℃		
内部电池	BDC25	镍-镉充电式、插入主机柱架内，标准配备：2 个		
	连续使用时间（25℃）	测角：7.5h 测距、测角：约 2500 点		
	充电时间	12h（使用 CDCllD）、80min（使用选购件 CDC29）		

2. 全站电子速测仪 SETB 系列技术指标

		SET2Bll	SET3Bll	SET4Bll
望远镜		能 360°全旋转，测角、测距同轴，附十字丝照明装置		
镜筒长度		177mm		170mm
物镜孔径		45mm（测距仪 50mm）		45mm
倍　率		30×		
像		正像		
视场角		1°30′（26m/1000m）		
最短视距		1.3m		
测角部　水平角、天顶距		光电增量编码器，附绝对原点，180°对读装置		
最小显示　水平角、天顶距		1″、5″可选		5″、10″可选
标准差　水平角、天顶距		2″ 3″		5″
测角时间　水平角、天顶距		连续测角，0.5s 以内		
双轴自动补偿机构		要、否可选，方式：双轴液体倾斜传感器，范围：±3′		
		最小显示：同测角最小显示，超限警告：显示警告信息		
最大测距	气象条件	普通：薄雾，可见度约 20km，晴，有微弱的阳光		
		良好：无雾，可见度约 40km，阴云，无阳光		
	一块棱镜	普通　2400m	2200m	1200m
	AP01×1	良好　2700m	2500m	1500m

图名	测量仪器主要技术性能（二）	图号	DL2-6（二）

棱 镜	三块棱镜 AP01×3	普通	3100m	2900m	1700m
		良好	3500m	3300m	2100m
	九块棱镜 AP01×9	普通	3700m	3500m	2200m
		良好	4200m	4000m	2800m
最小显示		精测及粗测：0.001m，跟踪测量：0.01m			
标准差（精测）		±（3mm+2ppm×D）		±（3mm+3ppm×D）	±（5mm+3ppm×D）
测距时间	精测	3.2s（初次4.7s）			
	粗测	0.7s（初次1.7s）			
	跟踪测量	0.3s（初次1.6s）			
已调波数		3周			
测距最大显示		9999.999m			
气象修正		输入气温（℃或℉、气压hPa或mmHg） 自动算出气象修正常数并自动修正			
范 围		气温：−30～+60℃，气压：500～1400hPa			
棱镜常数修正		−99mm～99mm（1档1mm）			
地球曲率、折射修正		要、否可选，大气折射常数K：0.142、0.20可选			
显示器		英、数字液晶显示（点矩阵式），附照明装置 两侧设有主显示器（16文字×3行），副显示器（4文字×3行） 坐标值显示范围：−9999999.999～9999999.999m			
键 盘		正反两侧设有塑胶密封型15键，全机能、全设定、均能在其上完成			
	输入数值范围	−9999999.999～9999999.999m（点号时，1～99999.999）			
	输入编码范围	可输入数字、英文字母及各种记号，在20个单位以内			
水准器格值	长水准器	20″/2mm　　　30″/2mm			
	圆水准器	10″/2mm（在三角基座）			
光学对点器		像：正像，倍率：3×，最短视距：0.1m			
接 口		异步式,RS−232C(波特率:2400bps/1200bps),校验:要、否可选,(奇偶性:无、偶数可选)			
使用温度范围		−20～+50℃			
内部电池	BDC25	镍−镉充电式，插入主机柱架内，标准配备：2个			
	连续使用时间（25℃）	测角：7.5h，测距、测角：约2500～2600点			
	充电时间	12h（使用CDCⅡD）、80min（使用选购件CDC31）			

图名	测量仪器主要技术性能（三）	图号	DL2-6（三）

3. 全站电子速测仪 SET5A、SET6 系列技术指标

		SET5A	SET6
望远镜		能 360°全旋转，测角、测距同轴，附十字丝照明装置	
镜筒长度：		165mm	166mm
物镜孔径：45mm　倍率：26×　像：正像　视场角：1°30′（26m/1,000m）最短视距：1.3m			
测角部　水平角、天顶距		光电增量编码器	
最小显示　水平角、天顶距		5″，10″可选	10″，20″可选
标准差（DIN 18723）水平角、天顶距		5″	—
测角时间　水平角、天顶距		连续测角，0.5s 以内	
自动补偿机构		要、否可选 方式：双轴液体倾斜传感器 范围：±3′ 最小显示：同测角最小显示 超限警告：显示警告信息	要、否可选 方式：液体倾斜传感器 范围：±10′ 超限警告：显示警告信息
测角模式	水平角	可选择右角、左角、复角， 附绝对原点及角度显示固定机能	可选择右角、左角， 附绝对原点及角度显示固定机能
	天顶角	可选择天顶角（天顶0°）、 高度角（水平0°或0°+90°）、 %方式垂直角	可选择天顶角（天顶0°）、 高度角（水平0°或0°+90°）、 %方式垂直角
最大测距	气象条件	普通：薄雾，可见度约20km，晴，有微弱的阳光 良好：无雾，可见度约40km，阴云，无阳光	
棱　镜	一块棱镜 AP01×1　普通	800m	500m
	良好	1000m	700m
	三块棱镜 AP01×3　普通	1100m	800m
	良好	1300m	1000m
最小显示		精测及粗测：0.001m，跟踪测量：0.01m	
标准差　精测		±（5mm+3ppm×D）	±（5mm+5ppm×D）
测距时间	精测	3.0s（初次4.1s）	3.2s（初次4.3s）
	粗测（单测）	1.4s	1.5s（初次1.5s）
	跟踪测量	0.4s（初次1.4s）	0.4s（初次1.5s）
已调波数		2 周	
测距最大显示		1999.999m	
气象修正		−499～+499ppm（1 档1ppm）	
棱镜常数修正		−90～0mm（1 档10mm）	
地球曲率、折射修正		要、否、可选，大气折射常数 K：0.142	

图名	测量仪器主要技术性能（四）	图号	DL2-6（四）

41

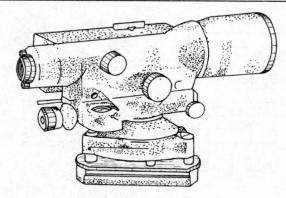

一级精密水准仪 PL1

说　明

　　1km 往返中误差 ±0.2mm。PL1 具有高精度，在建筑安装及变形测量中亦被广泛采用。设有灵敏度为 10″/2mm 的符合水准器及装在物镜前能进行最小读数达 0.1mm 高差测量的平板测微器，设有楔形十字丝，提高标尺读数的精度。

说　明

　　1km 往返测呈误差 ±20mm。
　　TTL6 操作便捷，高精度，望远镜内设有符合式气泡观察窗，能一边照准目标，一边确认水准仪的水平状态，因设有照准轴微倾补偿机构，即使仪器稍微偏离水平状态，也能正确进行水平照准。

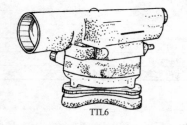

TTL6

微倾水准仪 TTL6

PL1、TTL6 水准仪技术指标		
微倾水准器	PL1	TTL6
望远镜		
物镜孔径	50mm	40mm
倍　率	42 ×	25 ×
成　像	正像	
视场角（100mm）	1°10′（2.0m）	1°15′（2.2m）
最短视距	2.0m	1.8m
十字线	楔形、附视距尺	十字形、附视距尺
微倾补偿机构		
倾斜范围	±5.8′	±1°
最小刻度	2″	无
望远镜内藏符合式气泡观察窗		
格　值	10″/2mm	40″/2mm
平板测微器		
范　围	10mm（装入主机内）	无
分　划　值	0.1mm	
1km 往返测中误差		
不用平板测微器	无	±2.0mm
用平板测微器	±0.2mm	无
水平度盘		
分　划　值	无	1
其　他		
圆水准器格值	3.5′/2mm	10′/2mm
水平微调	微动、制动螺丝	制动螺丝

图名	微水准仪	图号	DL2-7

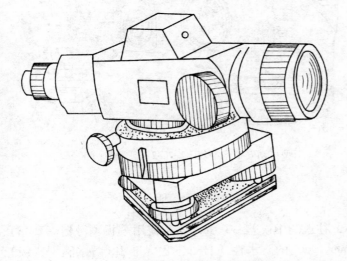

自动安平水准仪的外貌图

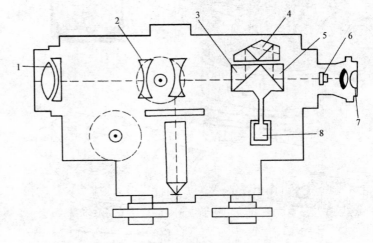

自动安平水准仪的构造图

1—物镜；2—调焦镜；3、5—直角棱镜；4—屋脊棱镜；

6—十字丝分画板；7—目镜；8—阻尼器

图名	自动安平水准仪	图号	DL2-8

43

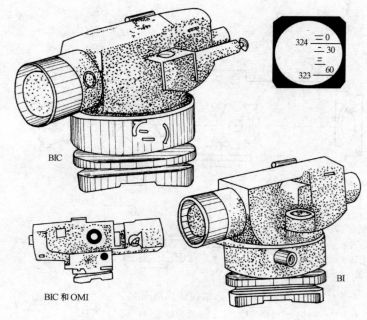

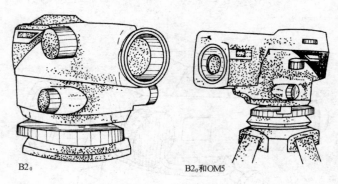

精密自动安平水准仪 BIC（32×）、BI（32×）

新型自动安平水准仪 B2₀（32×）、B2₁（30×）

说　明

1km 往返测中误差 ±0.8mm，若使用平板测微器（OMI）则 ±0.5mm，BIC 和 BI 均采用快慢调焦机构，BID 设有水平度盘。

说　明

1km 往返测中误差 ±1.0mm。若使用平板测微器（OMS），则 ±0.8mm。卓越的防水性（日本工程标准 JIS 防水滴型 4 级），对雨、雾有较强的防水能力，新型的光路、快慢调焦机构、左右可操作的循环微调装置等，能快速地对准目标，最短视距为 0.3mm。

图名	自动安平水准仪 BIC·BI、B2₀·B2₁	图号	DL2-9

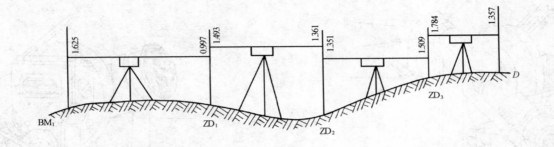

水 准 测 量 记 录 表

工程名称：$BM_1 \sim D$　　　　　　日期：年 月 日　　　　观测：

仪器型号：$DS_3 \sim 722295$　　　　天气：　　　　　　　　记录：

测　点	后视读数（m）	前视读数（m）	高　差（m）		高　程（m）	备　注
			正	负		
BM_1	1.625		0.628		48.040	高程已知
ZD_1	1.493	0.997	0.132		48.668	
ZD_2	1.351	1.361		0.158	48.800	
ZD_3	1.784	1.509	0.427		48.642	
D		1.357			49.069	
Σ	6.253	5.224	1.187	0.158		
$\Sigma a - \Sigma b$	+1.029		$\Sigma h = +1.029$		+1.029	

图名	水准测量施工示意图	图号	DL2-10

45

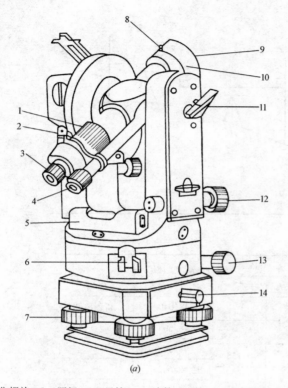

(a)

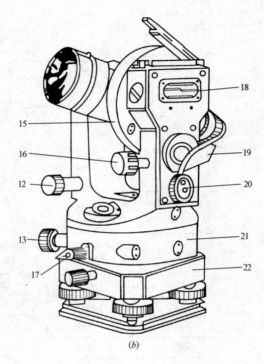

(b)

1—物镜调焦螺旋；2—照门；3—目镜；4—读数显微镜；5—照准部水准管；6—复测扳平；7—脚螺旋；8—准星；9—物镜；10—望远镜；11—望远镜制动螺旋；12—望远镜微动螺旋；13—水平微动螺旋；14—轴套固定螺丝；15—竖直度盘；16—指标水准微动螺旋；17—水平制动螺旋；18—指标水准管；19—反光镜；20—测微轮；21—水平度盘；22—基座

| 图名 | BJ₆级光学经纬仪 | 图号 | DL2-11 |

经纬仪导线坐标计算公式表

计算顺序	计 算 步 骤		闭 合 导 线	附 合 导 线
1	角度闭合差的计算及调整	角度闭合差	$f_\beta = \sum\beta_测 - (n-2)\cdot 180°$	$f_\beta = \alpha_始 + n\times 180° \pm \sum\beta_测 - \alpha_终$ （左角取 $+\sum\beta_测$，右角取 $-\sum\beta_测$）
		允许闭合差	$f_{\beta允} = 60''\sqrt{n}$（一般），	$f_{\beta允} = 40''\sqrt{n}$（首级控制）
		角度改正数	$V_\beta = \dfrac{-f_\beta}{n}$，	附合导线右角时 $V_\beta = \dfrac{f_\beta}{n}$
		改正后角度	$\beta_改 = \beta_测 + V_\beta$	
2	计算各边坐标方位角计算校核		$\alpha_前 = \alpha_后 + 180° \pm \beta_改$ 推算至起始边方位角应与原数值等	（左角取 $+\beta$，右角取 $-\beta$） 推算至终边方位角应等于 $\alpha_终$
3	坐标增量闭合差的计算及调整	计算坐标增量	$\Delta x = D\cos\alpha$	$\Delta y = D\sin\alpha$
		计算坐标增量闭合差	$f_x = \sum\Delta x_算$ $f_y = \sum\Delta y_算$	$f_x = \sum\Delta x_算 - (x_终 - x_始)$ $f_y = \sum\Delta y_算 - (y_终 - y_始)$
		导线绝对闭合差、相对闭合差	$f_D = \pm\sqrt{f_x^2 + f_y^2}$	$K = \dfrac{1}{\sum D/f_D}$
		坐标增量改正数	$V_{xi} = \dfrac{-f_x}{\sum D}\cdot D_i$	$V_{yi} = \dfrac{-f_y}{\sum D}\cdot D_i$
		改正后坐标增量计算校核	$\Delta x_改 = \Delta x_算 + V_x$ $\sum\Delta x_改 = \sum\Delta x_理$	$\Delta y_改 = \Delta y_算 + V_y$ $\sum\Delta y_改 = \sum\Delta y_理$
4	坐标计算计算校核		$x_前 = x_后 + \Delta x_改$ 推算至起始点坐标应与原数值等	$y_前 = y_后 + \Delta y_改$ 推算至终点坐标应与原数值等

图名	经纬仪导线坐标计算公式表	图号	DL2-12

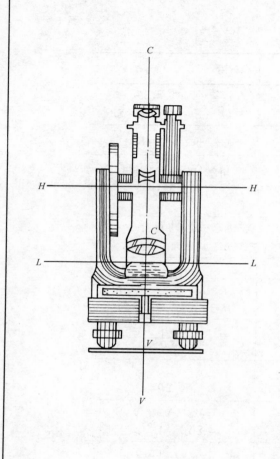

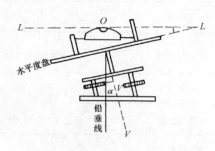

（a）水准管轴水平

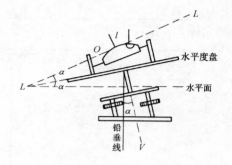

（b）仪器旋转180°

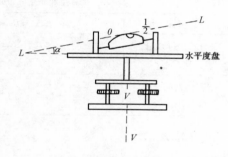

（c）用脚螺旋改正

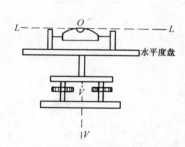

（d）用校正螺丝改正

图名	光学经纬仪的检验与校对	图号	DL2-13

GIS—6/6B 型智能电子全站仪是日本拓普康公司生产的产品。在良好的条件下，三块棱镜测程为 2.6km，其精度为 ±（2mm ± 2 ×10^{-6}·D）；其数据 0.6s 变换一次，最小显示值为 10mm；设有平均值测量模式，通过设置测量次数，计算出平均值。

水平角和竖直角测量采用对径取样方式，最小读数为 1″（6B 为 5″），精度 ±2″（6B 为 5″）。

GTS—6/6B 适用于建筑施工、土地测量、地形测量、道路测量等工程的测量。

SET5A 是一种价格较便宜且性能优良的全站仪。具有竖盘自动补偿装置（用否可选），测角精度 5″，在气象良好的情况下，用单棱镜可测距 1000m。两侧设有显示器和操作键，能方便地选择工作模式。内置有以角度、距离、高差三元素为主的存储系统功能，并可通过 RS—232C 标准接口将数据输出到电子手簿或计算机。

SET6 角度的最小显示是 10″，用单棱镜可测距 700m。一侧设有显示器和操作键。

SET5A 和 SET6 适用于建筑施工、土地测量、地形测量、路标等工程测量的普及型全站仪。

GTS—6/6B

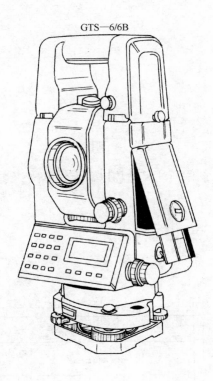

SET5A

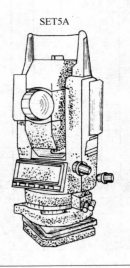

SET6

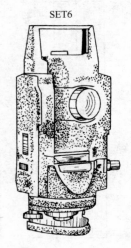

图名	SET5A、SET6、GTS—6/6B 全站仪	图号	DL2-14

2.2 施工测量方法及实例

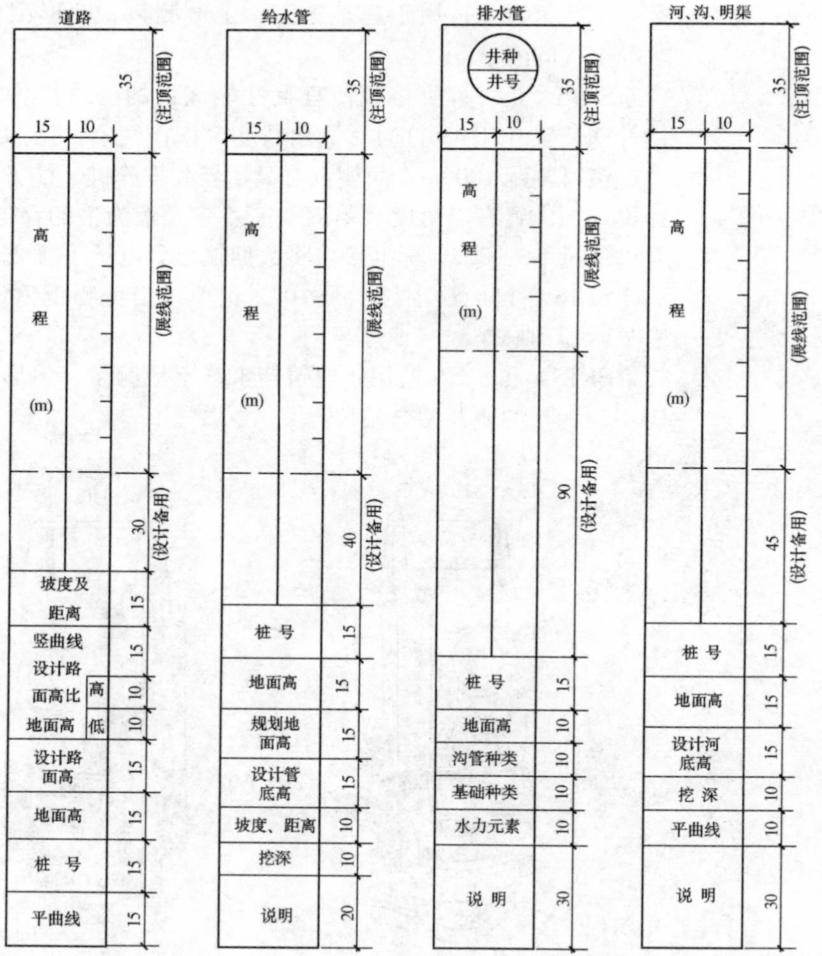

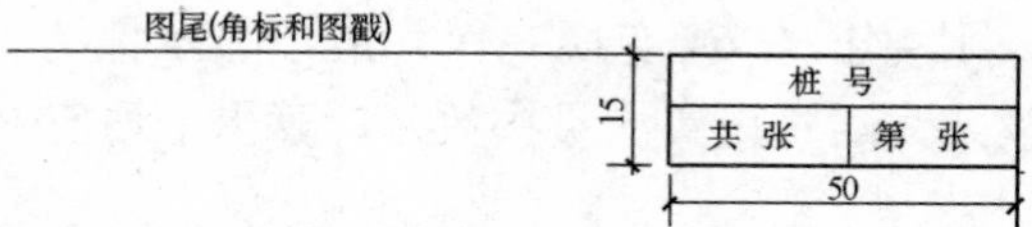

道路

给水管

排水管

河、沟、明渠

图尾(角标和图戳)

井种
井号

(注顶范围)

(展线范围)

(设计备用)

高

程

(m)

15 | 10

35

桩 号
共 张	第 张

50
15

说　明

图中所注尺寸均以毫米为单位

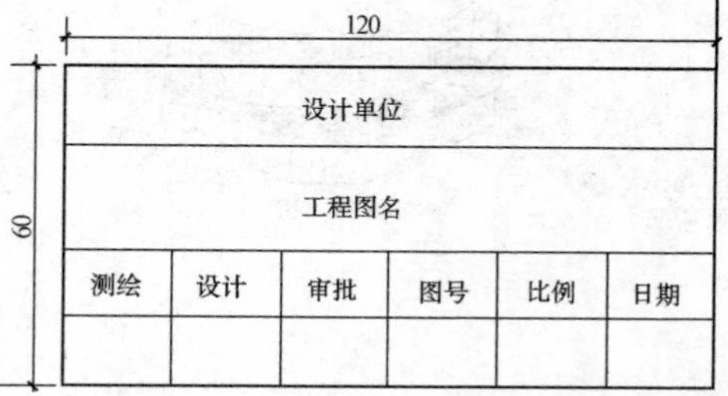

道路表格：

	尺寸
坡度及距离	15
竖曲线	15
设计路面高比 高/低	10/10
设计路面高	15
地面高	15
桩 号	15
平曲线	15

给水管表格：

	尺寸
桩 号	15
地面高	15
规划地面高	15
设计管底高	15
坡度、距离	10
挖深	10
说明	20

排水管表格：

	尺寸
桩 号	15
地面高	10
沟管种类	10
基础种类	10
水力元素	10
说明	30

河、沟、明渠表格：

	尺寸
桩 号	15
地面高	15
设计河底高	15
挖深	10
平曲线	10
说明	30

30 35 40 45 90

图签：

120
60

设计单位
工程图名

测绘	设计	审批	图号	比例	日期

图名	市政工程测量纵断面图图标格式	图号	DL2-15

50

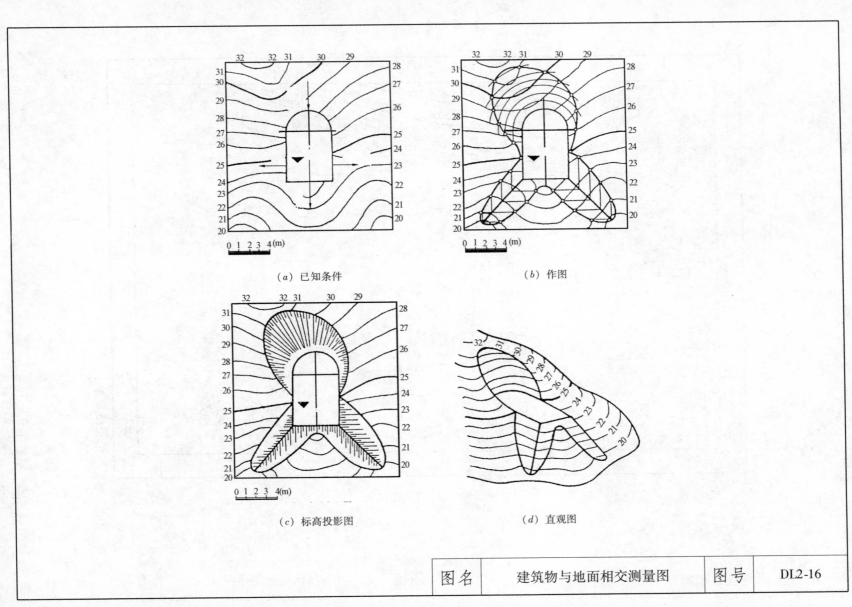

（a）已知条件

（b）作图

（c）标高投影图

（d）直观图

| 图名 | 建筑物与地面相交测量图 | 图号 | DL2-16 |

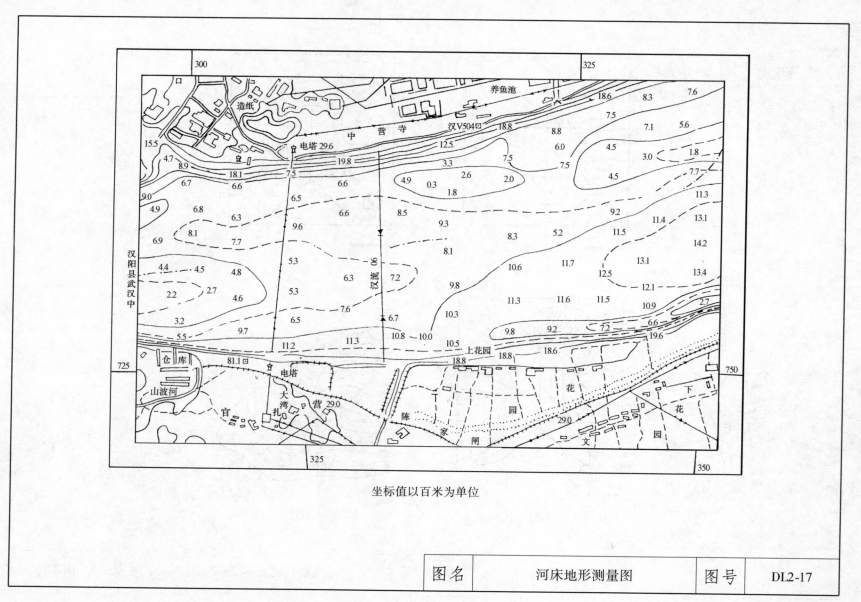

坐标值以百米为单位

| 图名 | 河床地形测量图 | 图号 | DL2-17 |

52

光电三角高程测量法

测站	测点名称或里程桩号	高差	测点高程	备注	测点名称或里程桩号	高差	测点高程
K2（导线点）	BM1	-8.725	121.784	水准点高程	K1+550.00	-6.02	124.49
	K1+000.00	-9.68	120.83	120.774m	K1+560.00	-5.99	124.56
	K1+050	-9.31	121.20	从BM1至K2	K1+580.00	-5.72	124.79
仪器高：	K1+100	-8.65	121.86	反射器高度	K1+600.00	-5.51	125.00
1.483m	K1+108.33	-9.18	121.33	1.500m	K1+620.00	-5.49	125.02
	K1+124.83	-9.24	121.27	各测点均观	K1+640.00	-5.25	125.26
点位高程	K1+127.21	-7.51	123.00	测二次，互	K1+660.00	-5.12	125.39
130.526m	K1+134.01	-7.51	123.00	差在±30mm	K1+680.00	-4.89	125.62
	K1+136.73	-8.98	121.53	以内	K1+680.27	-4.91	125.60
	K1+150.00	-8.91	121.60	$h_{BM1-BM2}$:	K1+700.00	-4.74	125.77
	K1+200.00	-8.68	121.93	9.385m	K1+720.00	-4.92	125.59
	K1+250.00	-8.11	122.40	$\Delta h_容=$	K1+724.00	-4.84	125.67
	K1+300.00	-7.71	122.80	$=50\sqrt{L}$	K1+740.00	-4.42	126.09
	K1+302.72	-7.64	122.87	±50mm	K1+760.00	-3.52	126.99
	K1+322.79	-8.31	123.20	$L=1.00$km	K1+780.00	-2.19	128.32
	K1+327.21	-5.95	124.53	$\Delta h=20$mm	K1+786.88	-0.84	129.67
	K1+337.41	-4.24	126.27	BM2的反射	K1+800.00	-1.34	129.17
	K1+350.00	-3.85	126.66	器高度2.5m	K1+818.74	-1.74	128.77
A	K1+358.50	-3.41	127.10		K1+820.00	-1.76	128.75
	K1+387.76	-6.44	124.07	水准点BM2	K1+822.59	-1.72	128.79
	K1+395.59	-5.51	125.00	高程	K1+840.00	-1.52	128.99
	K1+400.00	-5.58	124.93	130.161m	K1+860.00	-1.33	129.18
	K1+406.78	-6.78	123.73		K1+880.00	-1.09	129.42
	K1+446.10	-7.05	123.46		K1+892.59	-1.03	129.48
	K1+450.00	-7.35	123.16		K1+893.70	-0.94	129.57
	K1+466.10	-7.74	122.77		K1+900.00	-1.51	129.00
	K1+467.95	-7.74	122.77	ZH点	K1+926.58	-4.11	126.40
	K1+480.00	-7.65	122.86		K1+950.00	-4.19	126.32
	K1+500.00	-7.28	123.23		K2+000.00	-3.18	127.33
	K1+520.00	-6.65	123.86		BM2	0.676	130.151
	K1+537.95	-6.19	124.32	HY点			
	K1+539.18	-6.11	124.40				
	K1+540.00	-6.10	124.41				

高程平测量记录表

序号 1	里程桩号 2	平曲线 3	坡度 坡平距 4	初设计高程 5	竖曲线 参数 6	改正 7	改后设计标高 8	测量地面高程 9	填、挖高度 10
	K1+								
1	+406.78			124.94			124.94	123.73	-1.21
2	+420			125.05			125.05		
3	+440			125.21			125.21		
4	+446.10			125.26			125.26	123.46	-1.80
5	+450			125.29			125.29	123.16	-2.23
6	+460			125.37			125.37		
7	+466.10			125.41			125.41	122.77	-2.64
8	+467.95	ZH点	0.791% 440m	125.43			125.43	122.77	-2.66
9	+480			125.52			125.52	122.86	-2.68
10	+500			125.68			125.68	123.23	-2.45
11	+520			125.84	R:	-0.02	125.82	123.86	-1.96
12	+537.95	HY点		125.98	30000	-0.04	125.94	124.32	-1.62
13	+539.18	α:		125.99	T:	-0.05	125.94	124.40	-1.54
14	+560	54°55′	—	126.16	73.65	-0.09	126.07	124.56	-1.51
15	+580	R=370m		126.22	E:	-0.05	126.17	124.79	-1.38
16	+600	T:	0.300% 1040m	126.28	0.09	-0.02	126.26	125.00	-1.26
17	+620	227.54		126.34			126.34	125.02	-1.32
18	+640	L: 424.64		126.40			126.40	125.26	-1.04
19	+660	Ls: 70.0		126.46			126.40	125.39	-0.01

图名	光电三角高程测量法和高程平测量记录	图号	DL2-18

53

1. 直线丈量

项目	测 法 示 意 图	说 明	项目	测 法 示 意 图	说 明
经过山头定线		在不通视的 C_1、C_2 两点间定直线时，先在 C_1、C_2 各竖标杆，然后 A、B 两点两人持标杆互相观看，逐渐移近 C_1、C_2 直线，直至 A 点看到 A、B、C_2 与在 B 点看到 B、A、C_1 均在直线上	两点间定线（一）		A_1、A_2 点各竖立标杆，从 A_1 瞄向 A_2 方向，1、2 标杆根据 A_1 点瞄视 A_2 的挥动手势移动位置，直至 A_1、1、2、A_2 成一直线
经过山谷定线		在通过 A_1、A_2 间的山谷定出直线时，先根据 A_1、A_2 定出 1 点；再利用 A_1、1 两点定出 2 点；用 A_1、2 两点定出 3 点；用 1、3 两点定出 4 点	两点间定线（二）		在 A_1 点安放经纬仪，A_2 点竖立标杆，使望远镜十字丝竖轴对准 A_2 点，另 1 人移动 1 标杆就位后，再观测标杆 2，使 A_1、1、2、A_2 在同一直线上
间接丈量定线（一）		路线可通视，但有障碍不能直接丈量时，过 A 作垂线 AB，量垂边 AB 及斜边 BC，则 $AC = \sqrt{BC^2 - AB^2}$	两点的延长线		粗略标定，可用标杆由 A 向 B 瞄 C 点成一直线；精确方法于 A 点置经纬仪瞄 B 点，延长得 C_1 点（正镜），再倒镜观测得 C_2，得 C_1、C_2 中点为 C*
间接丈量定线（二）		可用经纬仪观测 $\angle B$ 或 $\angle C$，并丈量 AB 距离，则 $AC = AB\,\mathrm{tg}B$ $AC = AB\,\mathrm{ctg}C$		*如正、倒镜 C_1、C_2 点重合，则证明在一直线上，C 点无误。	

图名	施工测量的基本方法（一）	图号	DL2-19（一）

2. 卷尺测设垂线

项目	测法示意图	说　明	项目	测法示意图	说　明
不能通视丈量定线	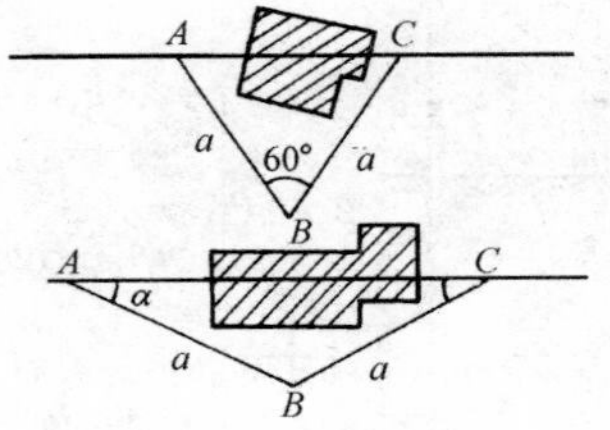	当路线不能通视时，可利用等边三角形原理求出 AC 距离和方向。图示为等边及等腰三角形。则 $$AC = 2a\cos\alpha$$	平分法[*]	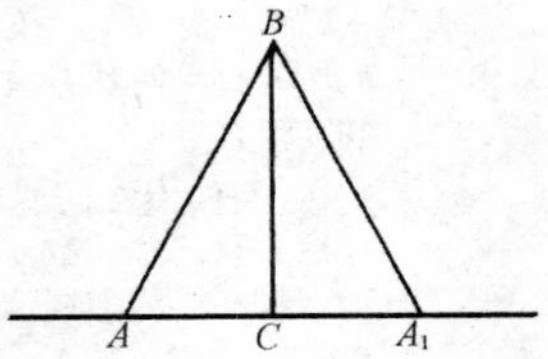	要求在 C 点作 BC 垂直于 AA_1。量 $AC = A_1C$，取一定卷尺长（大于 AA_1），在长度中央即为 B 点。当卷尺拉紧 $BA = BA_1$，则 B 点与 C 点连线即垂线
矩形丈量定线	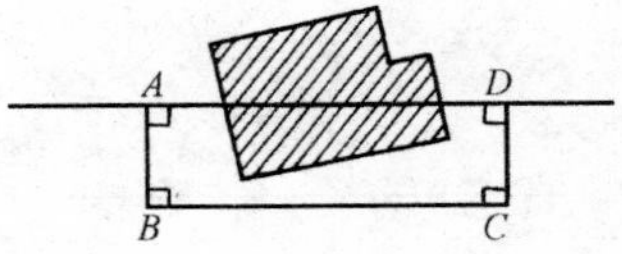	同上述路线遇到障碍不能通视，利用矩形越过，$AB \perp AD$，$CD \perp AD$，$AB = CD$，则 $BC = AD$	勾股弦法	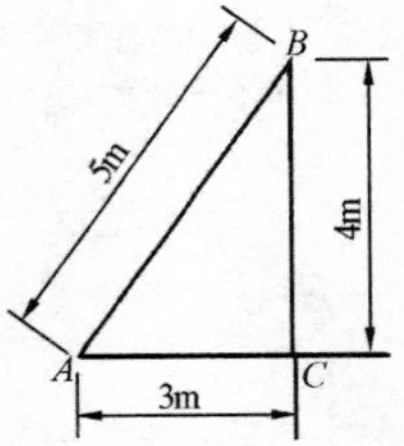	亦即 3、4、5 法。如图示，通过 C 点作 AC 的垂线 BC，只需在卷尺上分别找出 3m、4m、5m 三段长度，然后以 3m、4m 作角边 AC 和 CB，即得垂线 BC
倾斜地面直线丈量	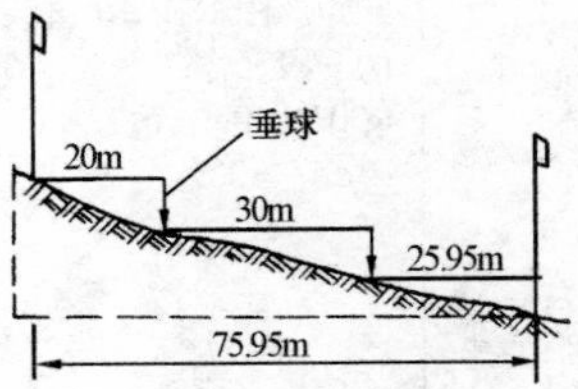	斜坡地丈量时，尺应抬平，用吊垂球的方法测定尺上读数（对应地面上的位置）。按地面倾斜分段丈量，各段长度相加，即得线段总长	角尺法	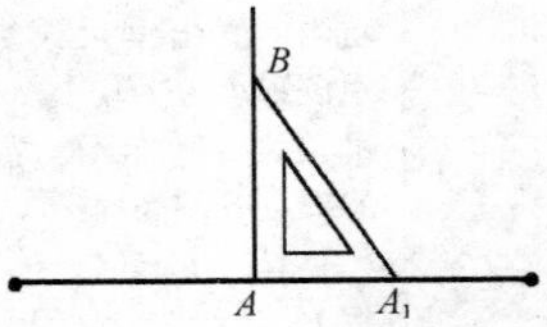	用角尺（木制三角拐尺）测设垂线简便快速。如图示，以直角的一边紧贴中线 AA_1，沿直角另一边画线 AB，即垂线
			[*] 也可用相等半径分别于 A、A_1 为圆心画圆弧相交，求得 B 点。		

图名	施工测量的基本方法（二）	图号	DI2-19（二）

55

3. 将已知高程点测设到地面上

项 目	测 法 示 意 图	说 明
用水准仪测已知高程	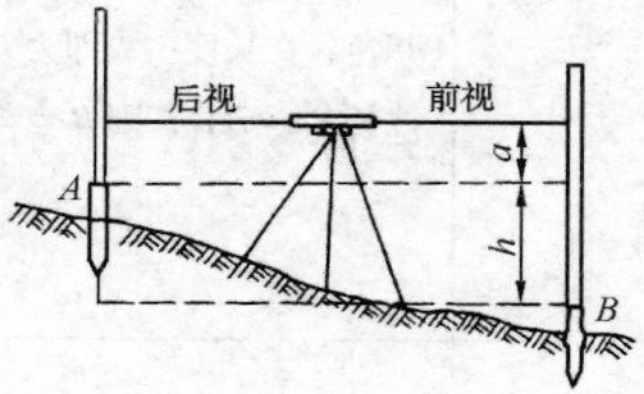 后视　　前视	已知 A 点高程为 H_a，现要测设 B 桩，使其高程等于已知高程 H_b。 在 AB 两点之间要放水准仪后视 A，得读数 a。由图示，若 B 点的前视读数为 $h+a$（$h=H_a-H_b$），则 B 点具有已知设计高程 H_b。施测时可轻轻敲打 B 桩，使水准尺读数逐渐达到 $h+a$，此时 B 桩顶高程即为 H_b，也可在桩上划线表示高程

4. 把高程点引入基坑

高程传递到基坑、竖井	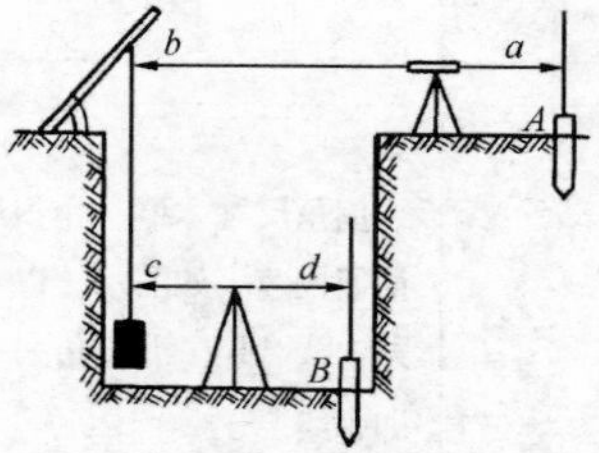	坑口设置木杆，悬挂带有重锤的钢尺，安放水准仪于地面，测 A 点读数 a、钢尺读数 b。然后，移水准仪至坑内，读出钢尺读数 c 至 B 点读数 d。用 H_A 代表地面水准点的高程，则得坑内临时水准点 B 的高程： $H_B=H_A+a-(c-b)-d$ 根据 H_B 进行坑内高程测定

5. 测设已知的水平角

项 目	测 法 示 意 图	说 明
经纬仪测设法	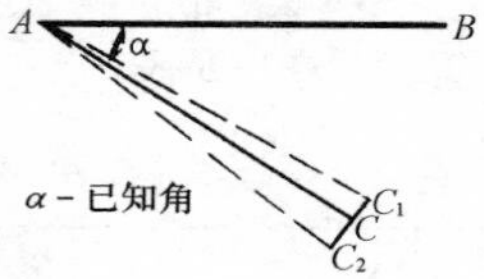 $\alpha-$已知角	在 A 点置经纬仪，对中整平后，使水平度盘读数为 $0°00'00''$，旋紧止动螺旋； 放开下盘止动螺旋，正镜后视 B 点，关下盘制动；放上盘止动螺旋，转动仪器使度盘读数对准已知角 α，从视线方向定 C_1；倒转望远镜，测 C_2；C_1、C_2 两点如不重合，取中点 C
正切测设法	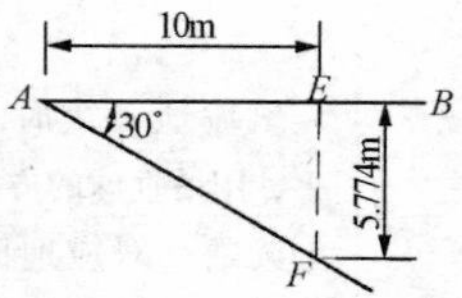 10m　　5.774m	如无经纬仪时，可用正切法定出已知角。图示在 AB 直线上截取 10m 长的一段，作一垂线，在此垂线上截取 $\mathrm{tg}30°\times10\mathrm{m}=5.774\mathrm{m}$，得 F 点，则 $\angle EAF=30°$

图名	施工测量的基本方法（三）	图号	DL2-19（三）

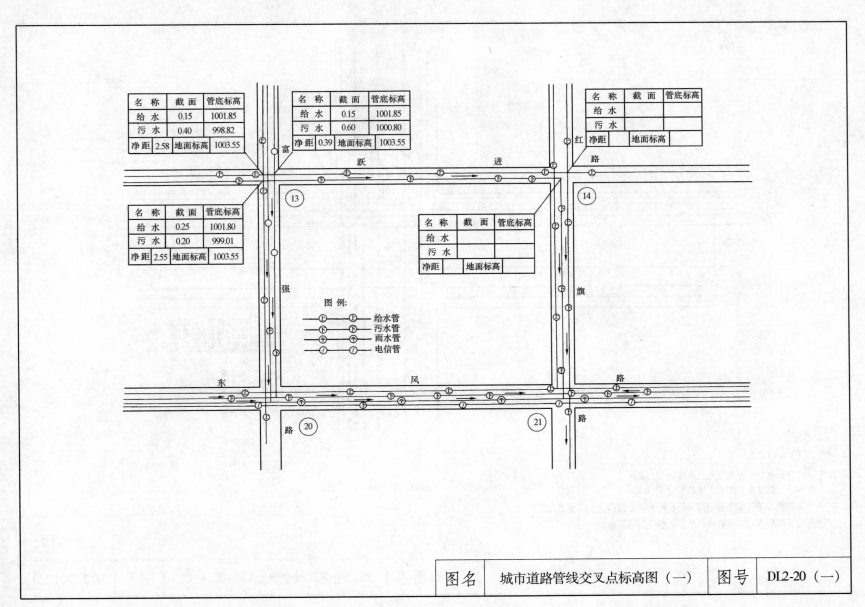

名 称	截 面	管底标高
给 水	0.15	1001.85
污 水	0.40	998.82
净距 2.58	地面标高	1003.55

名 称	截 面	管底标高
给 水	0.15	1001.85
污 水	0.60	1000.80
净距 0.39	地面标高	1003.55

名 称	截 面	管底标高
给 水		
污 水		
净距	地面标高	

名 称	截 面	管底标高
给 水	0.25	1001.80
污 水	0.20	999.01
净距 2.55	地面标高	1003.55

名 称	截 面	管底标高
给 水		
污 水		
净距	地面标高	

图例：
给水管
污水管
雨水管
电信管

图名	城市道路管线交叉点标高图（一）	图号	DI2-20（一）

57

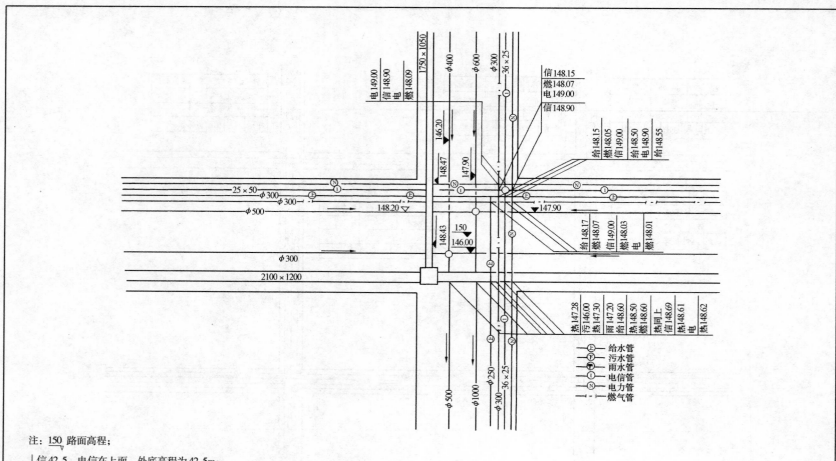

注：$\underset{\triangledown}{150}$ 路面高程；

$\left|\begin{array}{l}信\,42.5\\燃\,42.4\end{array}\right.$ 电信在上面，外底高程为42.5m；
燃气在下面，上顶高程为42.4m；

热力管道简称热；给水管道简称给；污水管道简称污；雨水管道简称雨；

电力管道简称电；电信管道简称信；燃气管道简称燃。

| 图名 | 城市道路管线交叉点标高图（二） | 图号 | DL2-20（二） |

各种管线最小水平净距表（m）①

顺序	管线名称	1 建筑物	2 给水管	3 排水管	4 燃气管 低	4 燃气管 中	4 燃气管 高	4 燃气管 高	5 热力管	6 电力电缆	7 电信电缆	8 电信管道	9 乔木（中心）	10 灌木	11 地上柱杆（中心）	12 道路侧石边缘
1	建筑物		3.0	3.0②	2.0	3.0	4.0	15.0	3.0	0.6	0.6	1.5	3.0⑥	1.5	3.0	
2	给水管	3.0		1.5③	1.0	1.0	1.0	5.0	1.5	0.5	1.0⑤	1.0⑤	1.5	—⑧	1.0	1.5⑨
3	排水管	3.0②	1.5③		1.0	1.0	1.0	5.0	1.5	0.5	1.0	1.0	1.0⑦	—⑧	1.0	1.5⑨
4	燃气管															
	低压（压力不超过 0.05MPa 高）	2.0	1.0	1.0	—	—	—	—	1.0	1.0	1.0	1.0	1.5	1.5	1.0	1.0
	中压（压力 0.051～0.1MPa）	3.0	1.0	1.0	—	—	—	—	1.0	1.0	1.0	1.0	1.5	1.5	1.0	1.0
	高压（压力 0.101～0.3MPa）	4.0	1.0	1.0	—	—	—	—	1.0	1.0	2.0	2.0	1.5	1.5	1.0	1.0
	高压（压力 0.301～1.2MPa）	15.0	5.0	5.0	—	—	—	—	4.0	2.0	10.0	10.0	2.0	2.0	1.5	2.5
5	热力管	3.0	1.0	1.0	1.0	1.0	1.0	4.0	—	2.0	1.0	1.0	2.0	1.0	1.0	1.5⑩
6	电力电缆	0.6	0.5	0.5	1.0	1.0	1.0	2.0	2.0	—④	0.5	0.2	1.5	—	0.5	1.0⑨
7	电信电缆（直埋式）	0.6	1.0⑤	1.0	1.0	1.0	2.0	10.0	1.0	0.5	—	0.2	1.5	—	0.5	1.0⑨
8	电信管道	1.5	1.0⑤	1.0	1.0	1.0	2.0	10.0	1.0	0.2	0.2	—	1.5	—	1.0	1.0⑨
9	乔木（中心）	3.0⑥	1.5	1.0⑦	1.5	1.5	1.5	2.0	1.5	1.5	1.5	1.5	—	—	2.0	1.0
10	灌木	1.5	—⑧	—⑧	1.5	1.5	1.5	2.0	—	—	—	—	—	—	—⑧	0.5
11	地上柱杆（中心）	3.0	1.0	1.0	1.0	1.0	1.0	1.5	1.0	0.5	0.5	1.0	2.0	—⑧		0.5
12	道路侧石边缘	—	1.5⑨	1.0⑨	1.0	1.0	1.0	2.5	1.5⑩	1.0⑩	1.0⑩	1.0⑩	1.0	0.5	0.5	—

① 表中所列数字，除指明者外，均系管线与管线之间净距，即管线与管线外壁间之距离而言。

② 排水管埋深浅于建筑物基础时，其净距不小于 2.5m，排水管埋深深于建筑物基础时，其净距不小于 3.0m。

③ 表中数值适用于给水管管径 $d \leqslant 200$cm。如 $d > 200$cm 时应不小于 3.0m。当污水管的埋深高于平行敷设的生活用水管 0.5m 以上时，其水平距离，在渗透性土壤地带不小于 5.0m，如不可能时，可采用表中数值，但给水管须用金属管等。

④ 并列敷设的电力电缆互相间的净距不应小于下列数值：1）10 及 10kV 以上的电缆与其他任何电压的电缆之间——0.25m；2）10kV 以下的电缆之间，和 10kV 以下电缆与控制电缆之间——0.10m；3）控制电缆之间——0.05m；4）非同一机构的电缆之间——0.50m。在上述 1）4）两项中，如将电缆加以可靠的保护（敷设在套管内装置隔离板等），则净距可减至 0.10m。

⑤ 表中数值适用于给水管 $d \leqslant 200$cm。如 $d = 250 \sim 500$cm 时，净距为 1.5m；$d > 500$cm 时为 2.0m。

⑥ 尽可能大于 3.0m。

⑦ 与现状大树距离为 2.0m。

⑧ 不需间距。

⑨ 距道路边沟的边缘或路基边坡底均应不小于 1.0m。

⑩ 有关铁路与各种管线的最小水平净距可参考铁路部门有关规定。

图名	各种管线最小水平净距表	图号	DI2-21

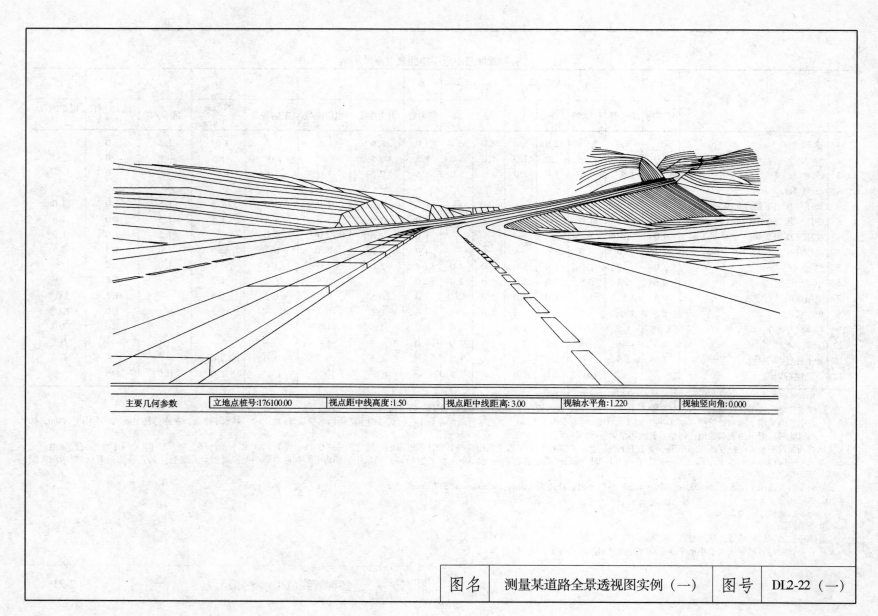

| 主要几何参数 | 立地点桩号:176100.00 | 视点距中线高度:1.50 | 视点距中线距离:3.00 | 视轴水平角:1.220 | 视轴竖向角:0.000 |

| 图名 | 测量某道路全景透视图实例（一） | 图号 | DL2-22（一） |

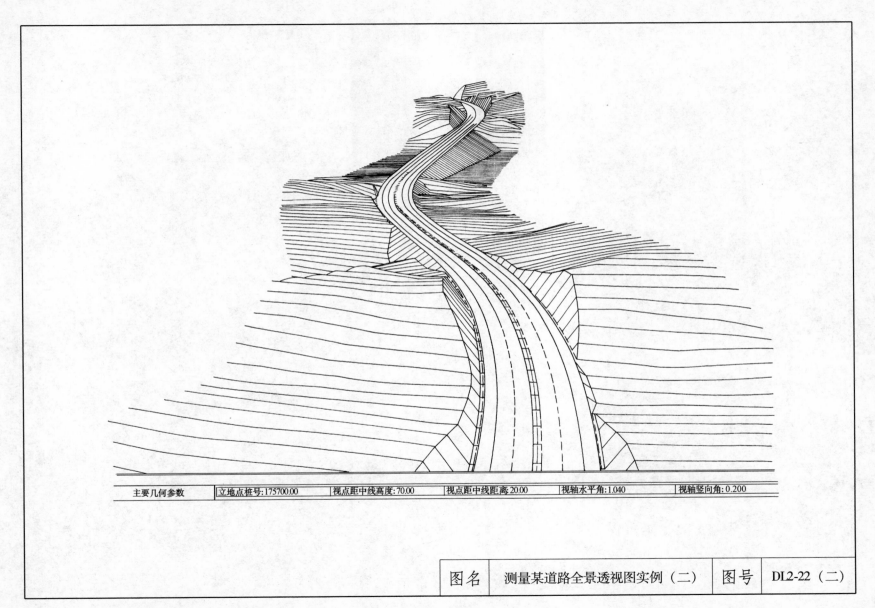

| 主要几何参数 | 立地点桩号:175700.00 | 视点距中线高度:70.00 | 视点距中线距离:20.00 | 视轴水平角:1.040 | 视轴竖向角:0.200 |

| 图名 | 测量某道路全景透视图实例（二） | 图号 | DL2-22（二） |

61

3　城市道路路线

3.1 城市道路概述

3.1.1 我国城市道路现状和发展目标

1. 我国公路建设发展概况

（1）我国第一条公路（长沙至湘潭）建于1913年，是50km长的低级路，新中国成立时，全国通车的公路只有80700km，而且质量差、标准低，大多分布在沿海及中部地区，而广大山区、农村和边疆交通闭塞，行路艰难。

（2）举世闻名的川藏、青藏公路建于1954年。近30年来，公路建设发展迅速，公路交通面貌发生巨大的变化，已形成了一个以北京为中心沟通全国各地的国道网，及以各城市为中心的省、县级公路交通网。1994年以来，全国高速公路、一级汽车专用公路、二级汽车专用公路、二级公路、三级公路、四级公路、等外公路每年修建道路的里程超过10000km。其中，全国建成高速公路通车里程已达85000km（2013年底止）。

（3）我国公路交通事业及其科学技术虽有很大发展，但距离国民经济发展的需求较远，尤其在当前商品经济发展的形势下显得不太适应。我国现有公路的总里程一级公路密度较小，大部分道路等级低，汽车运输调度管理基本上靠手工操作，站场、服务、通信等设施均需引进先进技术。

（4）由于商品构成的变化，对道路交通需求日增，要求汽车运输承担鲜活易腐、高档商品以及不能通达铁路和水运边远地区的1000km以上的运输。

2. 我国城市道路现状和发展目标

（1）城市道路随着城市的发展，经济的繁荣而迅速发展。到2013年止，我国共设城市有852个，建制乡、镇级合计41636个。

（2）随着城市人口与经济的发展，"城市化"水平的迅速提高，使大量增加的城市交通需要与有限的道路容量产生的供求矛盾日趋尖锐。我国大城市的机动车数量正以每年15%的速度递增，全国机动车增加120倍，自行车增长几百倍，公交客运量增加80倍；但城市的道路只增加8倍，公交车万人拥有6.07辆，比发达国家低2~3倍。

（3）城市道路发展目标应与城市经济发展相适应，与人口增长和车辆增长相适应，建成布局得当、结构合理、设施完备的城市道路系统。

1）道路规划：从提高功能，改善运行条件出发，完善路网规划，城市应按交通需要，进行快速路系统规划，完善路口渠化，大中城市应进行非机动车交通规划；

2）道路建设：加快主次干道和快速路建设，在交通特别繁忙地段安排立交桥、人行过街设施、停车场和自行车道建设，各城市应有重点地打通堵头和理顺路线瓶颈地段；

3）养护维修：以解决道路病害为重点，提高养护质量，保证道路完好，提高铺装率和道路工程建设质量；

4）技术先进：在规划设计和管理工作中积极推广计算机应用技术，逐步实现利用电子技术解决信息处理，注意高等级道路和桥梁结构的技术发展，开展工业废料和再生沥青混凝土的应用，引进机械化筑路、养护机械的先进技术、开发研制新型机械设备。

（4）当前我国城市道路的发展应遵循下列原则：

1）城市道路规划应以国民经济建设发展计划为依据，按城市总体布局，合理安排建设计划和投资比例，与城市经济和其他设施协调发展；

2）贯彻近远期相结合的原则，城市道路建设的五年计划和年度计划应与远期规划相结合，从路网体系、道路拱度、道路结构等方面为城市道路的远景发展创造条件；

3）贯彻配套建设的原则，在城市建设和新城区建设及旧城改造中，在有计划商品经济指导下，对城市道路建设实行综合开发、配套建设、以道路带动城市基础设施建设和城市发展；

4）发挥整体功能的原则，从建设、养护维修、路政管理三个环节上加强管理、制止乱占乱挖，改善道路环境，保证城市道路各种功能的充分发挥。

3.1.2 我国道路的等级与工程图例

1. 道路的分类

道路是供各种车辆和行人等通行的工程设施，道路工程是以道路为对象而进行的规划、勘测、设计、施工等技术活动的全过程及其所从事的工程实体。道路具有如下分类方法：

（1）公路：指连接城市、乡村，主要供汽车行驶的具备一定技术条件和设施的道路。

图名	城市道路现状与发展目标（一）	图号	DL3-1（一）

(2) 城市道路：在城市范围内，供车辆及行人通行的具备一定技术条件和设施的道路。城市指直辖市、市、镇以及未设镇的县城。

(3) 厂矿道路：主要供工厂、矿山运输车辆通行的道路。

(4) 林区道路：建在林区，主要供各种林业运输工具通行的道路。

(5) 乡村道路：建在乡村、农场，主要供行人及各种农业运输工具通行的道路。

2. 公路的分类与分级

(1) 公路的分类：在公路网中起骨架作用的公路称为干线公路，干线公路分为：

1) 国家干线公路——在国家公路网中，具有全国性的政治、经济、国防意义，经确定的国家干线的公路简称国道；

2) 省干线公路——在省公路网中，具有全省性的政治、经济、国防意义，并经确定为省级干线的公路简称省道；

3) 县公路——具有全县性的政治、经济意义，并经确定为县级的公路；

4) 乡公路——主要为乡村生产、生活服务并经确定为乡级的公路；

5) 支线公路指在公路网中起连接作用的公路。

(2) 公路的分级：公路按行驶车辆分为汽车专用公路和一般公路。根据交通量及使用任务、性质划分为五个等级：

1) 高速公路：一般能适应各种汽车（包括摩托车）折合成小客车的年平均昼夜交通量为25000辆以上，为具有特别重要的政治、经济意义，专供汽车分道高速行驶并全部控制出入的公路。高速公路的使用寿命为20年；

2) 一级公路：能够适应各种汽车（包括摩托车）折合成小客车的年平均昼夜交通量为10000～25000辆，为连接重要的政治、经济中心，通往重点工矿区、港口、机场，专供汽车分道行驶并部分控制出入的公路。一级公路的使用寿命为20年；

3) 二级公路：一般能够适应各种汽车（包括摩托车）折合成普通汽车的年平均昼夜交通量为4500～7000辆，为连接政治、经济中心或大工矿区、港口、机场等地的专供汽车行驶的公路，二级公路的使用寿命为15年；

4) 三级公路：一般能适应按各种车辆折合成普通汽车（中型载重汽车）的年平均昼夜交通量为2000辆以下，为沟通县以上城市的公路。三级公路的使用寿命也为15年；

5) 四级公路：一般能适应按各种车辆折合成普通汽车的年平均昼夜交通量为200辆以下，为沟通县、乡（镇）、村等的公路。四级公路的使用寿命为8～10年。

3. 城市道路的分类与分级

(1) 快速路：城市道路中设有中央分隔带，具有四条以上的车道，全部或部分采用立体交叉与控制出入，供车辆以较高的速度行驶的道路。快速路完全为交通功能服务，是解决城市长距离快速交通运输的动脉。在快速路两侧不宜设置吸引大量人流的公共建筑物的进出口，两侧一般建筑物的进出口应加以控制。如北京市的二环路、上海内环线高架道路和天津中环路、广州的华南快速干线。

(2) 主干路：在城市道路网中起骨架作用的道路。以交通功能为主（小城市的主干路可兼沿线服务功能）。自行车交通量大，适宜采用机动车与非机动车分隔的形式。主干路上平面交叉口间距以800～1200m为宜，以减少交叉口交通对主干路交通的干扰。交通性的主干路解决大城市各区之间的交通联系，以及与城市对外交通枢纽之间的联系。例如北京的东西长安街是全市性东西向主干路，全线展宽到50～80m，市中心路段为双向10条车道，设置隔离墩，实行快慢车分流；上海中山东一路是一条宽为10车道的客货运主干路。

(3) 次干路：是联系主干路之间辅助性干道，与主干路连接组成道路网，起到广泛连接城市各部分和集散交通的作用。次干路沿街多数为公共建筑和住宅建筑，兼有服务功能。

(4) 支路：是次干路与街坊路的连接线，解决地区交通，以服务功能为主。沿街以居住建筑为主。

城市道路除快速路外，每类道路按照城市规模，设计交通量、地形分为I、II、III级。根据我国国务院城市管理条例规定，城市按照其市区和郊区的非农业人口总数划分为三级，即：

1) 大城市：人口在50万人以上的城市，采用各类道路中的I级标准；

2) 中城市：人口在20万～50万人的城市，采用各类道路中的II级标准；

3) 小城市：人口不足20万人的城市，采用各类道路中的III级标准。

图名	城市道路现状与发展目标（二）	图号	DL3-1（二）

国道主干线"五纵"

路线简称	主　控　点	里程（km）
同三线	同江—哈尔滨（含珲春—长春支线）—长春—沈阳—大连—烟台—青岛—连云港—上海—宁波—福州—深圳—广州—湛江—海安—海口—三亚	2700
京福线	北京—天津—（含天津—塘沽支线）—济南—徐州（含泰安—淮阴支线）—合肥—南昌—福州	2540
京珠线	北京—石家庄—郑州—武汉—长沙—广州—珠海	2310
二河线	二连浩特—集宁—大同—太原—西安—成都—昆明—河口	3610
渝湛线	重庆—贵阳—南宁—湛江	1430

国道主干线"七横"

路线简称	主　控　点	里程（km）
绥满线	绥芬河—哈尔滨—满洲里	1280
丹拉线	丹东—沈阳—唐山（含唐山—天津支线）—北京—集宁—呼和浩特—银川兰州—拉萨	4590
青银线	青岛—济南—石家庄—太原—银川	1610
连霍线	连云港—徐州—郑州—西安—兰州—乌鲁木齐—霍尔果斯	3980
沪蓉线	上海—南京—合肥—武汉—重庆—成都（含万县—南充—成都支线）	2970
沪瑞线	上海—杭州（含宁波—杭州—南京支线）—南昌—贵阳—昆明—瑞丽	4090
衡昆线	衡阳—南宁（含南宁—友谊关支线）—昆明	1980

高速公路路段基本通行能力

车　道　数	双向四车道高速公路				双向六车道高速公路			
设计车速（km/h）	120	100	80	60	120	100	80	60
通行能力[辆/（小时当量车,车道)]	2200	2200	2000	1800	2150	2100	2000	1750

双车道公路车速－流量模型

公路类型	7m 路面	9m 路面	14m 路面
自由车速（km/h）	73	85	95
通行能力[辆/（小时当量车,双向)]	1400	2500	3700

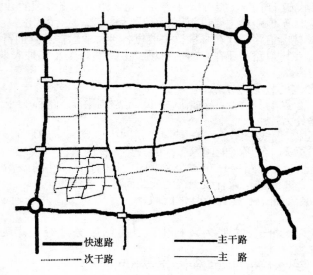

城市道路体系

公路服务水平划分标准（建议值）

服务水平	V/C	U/U_f^*
A	≤0.30	≥0.92
B	≤0.60	≥0.82
C	≤0.75	≥0.76
D	≤0.90	≥0.64
E	≤1.00	≥0.50
F	>1.00	<0.50

U_f^*—自由行驶速度。

图名	城市道路现状与发展目标（三）	图号	DL3-1（三）

小时交通量 AADT 比（%）

道路等级	小时数	小时交通量 AADT 百分比	
		范 围	均 值
G104 (18m) 一级	200	7.4~8.8	7.75
	3800	4.4~7.4	5.68
	2400	2.9~4.4	3.66
	2000	1.1~2.9	2.17
	360	0.0~1.1	0.68
G206 (15m) 二级	200	8.1~11.4	8.59
	3800	4.6~8.1	6.31
	2400	2.0~4.6	3.22
	2000	0.8~2.0	1.45
	360	0~0.8	0.50
G327 (11m) 三级	200	8.3~16.6	8.56
	3800	4.2~8.3	5.81
	2400	2.7~4.2	3.40
	2000	1.4~2.7	2.15
	360	0.0~1.4	1.01

交通量组成表

道路等级	小时数	轻型货车	中型货车	重型货车	小客轿车	公共汽车	拖车	小拖拉机	大拖拉机
G104 (18m) 一级	200	15.0	18.2	7.5	13.7	8.3	14.5	22.3	0.5
	3800	16.2	17.5	7.1	15.3	9.3	15.5	18.4	0.7
	2400	12.9	19.1	6.7	10.5	6.8	26.4	15.1	2.4
	2000	11.2	20.6	7.4	7.3	6.3	34.5	9.2	3.5
	360	12.0	20.0	8.2	11.2	12.0	29.3	2.6	4.7
G206 (15m) 二级	200	15.0	17.7	2.0	11.8	6.6	16.2	22.6	8.1
	3800	15.7	18.3	1.9	13.4	7.6	17.2	18.2	7.6
	2400	11.9	21.0	1.9	10.2	5.5	26.2	11.6	11.6
	2000	7.1	23.4	1.8	4.2	4.6	38.5	6.0	14.4
	360	8.0	21.1	1.2	10.3	6.4	36.3	4.5	12.2
G327 (11m) 三级	200	15.6	9.2	1.8	15.4	7.2	9.0	39.1	2.7
	3800	14.8	8.8	1.6	17.7	7.6	8.7	37.8	3.0
	2400	21.5	8.5	2.1	15.5	5.2	10.3	31.4	5.5
	2000	10.3	10.8	3.1	12.8	2.4	19.4	29.3	11.8
	360	21.5	14.9	3.0	21.5	1.7	16.0	16.0	5.4

城市道路分类

道路分类	道路性质	主 要 功 能 及 特 点
快速道路		为城市各分区间远距离或较远距离交通服务。与高速公路或快速路相交一般采用立体交叉口。控制出入口，路两侧不设置吸引大量车流和人流的公共建筑进出口
主干道	环城干道	环城及公路入城路段，车流量大，要求交叉口少，路侧不宜布置大量吸引人流的公共建筑
	主要交通干道	城市的骨架；用以区分、联系和沟通城市布局的组成部分及行政区划。沟通各区与市中心、各区与卫星城镇之间及城市与城市之间的交通。干道上布置各种公共交通路线，机动车和非机动车不宜混行
次干道	地区性干道	联系城市与分区之间的主要道路，一般布置公共交通路线
	商业性服务干道	干道两侧主要布置商业及文娱设施，接近交通干道又不被干道穿行，人行道较宽，可布置公共交通路线
	工业区干道	工业区范围内的辅助道路连接工厂与交通干道，可布置公共交通路线
	林荫游览道路	联系市中心、纪念地、名胜古迹，风景区的林荫或沿江河（海滨）的滨河路，稍宽时布置绿化带及人行道，并布置休息设施
	自行车专用道	自行车流量大，流量相对固定，与机动车道分离可形成独立（或局部独立）的自行车道系统
支路	居住区内部道路	是城市干道的辅助道路系统和居住区之间或居住区与城市干道的联系道路。 主要供居住区域内部使用。除满足工业、商业、文教等区域性特点的使用要求外，尚应满足少数群众活动的要求，有公共交通路线
街坊路	小区街坊内部道路	供居民内部生活服务，主要供行人使用，并且满足居住环境、生活服务等特定要求，一般不通行公共交通，不允许机动车穿行

图名	城市道路现状与发展目标（四）	图号	DL3-1（四）

城市道路线形设计主要技术指标汇总表

项目 \ 类别·线别	快速路	主干线 I	主干线 II	主干线 III	次干线 I	次干线 II	次干线 III	支线 I	支线 II	支线 III
设计车速（km/h）	80　60	60　50	50　40	40　30	50　40	40　30	30　20	40　30	30　20	20　20
最小半径（m）	250　150	150　100	100　70	—　40	100　—	—　40	—　20	—　40	—　20	—
推荐半径（m）	400　300	300	200	150	200	—	85	85	40	—
不设超高半径（m）	1000　600	600	400	300	400	150	70	150	70	
平曲线最小长度（m）	140　100	100	85	70	85	50	40	50	40	
圆曲线最小长度（m）	70　50	50	40	35	40	25	20	25	20	
缓和曲线最小长度（m）	70　50	50	45	35	45	25	20	25	20	
不设缓和曲线最小圆曲线半径（m）	2000　1000	1000	700	500	700	500				
最大超高横坡（%）	6　4	4	—	—	4	2		2		
停车视距（m）	110　70	70	60	40	60	30	20	30		
最大坡度（%）	6　7	7	8	9	7	9	9	9	9	
合成纵坡（%）	7　6.5	6.5	6.5	7	6.5	7	8	7	—	
纵坡限制长度（%）（m）	400　300	300	200	300	—	—				
纵坡最小长度（m）	290　170	170	140	110	140	85	60	85	60	—
凸形竖曲线最小半径（m）	3000　1200	1200	900	400	900	250	100	250	100	
凹形竖曲线最小半径（m）	1800　1000	1000	700	450	700	250	100	250	100	
竖曲线最小半径（m）	70　50	50	40	35	40	25	20	25	20	

道路工程常用图例

项目	序号	名　称	图　例	项目	序号	名　称	图　例	项目	序号	名　称	图　例
平面	1	涵洞		平面	7	养护机构		纵断	18	分离式立交 a. 主线上跨 b. 主线下穿	
	2	通道			8	管理机构			19	互通式立交 a. 主线上跨 b. 主线下穿	
	3	分离式立交 a. 主线上跨 b. 主线下穿			9	防护网		材料	20	细粒式沥青 混凝土	
					10	防护栏			21	中粒式沥青 混凝土	
					11	隔离墩					
	4	桥梁 （大、中桥梁） （按实际长度绘制）		纵断	12	箱涵			22	粗粒式沥青 混凝土	
					13	管涵					
					14	盖板涵			23	沥青碎石	
	5	互通式立交 （按采用形式绘制）			15	拱涵					
					16	箱型通道			24	沥青贯入碎砾石	
	6	隧道			17	桥梁					

图名	城市道路工程常用图例（一）	图号	DL3-3（一）

69

项目	序号	名　称	图　例	项目	序号	名　称	图　例	项目	序号	名　称	图　例
材料	25	沥青表面处治		材料	33	石灰粉煤灰土		材料	41	干砌片石	
	26	水泥混凝土			34	石灰粉煤灰砂砾			42	浆砌片石	
	27	钢筋混凝土			35	石灰粉煤灰碎砾石			43	浆砌块石	
	28	水泥稳定土			36	泥结碎砾石			44	木材　横　纵	
	29	水泥稳定砂砾			37	泥灰结碎砾石			45	金　属	
	30	水泥稳定碎砾石			38	级配碎砾石			46	橡　胶	
	31	石灰土			39	填隙碎石			47	自然土壤	
	32	石灰粉煤灰			40	天然砂砾			48	夯实土壤	

图名	城市道路工程常用图例（二）	图号	DL3-3（二）

3.2 城市道路断面图

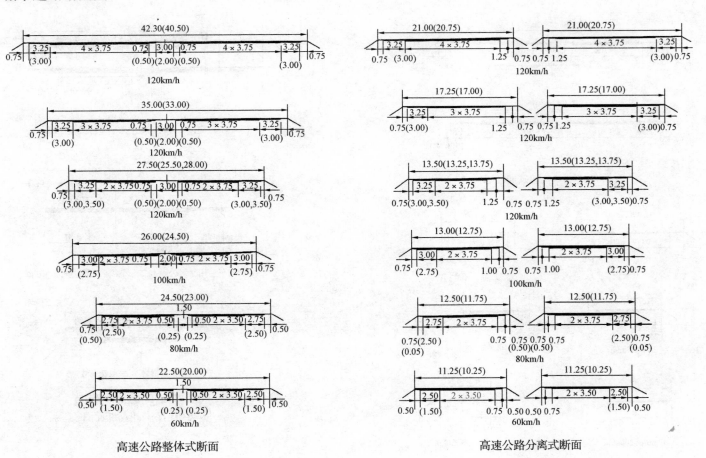

高速公路整体式断面

高速公路分离式断面

图名	城市道路路基横断面图（一）	图号	DL3-4（一）

71

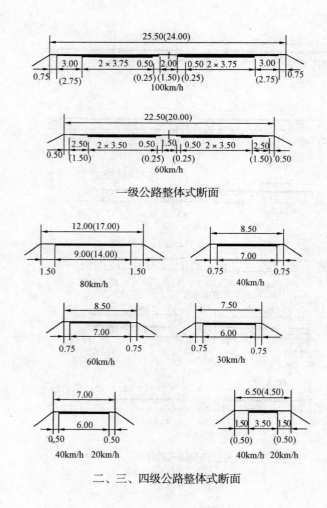

一级公路整体式断面

二、三、四级公路整体式断面

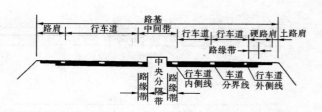

（a）高速公路、一级公路路基标准横断面

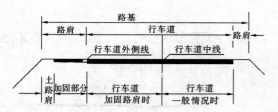

（b）汽车专用二级公路和二、三级公路路基标准横断面

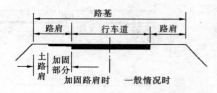

（c）四级公路路基标准横断面

各级道路标准横断面图

图名	城市道路路基横断面图（二）	图号	DL3-4（二）

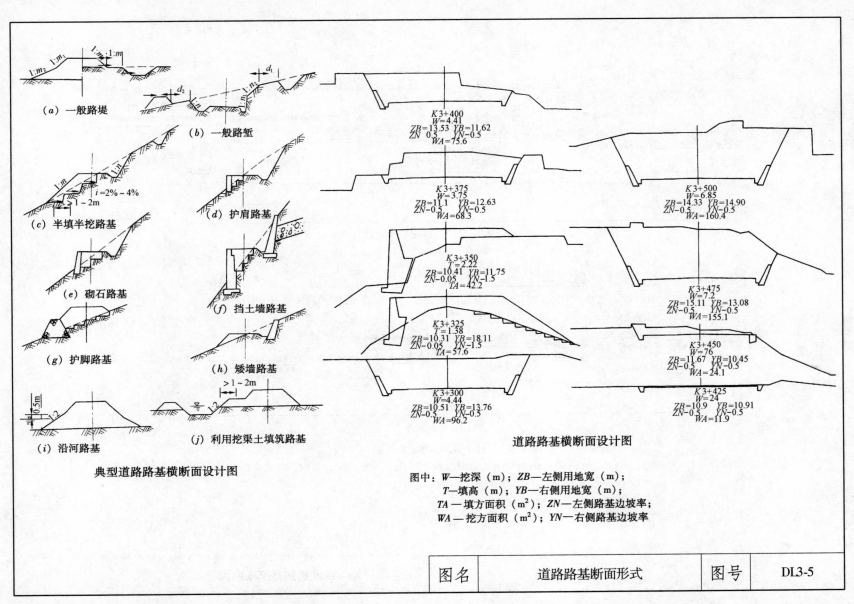

（a）一般路堤

（b）一般路堑

（c）半填半挖路基　　$i=2\%\sim4\%$　　$>1\sim2m$

（d）护肩路基

（e）砌石路基

（f）挡土墙路基

（g）护脚路基

（h）矮墙路基

（i）沿河路基

（j）利用挖渠土填筑路基

典型道路路基横断面设计图

K3+400
W=4.41
ZB=13.53 YB=11.62
ZN 0.5   YN—0.5
WA=75.6

K3+375
W=3.75
ZB=11.1   YB=12.63
ZN—0.5   YN—0.5
WA=68.3

K3+350
T=2.22
ZB=10.41 YB=11.75
ZN—0.05   YN—1.5
TA=42.2

K3+325
T=1.38
ZB=10.31 YB=18.11
ZN—0.05   YN—1.5
TA=57.6

K3+300
W=4.44
ZB=10.51 YB=13.76
ZN—0.5   YN—0.5
WA=96.2

K3+500
W=6.85
ZB=14.33 YB=14.90
ZN—0.5   YN—0.5
WA=160.4

K3+475
W=7.2
ZB=15.11 YB=13.08
ZN—0.5   YN—0.5
WA=155.1

K3+450
W=76
ZB=11.67 YB=10.45
ZN—0.5   YN—0.5
WA=24.1

K3+425
W=24
ZB=10.9   YB=10.91
ZN—0.5   YN—0.5
WA=11.9

道路路基横断面设计图

图中：W—挖深（m）；ZB—左侧用地宽（m）；
　　　T—填高（m）；YB—右侧用地宽（m）；
　　　TA—填方面积（m²）；ZN—左侧路基边坡率；
　　　WA—挖方面积（m²）；YN—右侧路基边坡率

| 图名 | 道路路基断面形式 | 图号 | DL3-5 |

73

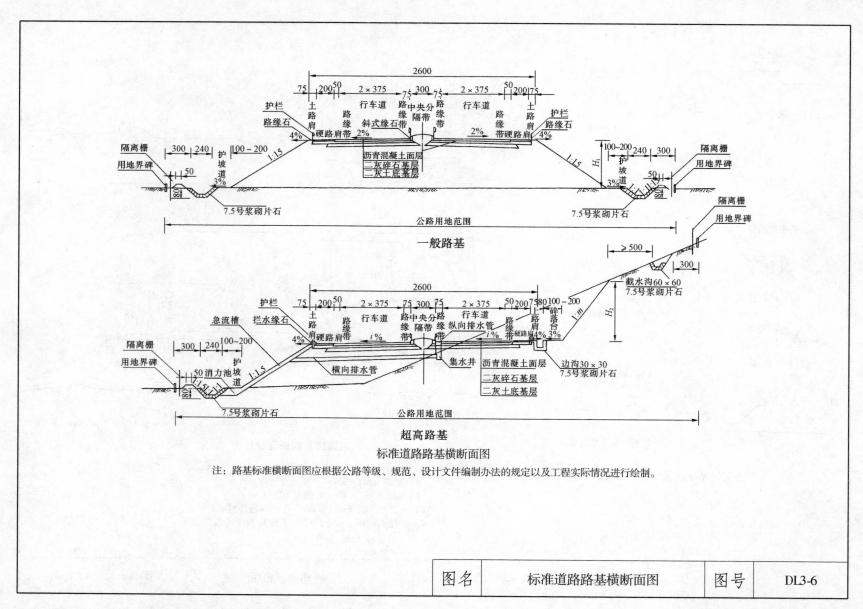

标准道路路基横断面图

注：路基标准横断面图应根据公路等级、规范、设计文件编制办法的规定以及工程实际情况进行绘制。

图名	标准道路路基横断面图	图号	DL3-6

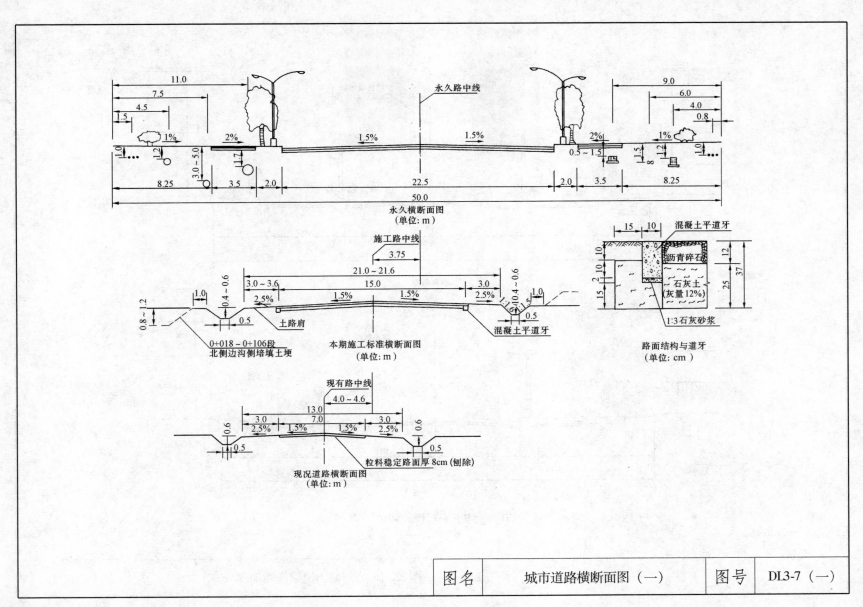

永久横断面图
(单位: m)

本期施工标准横断面图
(单位: m)

0+018～0+106段
北侧边沟侧培填土埂

路面结构与道牙
(单位: cm)

现况道路横断面图
(单位: m)

图名	城市道路横断面图（一）	图号	DI3-7（一）

75

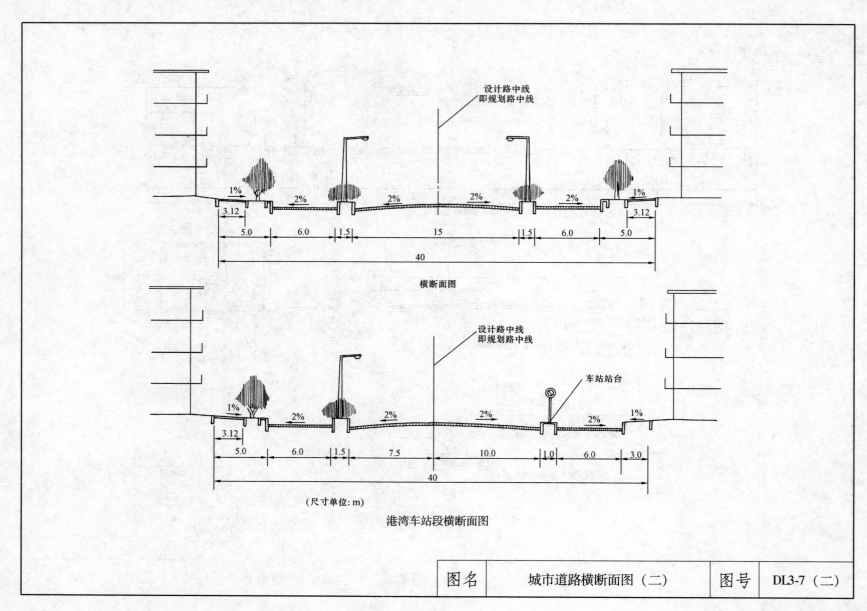

横断面图

（尺寸单位：m）

港湾车站段横断面图

| 图名 | 城市道路横断面图（二） | 图号 | DL3-7（二） |

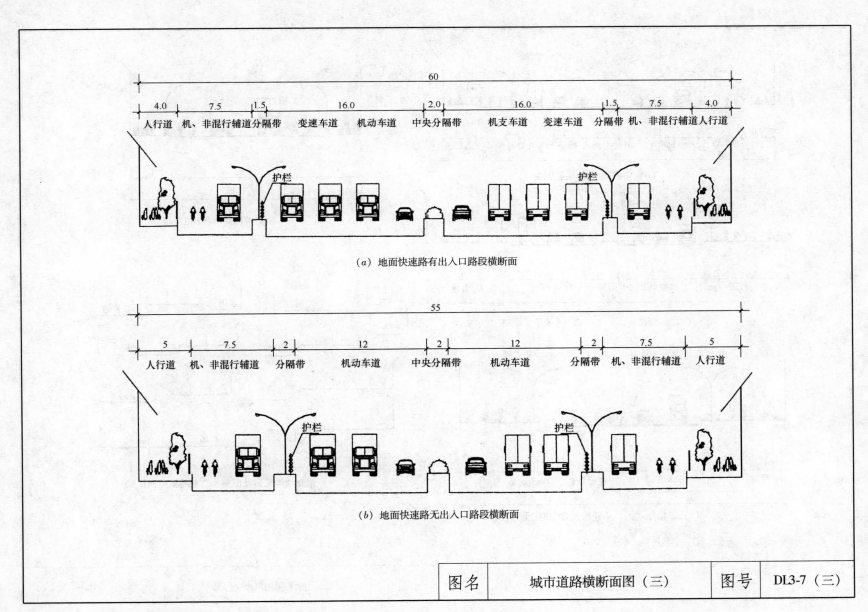

（a）地面快速路有出入口路段横断面

（b）地面快速路无出入口路段横断面

| 图名 | 城市道路横断面图（三） | 图号 | DL3-7（三） |

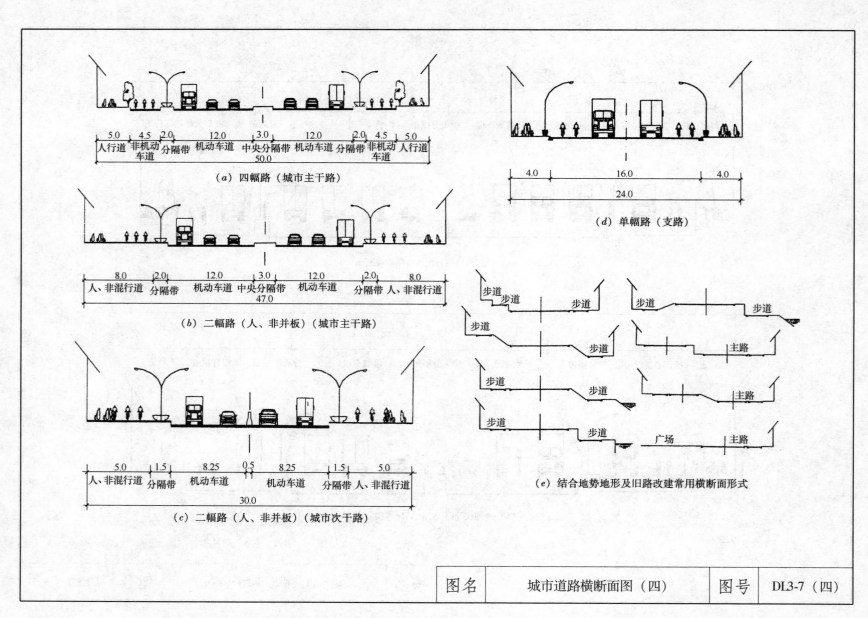

（a）四幅路（城市主干路）

（b）二幅路（人、非并板）（城市主干路）

（c）二幅路（人、非并板）（城市次干路）

（d）单幅路（支路）

（e）结合地势地形及旧路改建常用横断面形式

| 图名 | 城市道路横断面图（四） | 图号 | DL3-7（四） |

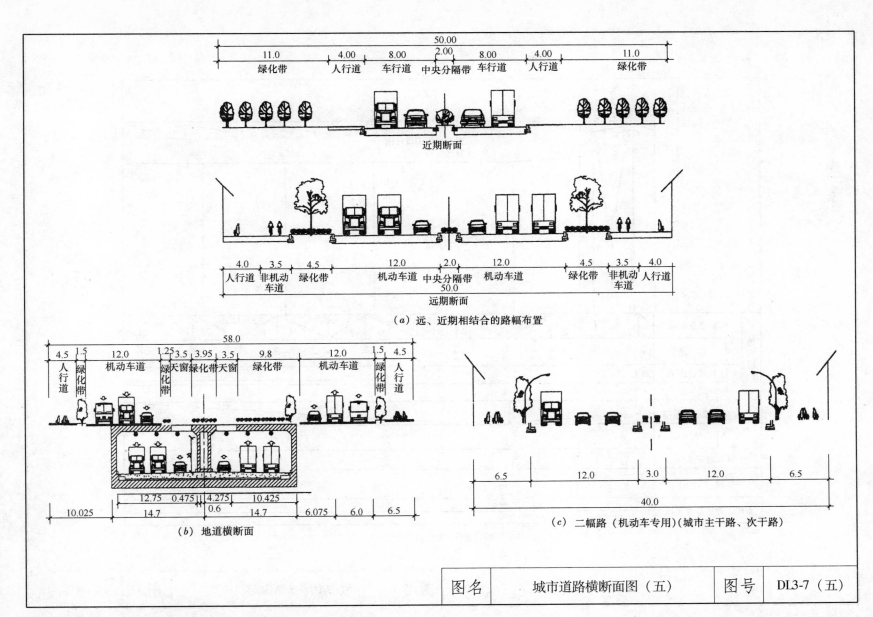

（a）远、近期相结合的路幅布置

（b）地道横断面

（c）二幅路（机动车专用）（城市主干路、次干路）

| 图名 | 城市道路横断面图（五） | 图号 | DL3-7（五） |

79

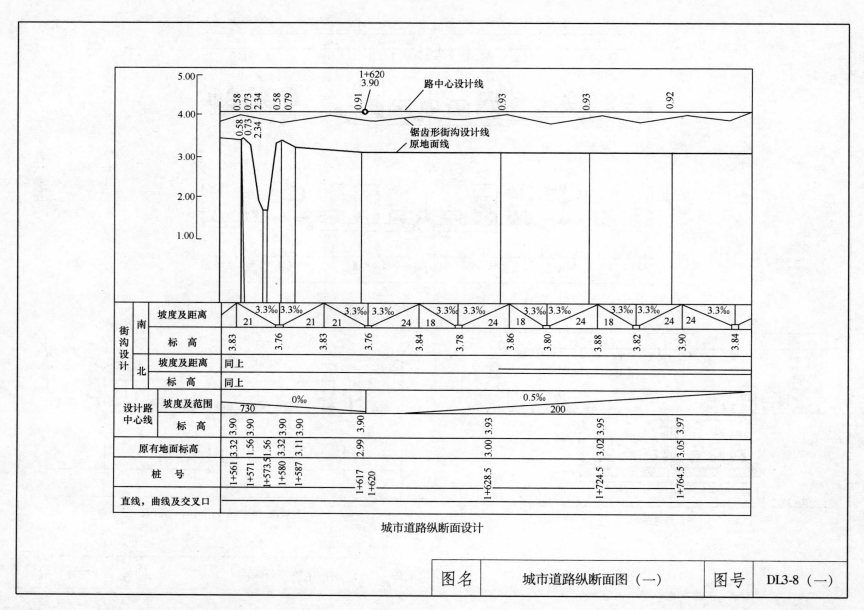

城市道路纵断面设计

街沟设计	南	坡度及距离		3.3‰ 21	3.3‰	3.3‰ 21	21	3.3‰	3.3‰ 24	18	3.3‰ 24	18	3.3‰ 24	18	3.3‰ 24	24	3.3‰
		标　高	3.83		3.76	3.83	3.76		3.84	3.78	3.86	3.80	3.88	3.82	3.90		3.84
	北	坡度及距离	同上														
		标　高	同上														
设计路中心线		坡度及范围	0‰ 730						0.5‰ 200								
		标　高	3.90 3.90	3.90 3.90			3.90			3.93		3.95		3.97			
原有地面标高			3.32 1.56 1.56 3.32 3.11				2.99			3.00		3.02		3.05			
桩　号			1+561 1+571 1+573.5 1+580 1+587				1+617 1+620			1+628.5		1+724.5		1+764.5			
直线，曲线及交叉口																	

图名	城市道路纵断面图（一）	图号	DL3-8（一）

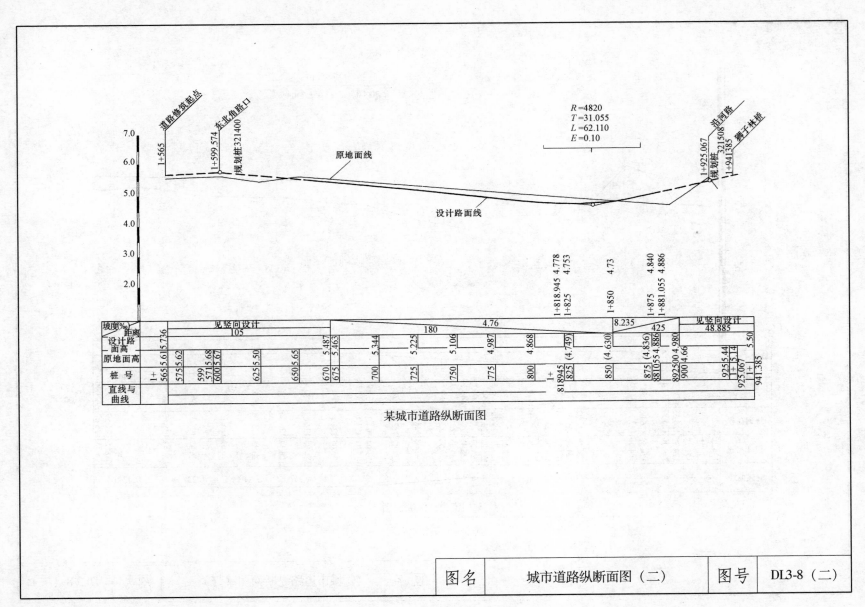

某城市道路纵断面图

| 图名 | 城市道路纵断面图（二） | 图号 | DL3-8（二） |

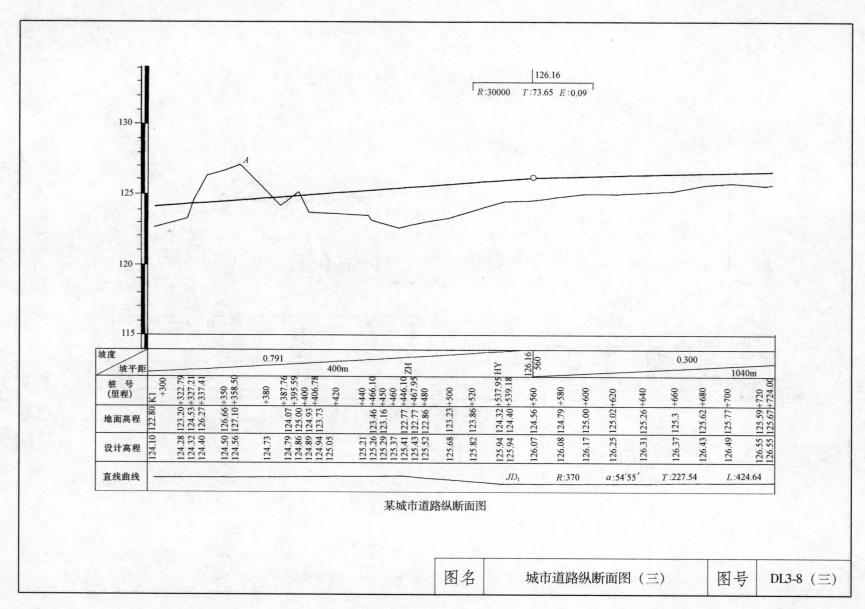

某城市道路纵断面图

| 图名 | 城市道路纵断面图（三） | 图号 | DL3-8（三） |

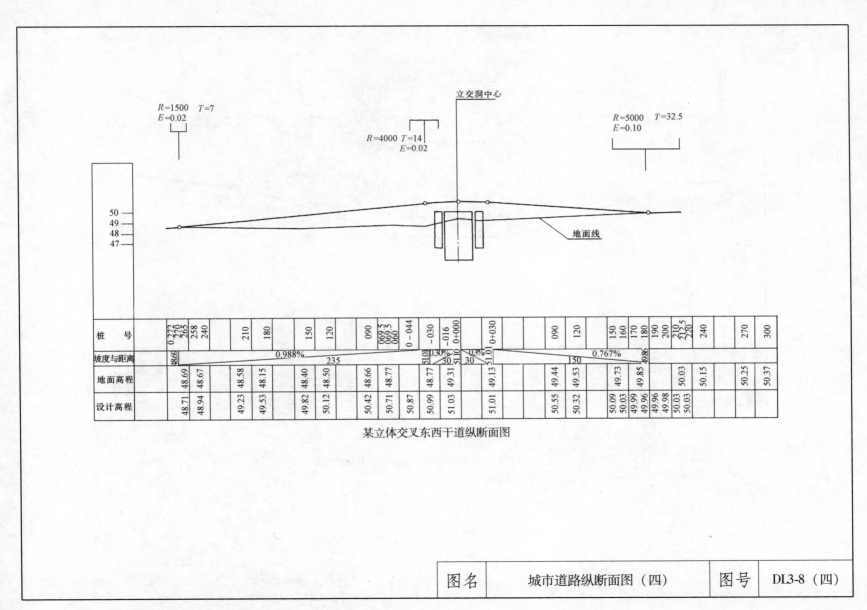

某立体交叉东西干道纵断面图

| 图名 | 城市道路纵断面图（四） | 图号 | DL3-8（四） |

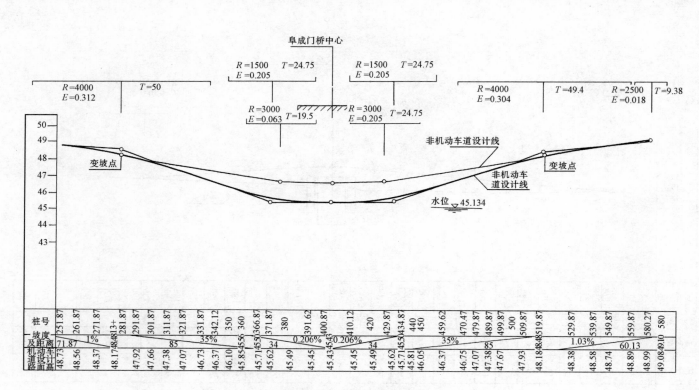

阜成门桥中心

$R=1500$ $T=24.75$
$E=0.205$

$R=1500$ $T=24.75$
$E=0.205$

$R=4000$ $T=50$
$E=0.312$

$R=3000$ $T=19.5$
$E=0.063$

$R=3000$ $T=24.75$
$E=0.205$

$R=4000$ $T=49.4$
$E=0.304$

$R=2500$ $T=9.38$
$E=0.018$

非机动车道设计线

变坡点

非机动车
道设计线

变坡点

水位 ▽ 45.134

| 桩号 | 251.87 | 261.87 | 271.87 | 281.87 | 291.87 | 301.87 | 311.87 | 321.87 | 331.87 | 342.12 | 350 | 366.87 | 371.87 | 380 | 391.62 | 400.87 | 410.12 | 420 | 429.87 | 434.87 | 440 | 450 | 459.62 | 470.47 | 479.87 | 489.87 | 499.87 | 500 | 509.87 | 519.87 | 529.87 | 539.87 | 549.87 | 559.87 | 580.27 | 580 |

坡度及距离: 1% 71.87 281.13+ 48.17 48.48 85 35% 45.71 455 556 360 34 0.206% 45.43 34 0.206% 34 35% 85 48.18 48.48 1.03% 60.13 49.08 49.10

机动车道设计路面高: 48.73 48.56 48.37 47.92 47.66 47.38 47.07 46.73 46.37 46.10 45.85 45.62 45.49 45.45 45.43 45.45 45.49 45.62 45.81 46.05 46.37 46.75 47.07 47.38 47.67 47.93 48.38 48.58 48.74 48.89 48.99

某立体交叉东西干道纵断面图

注：1. 本资料表中只图示了机动车坡度及设计路面高。
　　2. 尺寸单位：m。

| 图名 | 城市道路纵断面图（五） | 图号 | DL3-8（五） |

3.3 城市道路平面图

城市道路平面图例表

编号	符号名称	图	例		编号	符号名称	图	例	
1	坚固房屋 4. 房屋层数	 坚4		▨	10	旱地			
2	普通房屋 2. 房屋层数	 2		▨	11	灌木林			
3	窑洞 1. 住人的 2. 不住人的 3. 地面下的		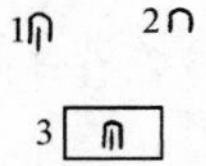 1∩ 2∩ 3 ∩		12	菜地			
4	台阶				13	高压线			
5	花园				14	低压线			
6	草地				15	电杆			
7	经济作物地		 蔗		16	电线架			
8	水生经济作物地		藕		17	砖、石及混凝土围墙			
9	稻田				18	土围墙			
					19	栅栏、栏杆			
					20	篱笆			
					21	树篱笆			

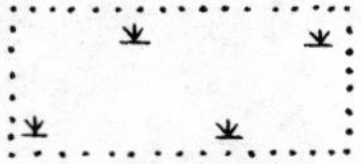

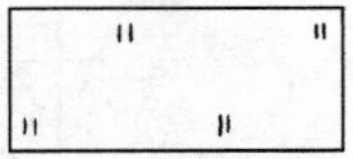

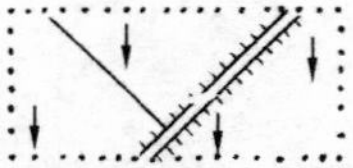

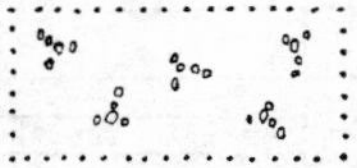

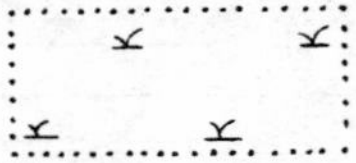

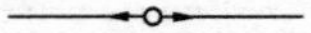

图名	道路平面图图例（一）	图号	DL3-9（一）

85

编号	符号名称	图 例
22	沟渠 1. 有堤岸的 2. 一般的 3. 有沟堑的	1 2 3
23	公路	沥:砾
24	大车路	
25	简易公路	碎石
26	小路	
27	三角点 凤凰山—点名 394.486—高程	△ 凤凰山 / 394.468
28	图根点	□ N16 / 84.46 ✧ 25 / 62.74
29	水准点	○ BM4 / 32.804
30	旗杆	
31	水塔	

编号	符号名称	图 例
32	烟囱	
33	气象站（台）	
34	消火栓	
35	阀门	
36	水龙头	
37	钻孔	⊙
38	路灯	
39	独立树 1. 阔叶 2. 针叶	1 2
40	岗亭、岗楼	
41	等高线 1. 首曲线 2. 计曲线 3. 间曲线	87 1 / 85 2 / 3

编号	符号名称	图 例
42	示坡线	0.8
43	高程点及其注记	●163.2 ♣75.4
44	滑坡	
45	陡崖 1. 土质的 2. 石质的	1 2
46	冲沟	

图名	道路平面图图例（二）	图号	DL3-9（二）

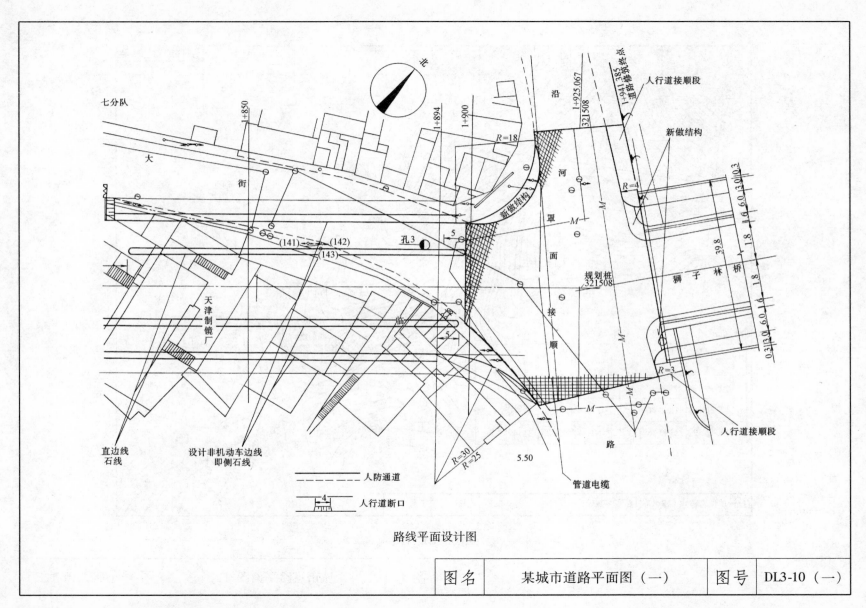

路线平面设计图

| 图名 | 某城市道路平面图（一） | 图号 | DL3-10（一） |

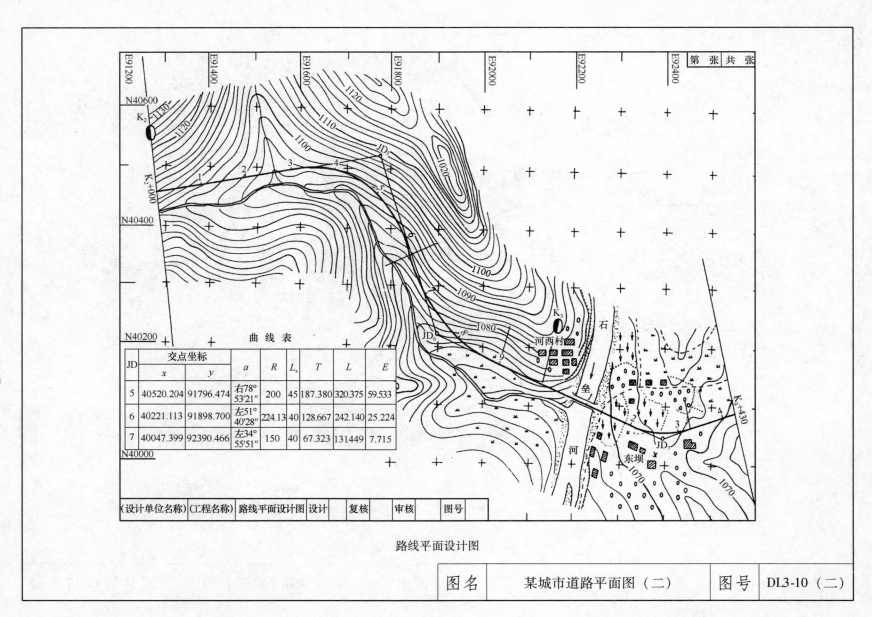

曲 线 表

JD	交点坐标		a	R	L_s	T	L	E
	x	y						
5	40520.204	91796.474	右78°53'21"	200	45	187.380	320.375	59.533
6	40221.113	91898.700	左51°40'28"	224.13	40	128.667	242.140	25.224
7	40047.399	92390.466	左34°55'51"	150	40	67.323	131.449	7.715

路线平面设计图

(设计单位名称)	(工程名称)	路线平面设计图	设计	复核	审核	图号

路线平面设计图

图名	某城市道路平面图（二）	图号	DL3-10（二）

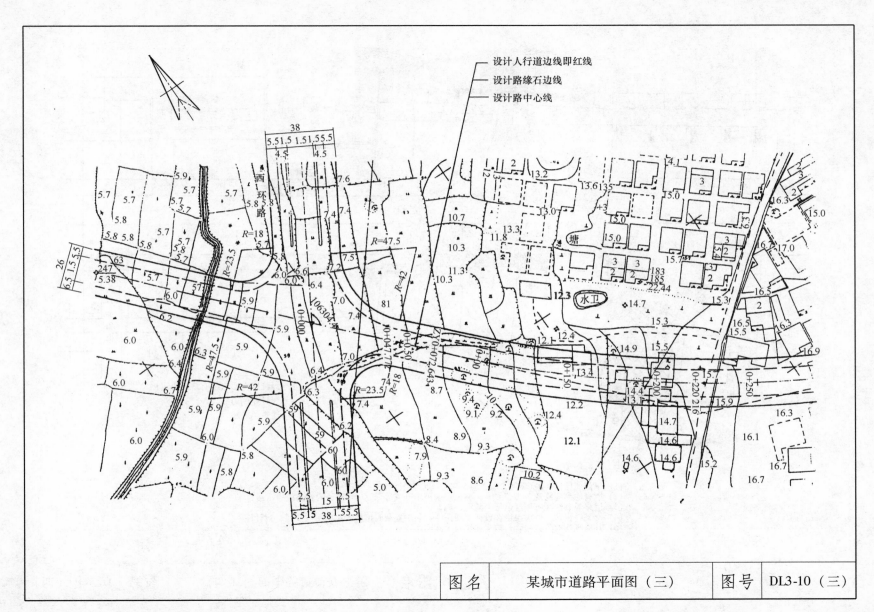

设计人行道边线即红线
设计路缘石边线
设计路中心线

| 图名 | 某城市道路平面图（三） | 图号 | DL3-10（三） |

89

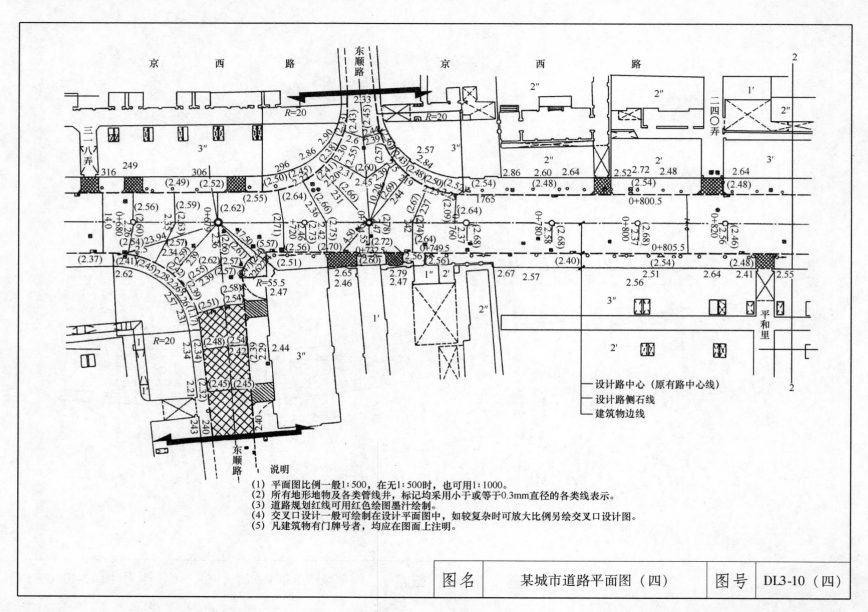

说明
(1) 平面图比例一般1:500，在无1:500时，也可用1:1000。
(2) 所有地形地物及各类管线井，标记均采用小于或等于0.3mm直径的各类线表示。
(3) 道路规划红线可用红色绘图墨汁绘制。
(4) 交叉口设计一般可绘制在设计平面图中，如较复杂时可放大比例另绘交叉口设计图。
(5) 凡建筑物有门牌号者，均应在图面上注明。

图名	某城市道路平面图（四）	图号	DL3-10（四）

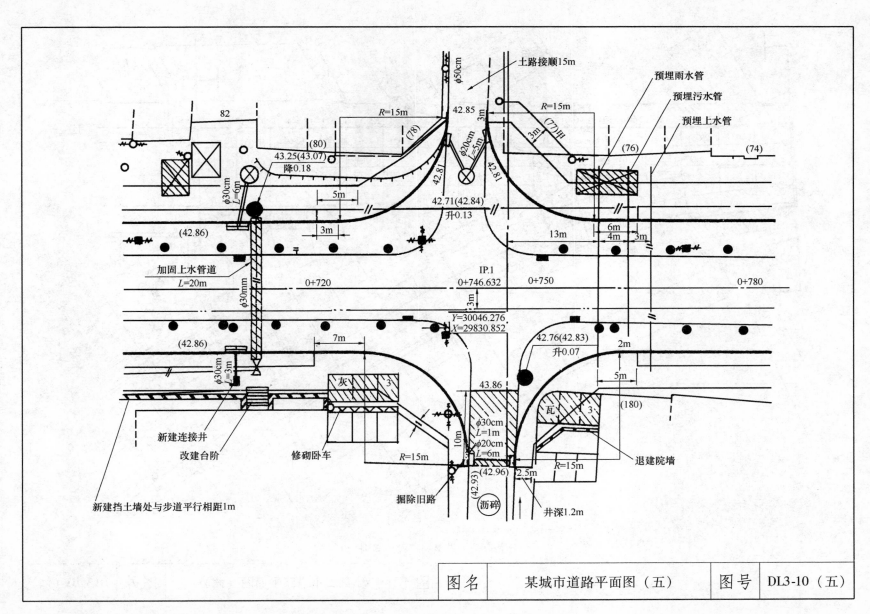

| 图名 | 某城市道路平面图（五） | 图号 | DL3-10（五） |

91

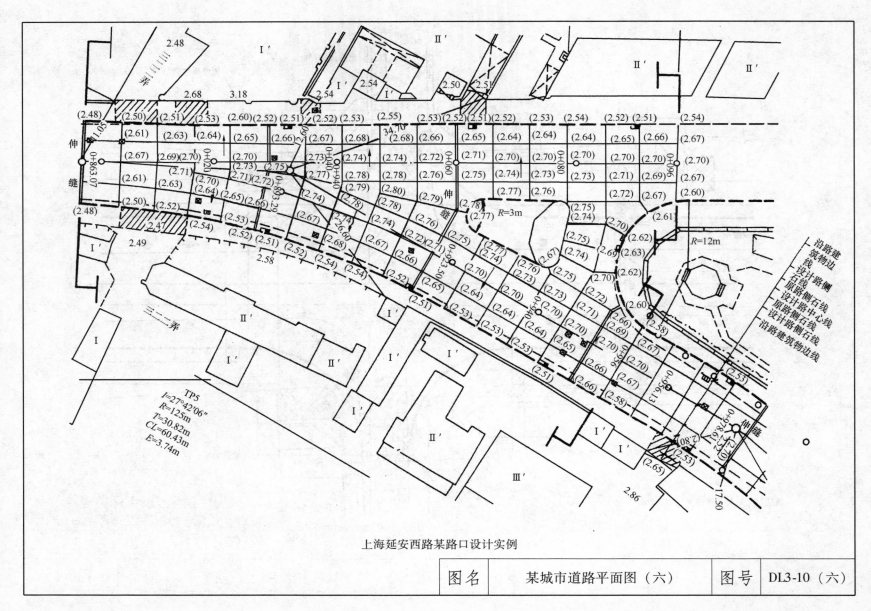

上海延安西路某路口设计实例

| 图名 | 某城市道路平面图（六） | 图号 | DL3-10（六） |

圆曲线半径与超高值

公路等级 半径(m) 超高(%)	高速公路								一				二				三				四			
	平原微丘		重丘		山岭		山岭		平原微丘		山岭重丘		平原微丘		山岭重丘		平原微丘		山岭重丘		平原微丘		山岭重丘	
	$u=120$ km/h		$u=100$ km/h		$u=80$ km/h		$u=60$ km/h		$u=100$ km/h		$u=60$ km/h		$u=80$ km/h		$u=40$ km/h		$u=60$ km/h		$u=30$ km/h		$u=40$ km/h		$u=20$ km/h	
	一般情况	积雪冰冻地区	一般情况	积雪冰冻地区	一般情况	积雪冰冻地区	一般情况	积雪冰冻地区	一般情况	积雪冰冻地区	一般情况	积雪冰冻地区	一般情况	积雪冰冻地区	一般情况	积雪冰冻地区	一般情况	积雪冰冻地区	一般情况	积雪冰冻地区	一般情况	积雪冰冻地区	一般情况	积雪冰冻地区
1	<5500~3240	<5500~1940	<4000~1710	<4000~1550	<2500~1240	<2500~1130	<1500~810	<1500~720	<4000~1710	<4000~1550	<1500~810	<1500~720	<2500~1210	<2500~1130	<600~390	<600~360	<1500~780	<1500~720	<350~230	<350~210	<600~390	<600~360	<150~105	<150~95
2	<3240~2160	<1940~1290	<1710~1220	<1550~1050	<1240~830	<1130~750	<810~570	<720~460	<1710~1220	<1550~1050	<810~570	<720~460	<1210~840	<1130~750	<390~270	<360~230	<780~530	<720~460	<230~150	<210~130	<390~270	<360~230	<105~70	<95~60
3	<2160~1620	<1290~970	<1220~950	<1050~760	<830~620	<750~520	<570~430	<460~300	1220~950	<1050~760	<570~430	<460~300	<840~630	<750~520	<270~200	<230~150	<530~390	<460~300	<150~110	<130~80	<270~200	<230~150	<70~55	<60~40
4	<1620~1300	<970~780	<950~770	<760~550	<610~500	<520~360	<430~340	<300~190	<950~770	<760~550	<430~340	<300~190	<630~500	<520~360	<200~150	<150~90	<390~300	<300~190	<110~80	<80~50	<200~150	<150~90	<55~40	<40~25
5	<1300~1080	<780~650	<770~650	<550~400	<500~410	<360~250	<340~280	<190~125	<770~650	<550~400	<340~280	<190~125	<500~410	<360~250	<150~120	<90~60	<300~230	<190~125	<80~60	<50~30	<150~120	<90~60	<40~30	<25~15
6	<1080~930		<650~560		<410~350		<280~230		<650~560		<280~230		<410~320		<120~90		<230~170		<60~50		<120~90		<30~20	
7	<930~810		<560~500		<350~310		<230~200		<560~500		<230~200		<320~250		<90~60		<170~125		<50~30		<90~60		<20~15	
8	<810~720		<500~440		<310~280		<200~160		<500~440		<200~160													
9	<720~650		<440~400		<280~250		<160~125		<440~400		<160~125													

图名	道路圆曲线半径与超高值	图号	DL3-11

93

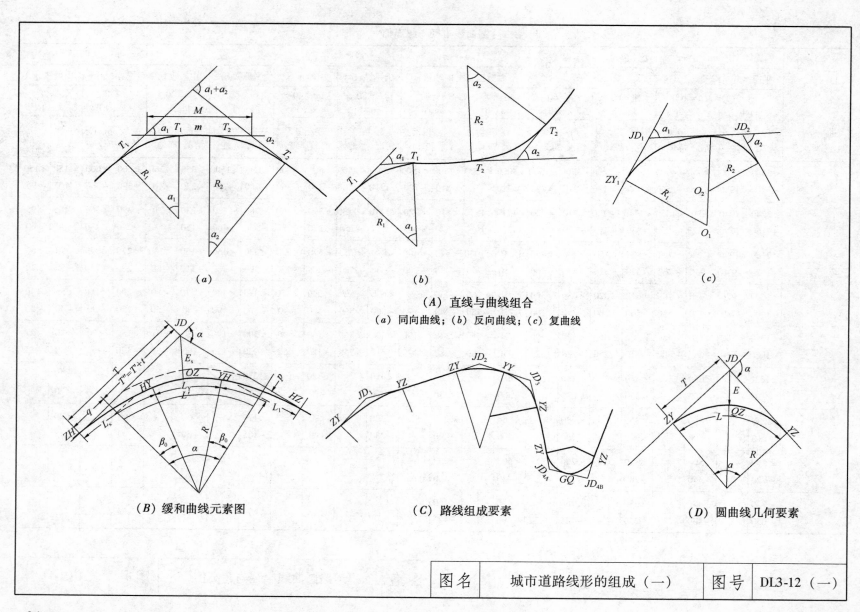

（a）　　　　　　　　　　（b）　　　　　　　　　　（c）

（A）直线与曲线组合

（a）同向曲线；（b）反向曲线；（c）复曲线

（B）缓和曲线元素图　　　　　（C）路线组成要素　　　　　（D）圆曲线几何要素

图名	城市道路线形的组成（一）	图号	DL3-12（一）

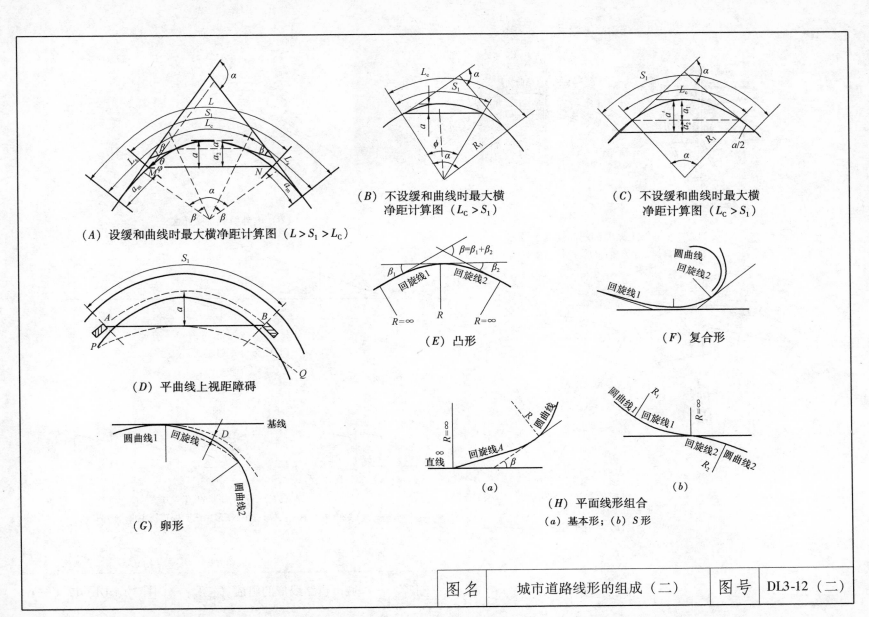

（A）设缓和曲线时最大横净距计算图（$L > S_1 > L_c$）

（B）不设缓和曲线时最大横净距计算图（$L_c > S_1$）

（C）不设缓和曲线时最大横净距计算图（$L_c > S_1$）

（D）平曲线上视距障碍

（E）凸形

（F）复合形

（G）卵形

（H）平面线形组合
（a）基本形；（b）S形

| 图名 | 城市道路线形的组成（二） | 图号 | DL3-12（二） |

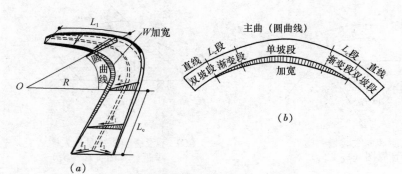

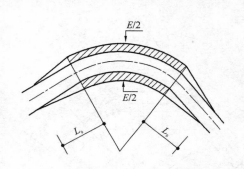

（A）平曲线上路面的超高加宽示意图

（a）超高加宽示意图；（b）超高加宽平面图

（B）内外两侧加宽示意

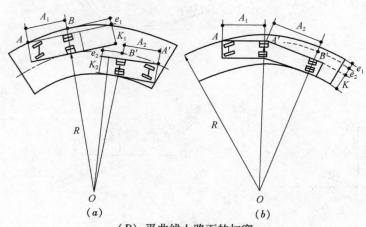

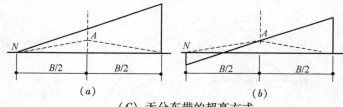

（C）无分车带的超高方式

（a）绕路边旋转；（b）绕中心旋转

（D）平曲线上路面的加宽

（a）单车行驶；（b）半拖车行驶

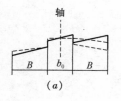 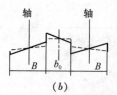 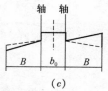

（E）有中央带的超高方式

（a）绕中央带中线；（b）绕行车带中线；（c）绕中央带两侧边线

图名	城市道路线形的组成（三）	图号	DL3-12（三）

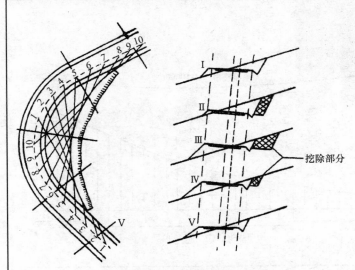

（a）平曲线上的视距清除包络线

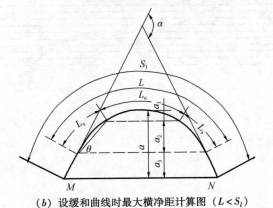

（b）设缓和曲线时最大横净距计算图（$L < S_l$）

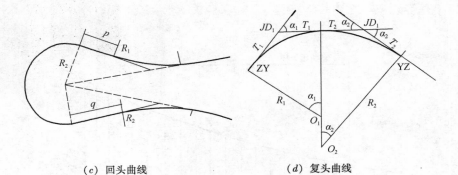

（c）回头曲线

（d）复头曲线

直线的最大长度及曲线间直线的最小长度

设计车速 v（km/h）			120	100	80	60	40	30	20
直线最大长度（$20v$）（m）			2400	2000	1600	1200	800	600	400
直线最小长度（m）	同向曲线间	一般值（$6v$）	270	600	480	360	240	180	120
		特殊值（$2.5v$）	—	—	—	—	100	75	50
		反向曲线向（$2v$）	240	200	160	120	80	60	40

回头曲线指标

项　　目	公　路　等　级		
	二	三	四
计算行车速度（km/h）	30	25	20
圆曲线最小半径（m）	30	20	15
回旋线（或超高加宽缓和段）长度（m）	30	25	20
超高横坡度（%）	6	6	6
双车道路面加宽值（m）	2.5	2.5	3
最大纵坡（%）	3.5	4	4.5

图名	城市道路线形的组成（四）	图号	DL3-12（四）

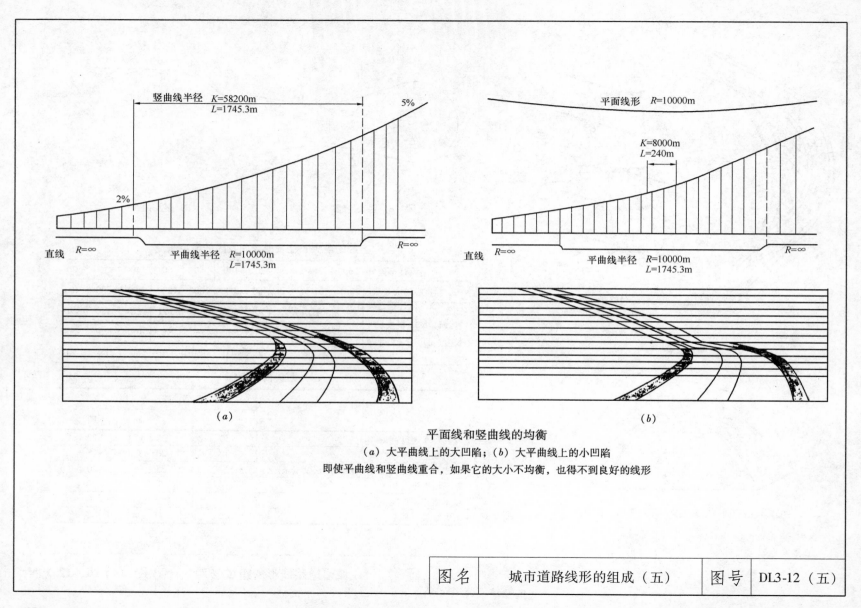

竖曲线半径 *K*=58200m
L=1745.3m

5%

平面线形 *R*=10000m

K=8000m
L=240m

2%

直线 *R*=∞

R=∞

平曲线半径 *R*=10000m
L=1745.3m

直线 *R*=∞

R=∞

平曲线半径 *R*=10000m
L=1745.3m

(*a*)

(*b*)

平面线和竖曲线的均衡
(*a*) 大平曲线上的大凹陷；(*b*) 大平曲线上的小凹陷
即使平面线和竖曲线重合，如果它的大小不均衡，也得不到良好的线形

| 图名 | 城市道路线形的组成（五） | 图号 | DL3-12（五） |

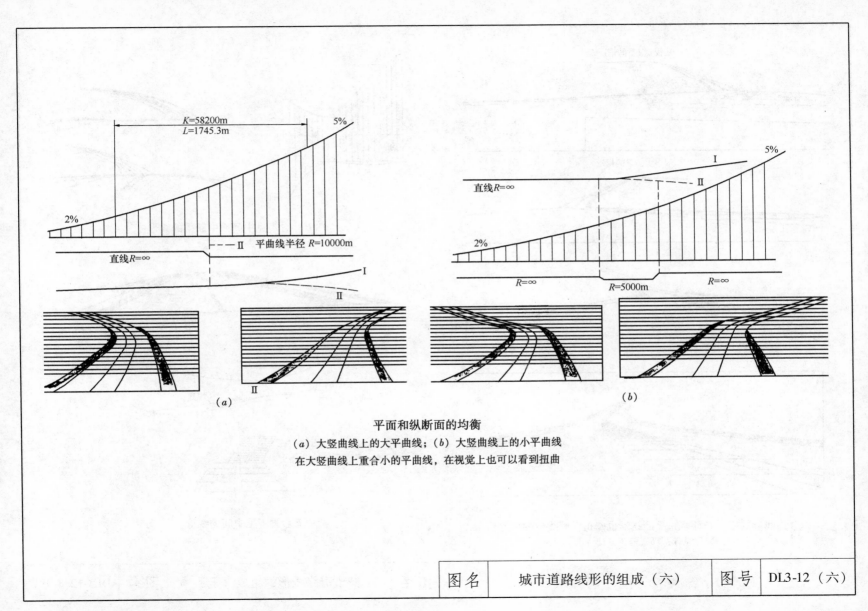

$K=58200\text{m}$
$L=1745.3\text{m}$
5%

2%

平曲线半径 $R=10000\text{m}$

直线 $R=\infty$

Ⅱ

Ⅰ

直线 $R=\infty$

Ⅰ

Ⅱ

5%

2%

$R=\infty$

$R=5000\text{m}$

$R=\infty$

Ⅱ

(a)

(b)

平面和纵断面的均衡

（a）大竖曲线上的大平曲线；（b）大竖曲线上的小平曲线

在大竖曲线上重合小的平曲线，在视觉上也可以看到扭曲

图名	城市道路线形的组成（六）	图号	DL3-12（六）

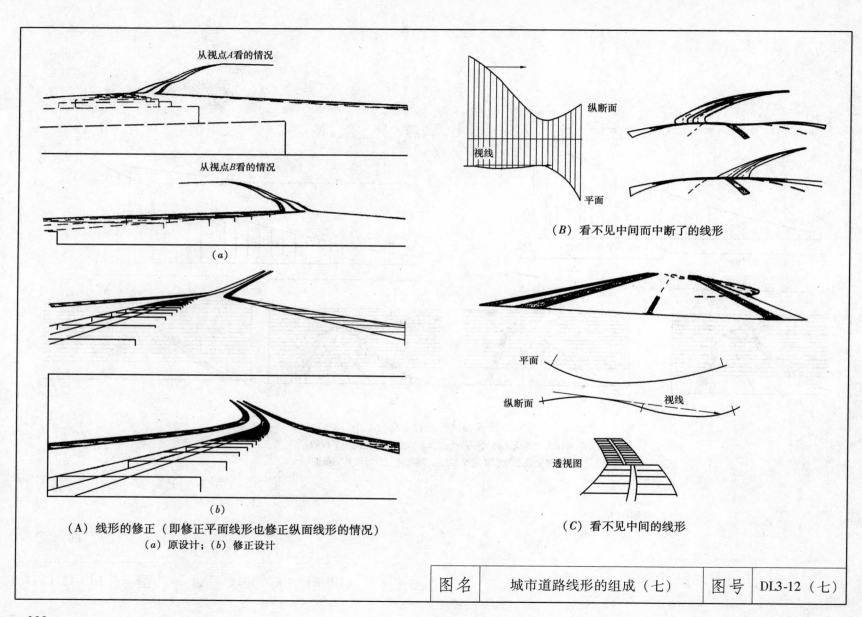

从视点A看的情况

从视点B看的情况

（a）

（b）

（A）线形的修正（即修正平面线形也修正纵面线形的情况）

（a）原设计；（b）修正设计

纵断面

视线

平面

（B）看不见中间而中断了的线形

平面

纵断面

视线

透视图

（C）看不见中间的线形

图名	城市道路线形的组成（七）	图号	DL3-12（七）

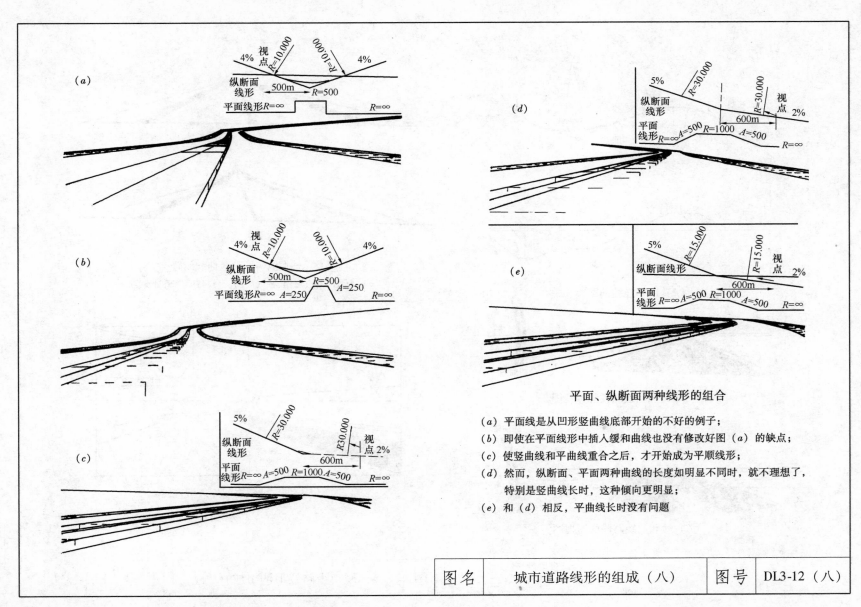

平面、纵断面两种线形的组合

（a）平面线是从凹形竖曲线底部开始的不好的例子；

（b）即使在平面线形中插入缓和曲线也没有修改好图（a）的缺点；

（c）使竖曲线和平曲线重合之后，才开始成为平顺线形；

（d）然而，纵断面、平面两种曲线的长度如明显不同时，就不理想了，特别是竖曲线长时，这种倾向更明显；

（e）和（d）相反，平曲线长时没有问题

| 图名 | 城市道路线形的组成（八） | 图号 | DL3-12（八） |

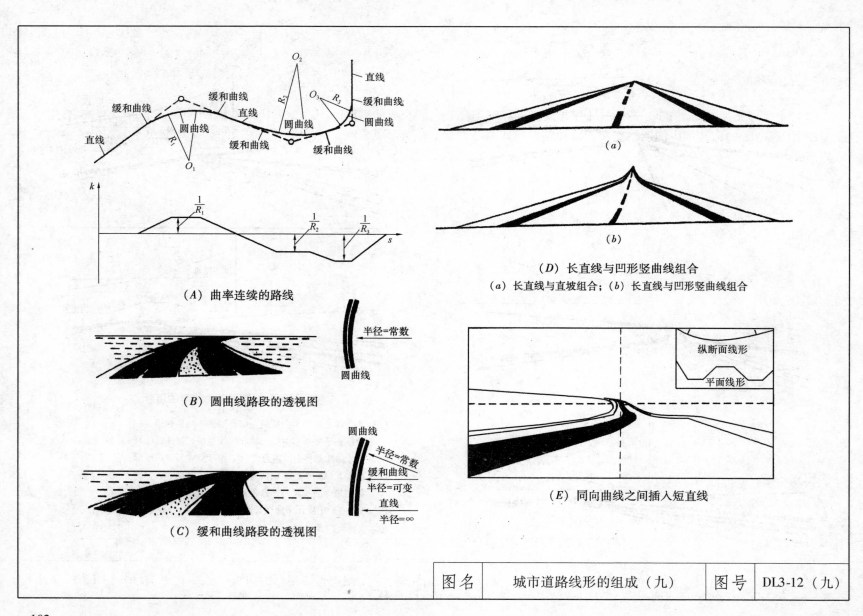

（A）曲率连续的路线

（B）圆曲线路段的透视图

（C）缓和曲线路段的透视图

（D）长直线与凹形竖曲线组合

（a）长直线与直坡组合；（b）长直线与凹形竖曲线组合

（E）同向曲线之间插入短直线

| 图名 | 城市道路线形的组成（九） | 图号 | DL3-12（九） |

3.4 城市道路平面交叉口的设计

1. 平面交叉口的分类与设计原则

交叉口的形式一般是在路网规划阶段形成的。主要形式如下：

（1）十字形交叉：如图（a）所示，十字形交叉的相交道路是夹角在90°或90°±15°范围内的四路交叉。这种路口形式简单，交通组织方便，街角建筑易处理，适用范围广，是常见的最基本的交叉口形式。

（2）T形交叉：如图（b）所示，T形交叉的相交道路是夹角在90°或90°±15°范围内的三路交叉。这种形式交叉口与十字形交叉口相同，视线良好、行车安全，也是常见的交叉口形式，例如北京的T形交叉口约占30%，十字形占70%。

（3）X形交叉：如图（c）所示，X形交叉是相交道路交角小于75°或大于105°的四路交叉。当相交的锐角较小时，将形成狭长的交叉口，对交通不利，特别对左转弯车辆，锐角街口的建筑也难处理。因此，当两条道路相交，如不能采用十字形交叉口时，应尽量使相交的锐角大些。

（4）Y形交叉：如图（d）所示，Y形交叉是相交道路交角小于75°或大于105°的三路交叉。处于钝角的车行道缘石转弯半径应大于锐角对应的缘石转弯半径，以使线形协调，行车通畅。Y形与X形交叉均为斜交路口，其交叉口夹角不宜过小，角度＜45°时，视线受到限制，行车不安全，交叉口需要的面积增大。因此，一般的斜交角度适宜＞60°。

（5）错位交叉：如图（e）所示，两条道路从相反方向终止于一条贯通道路而形成两个距离很近的T形交叉所组成的交叉即为错位交叉。规划阶段应尽量避免为追求街景而形成的近距离错位交叉。由于其距离短，交织长度不足，而使进出错位交叉口的车辆不能顺利行驶，从而阻碍贯通道路上的直行交通。由两个Y形连续组成的

斜交错位交叉的交通组织会比T形的错位交叉更为复杂。因此规划与设计时，应尽量避免双Y型错位交叉。我国不少旧城由于历史原因造成了斜交错位，宜在交叉口设计时逐步予以改建。

（6）多路交叉：如图（f）所示，多路交叉是由五条以上道路相交成的道路路口，又称为复合型交叉路口。道路网规划中，应避免形成多路交叉，以免交通组织的复杂化。已形成的多路交叉，可以设置中心岛改为环形交叉，或封路改道或调整交通，将某些道路的双向交通改为单向交通。

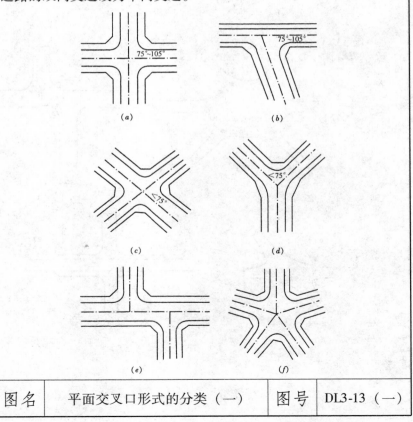

（a）　　　　　　　　（b）

（c）　　　　　　　　（d）

（e）　　　　　　　　（f）

图名	平面交叉口形式的分类（一）	图号	DL3-13（一）

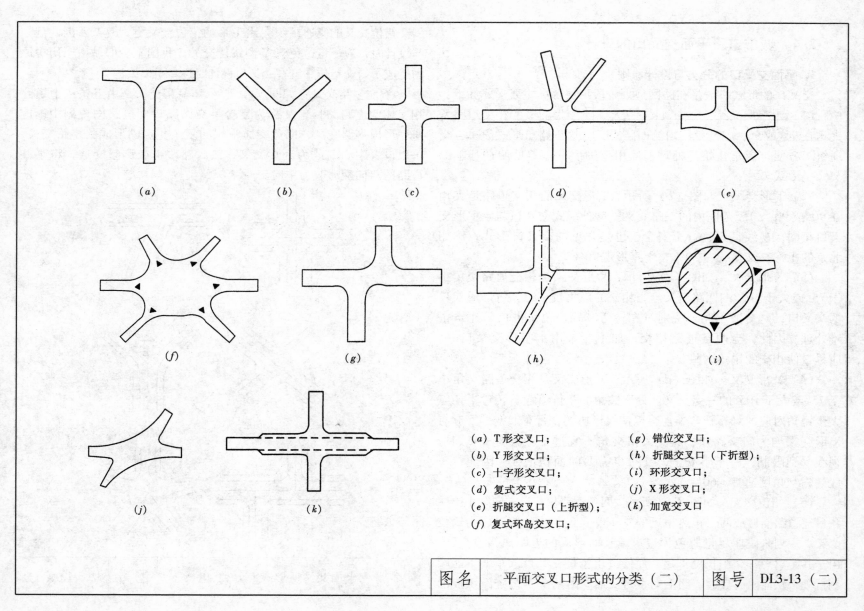

（a）T形交叉口；　　　　　（g）错位交叉口；
（b）Y形交叉口；　　　　　（h）折腿交叉口（下折型）；
（c）十字形交叉口；　　　　（i）环形交叉口；
（d）复式交叉口；　　　　　（j）X形交叉口；
（e）折腿交叉口（上折型）；　（k）加宽交叉口
（f）复式环岛交叉口；

图名	平面交叉口形式的分类（二）	图号	DL3-13（二）

平面交叉口应用类型

相交道路		主干路	次干路	支　路	
				Ⅰ型	Ⅱ（Ⅲ）型
主干路		A	A	A、E	E
次干路			A	A	A、B、E
支路	Ⅰ级			A、B、D	B、C、D、F
	Ⅱ（Ⅲ）级				B、C、D、F

注：1. 应避免Ⅱ（Ⅲ）级支路与干路相交，确实无法避免时可按 E 形交叉口规则；
　　2. 丁字交叉口不应设置环形交叉口。

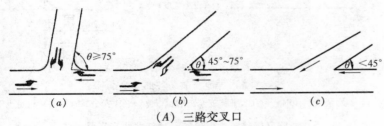

（A）三路交叉口

（a）正交"T形"交叉口交通组织；（b）斜交的"T形"交叉口交通组织；
（c）"Y形"交叉口交通组织（禁止大右转方向的左转车流及渠化小偏角方向的右转车流）

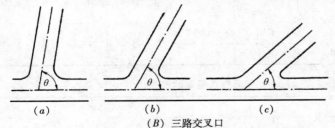

（B）三路交叉口

（a）正"T"形叉口（θ≥75°）；（b）斜"T"形交叉口（45°≤θ＜75°）；
（c）"Y"形交叉（θ＜45°）

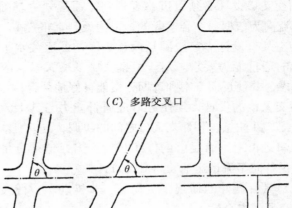

（C）多路交叉口

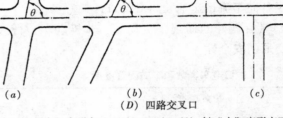

（D）四路交叉口

（a）正"十"字形交叉口（θ≥75°）；（b）斜"十"字形交叉口（θ＜75°）；
（c）错位"十"字形交叉口

支叉口左、右行转车计算行车速度

前路段车速（km/h） 后路段车速（km/h）	60	50	40	35	30
60	30	30	30	30	30
50	30	25	25	25	25
40	30	25	20	20	20
35	30	25	20	17.5	17.5
30	30	25	20	17.5	15

图名	平面交叉口形式的分类（三）	图号	DL3-13（三）

平面交叉口的设计原则：

（1）平面交叉口设计必须以道路规划和交通规划为基础，以交叉口流量、流向为依据，结合实际的地形因地制宜布置；

（2）平面交叉口设计方案应满足设计年限初的服务水平要求及设计年限末的通行能力要求。对于分期实施的交叉口，应对远期方案一并考虑，并使近期方案和远期方案能良好地结合；

（3）平面交叉口的设计，须使进口道通行能力与其上游路段通行能力相匹配，并注意与相邻交叉口之间的协调；

（4）交叉口进口道须有足够的停车长度；出口道须有足够的疏解能力，满足各向车流迅速地驶离交叉口；

（5）交叉口具有良好的通视，机动车、非机动车、行人有序地通行，确保交通的安全性。

进口道车道数和车道配置参考

道路等级及进口道车道分类		主干路	次干路	支路
主干路	直行车道数	与路段车道数一致	与路段车道数一致	与路段车道数一致
	右转车道数	1~2	1	0~1
	左转车道数	1~3	1~2	1
次干路	直行车道数	不少于路段车道数	不少于路段车道数	与路段车道数一致
	右转车道数	1	0~1	0~1
	左转车道数	1~2	1	0~1
支路	直行车通数	1~3	1~3	1~2
	右转车道数	0~1	0~1	0~1
	左转车道数	0~1	0~1	0~1
备 注		本表适用于"十"字交叉口的情况，其他类型的交叉口应视不同的车流大小和方向进行布置		

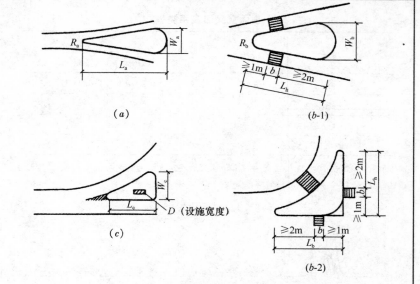

（A）导流交通岛各部分要素

（a）只分隔交通流时；（b-1）兼作安全岛时；（b-2）兼作安全岛时；（c）设备设施时

导流岛偏移距、内移距、端部曲线半径最小值

设计行车速度（km/h）	偏移距 S（m）	内移距 Q（m）	R_0（m）	R_1（m）	R_2（m）
≥50	0.50	0.75	0.5	0.5~1.0	0.5~1.5
<50	0.25	0.50			

导流岛各要素的最小值（m）

图示	(a)			(b)			(c)	
要素	W_a	L_a	R_a	W_b	L_b	R_b	W_c	L_c
最小值（m）	3.0	5.0	0.5	3.0	$(b+3)$	1.0	$(D+3)$	5.0

图名	平面交叉口的设计（一）	图号	DL3-14（一）

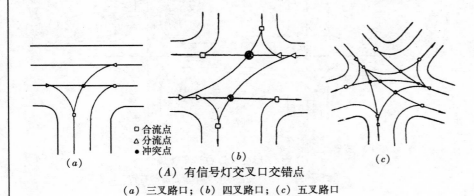

（ a ）

（ A ）有信号灯交叉口交错点
（ a ）三叉路口；（ b ）四叉路口；（ c ）五叉路口

□ 合流点
△ 分流点
● 冲突点

（ b ）

（ c ）

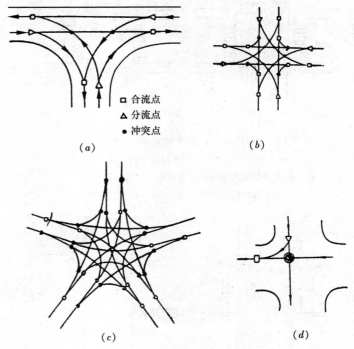

□ 合流点
△ 分流点
● 冲突点

（ a ）

（ b ）

（ c ）

（ d ）

（ B ）无信号灯交叉口的交错点
（ a ）三叉路口；（ b ）四叉路口；（ c ）五叉路口；（ d ）单向交通

交叉口的交错点

交错点类型	无信号控制			有信号控制		
	相交道路的条数			相交道路的条数		
	3条	4条	5条	3条	4条	5条
分流点	3	8	15	2 或 1	4	4
合流点	3	8	15	2 或 1	4	6
左转车流冲突点	3	12	45	1 或 0	2	4
直行车流冲突点	0	4	5	0 或 0	0	0
交错点总数	9	32	80	5 或 2	10	14

图名	平面交叉口的设计（二）	图号	DL3-14（二）

2. 十字形交叉口的交通分析与设计

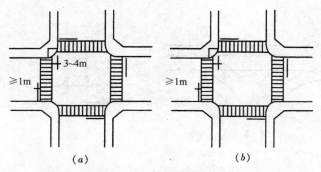

（a）　　　　　　　（b）

（A）十字形交叉口行人横道线

（a）行人横道线设置在缘石半径范围内；

（b）行人横道线设置在缘石半径范围外（推荐方案）

停车线距行人横道线大于1m

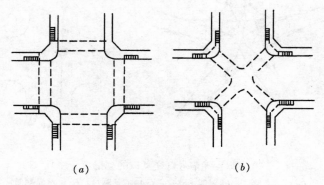

（a）　　　　　　　（b）

（B）十字形交叉口隧道式行人横道线

（a）方形地下隧道式行人横道线；

（b）X形地下隧道式行人横道线

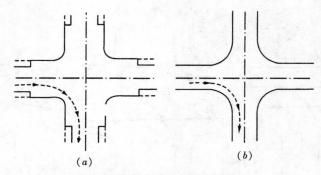

（a）　　　　　　　（b）

（C）十字形交叉口右转车轨迹

（a）为设路肩的右转车轨迹；（b）为不设路肩的右转车轨迹

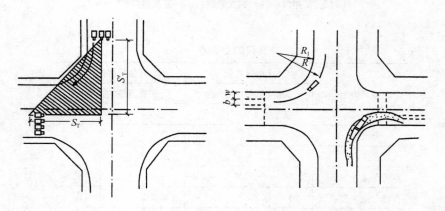

（D）我国视距三角形表示法　　　（E）十字形交叉口缘石半径（R_1）

图名	十字形交叉口的设计（一）	图号	DL3-15（一）

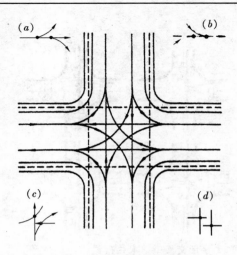

（A）十字形交叉口车流与人流冲突点

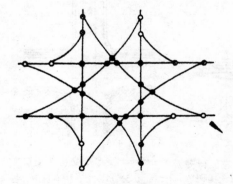

（C）冲突场

包括冲突点、汇流交织点、分流点的区域为冲突场。
冲突场内可能产生交通事故。

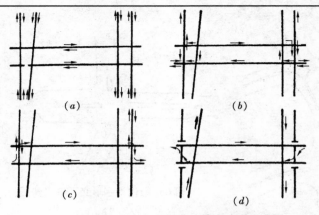

（B）十字形交叉口单向路网流向图

（a）"原型"，纵横方向道路上车辆均可往返行驶；

（b）横向单行道，纵向车流流向有些变化（因限制部分转弯车，处于无联锁转弯）；

（c）横向单行道，因限制转弯车，纵向车流流向的另一种变化；

（d）横向单行道，因限制转弯车，纵向车流流向又一种变化

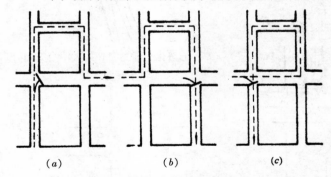

（D）限制右转车的十字形交叉口（英国，左侧行驶）

（a）限制右转车，采用"T"转弯达到右转目的；

（b）限制右转车，采用"G"转弯达到右转目的；

（c）限制右转车，采用"Q"转弯达到右转目的

图名	十字形交叉口的设计（二）	图号	DL3-15（二）

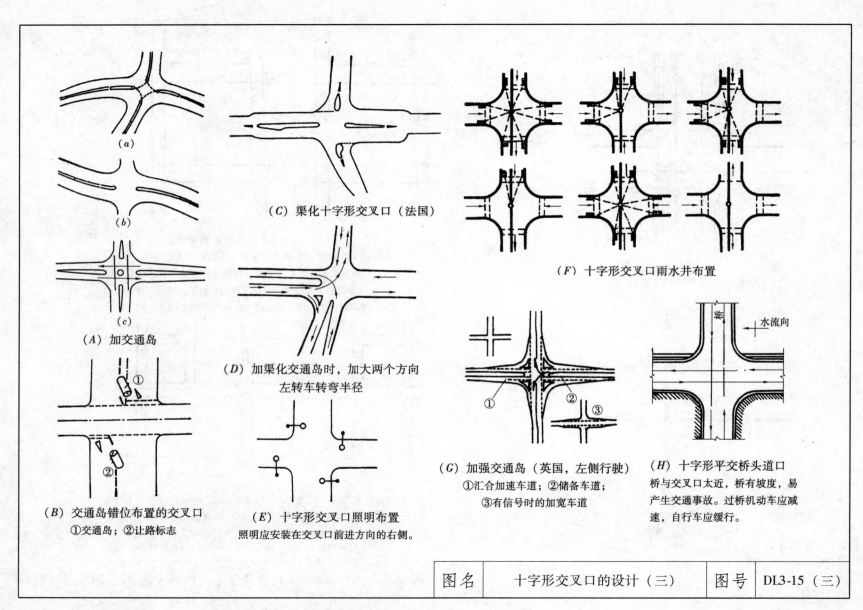

(a)

(b)

(c)

（A）加交通岛

（C）渠化十字形交叉口（法国）

（D）加渠化交通岛时，加大两个方向
左转车转弯半径

（F）十字形交叉口雨水井布置

（B）交通岛错位布置的交叉口
①交通岛；②让路标志

（E）十字形交叉口照明布置
照明应安装在交叉口前进方向的右侧。

（G）加强交通岛（英国，左侧行驶）
①汇合加速车道；②储备车道；
③有信号时的加宽车道

（H）十字形平交桥头道口
桥与交叉口太近，桥有坡度，易
产生交通事故。过桥机动车应减
速，自行车应缓行。

水流向

| 图名 | 十字形交叉口的设计（三） | 图号 | DL3-15（三） |

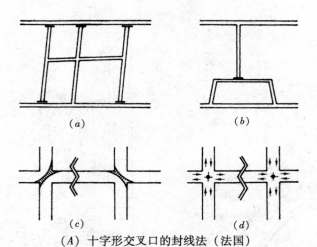

（A）十字形交叉口的封线法（法国）

（a）封死次干道与干道相交处，保证主干道车流畅；

（b）封死通向市中心商业区的道路，保证中心区步行条件；

（c）十字形交叉口对角封死，不能直行，只能各自转弯；（d）只允许直行，严禁左转

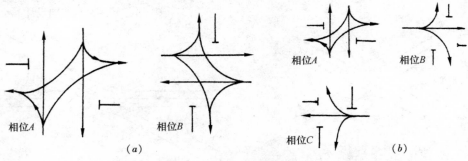

（B）英国采用两相和三相色灯控制的十字形交叉口

（a）为两相信号系统的交通运行图；（b）为三相信号系统的交通运行图

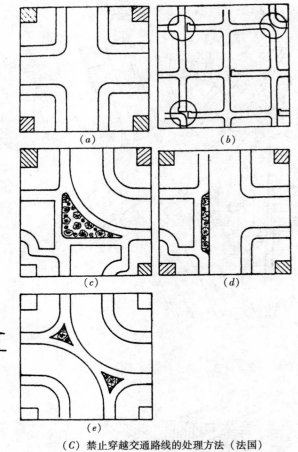

（C）禁止穿越交通路线的处理方法（法国）

（a）十字形交叉口；（b）改变十字形交叉口车流的三种措施；

（c）双向尽头路形成转向型；（d）单向尽头路形成T形；

（e）双向各自转向，禁止交叉车辆运行

图名	十字形交叉口的设计（四）	图号	DL3-15（四）

3. X形交叉口的交通分析与设计

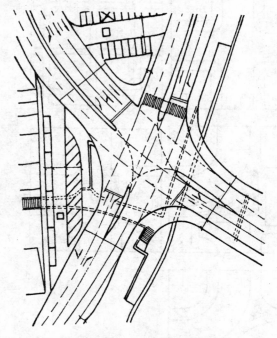

(A) X形交叉口直、左、右流向详图（德国）

(B) X形交叉口的视距三角形（日本，左侧行驶）

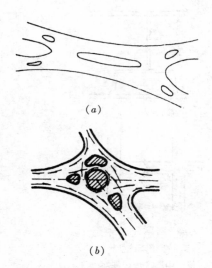

(a)

(b)

(C) 设导向岛和中心岛的X形交叉口

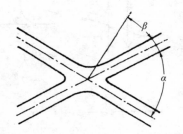

(D) X形交叉口定义

四条道路相交，其交叉角 $\alpha \leqslant 75°$ 或 $\geqslant 105°$ 时为 X 形交叉口（β 为斜角）

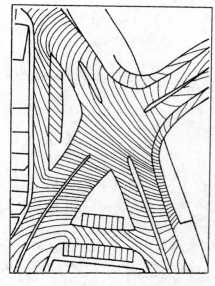

(E) X字形交叉口竖向设计

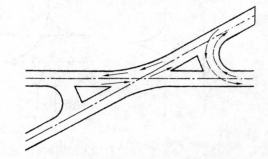

(F) 设对称三角形交通岛的X形交叉口

| 图名 | X形交叉口的设计 | 图号 | DL3-16 |

4. T形交叉口的交通分析与设计

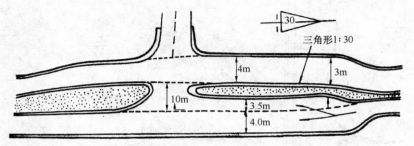

（A）优先路口布局的 T 形交叉口（英国，左侧行驶）

用交通岛和标线渠化交通的 T 形交叉口（英国乡间道路）

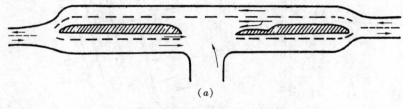

（a）

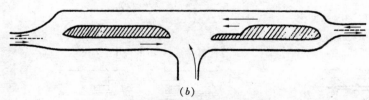

（b）

（B）T 形交叉口交通事故分析

交通事故随主干道（横路）宽度增加而增加。这是由于交叉车辆"暴露"时间增加（厚度区域的冲突场加大）与主干道车速提高的缘故。经验认为：主干道从二车道改为四车道的路口处，可增加超车冲突场区域，因而增加了交通事故。

（a）这种布局促使高速行驶，并增加通过这个危险地带的冲突，所以，不宜推荐；

（b）这种布局减少冲突点，宜推荐

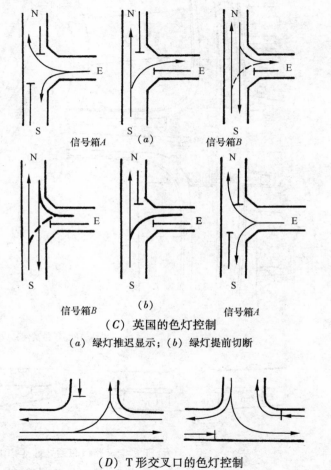

信号箱A　　（a）　　信号箱B

信号箱B　　（b）　　信号箱A

（C）英国的色灯控制

（a）绿灯推迟显示；（b）绿灯提前切断

（D）T 形交叉口的色灯控制

图名	T 形交叉口的设计（一）	图号	DL3-17（一）

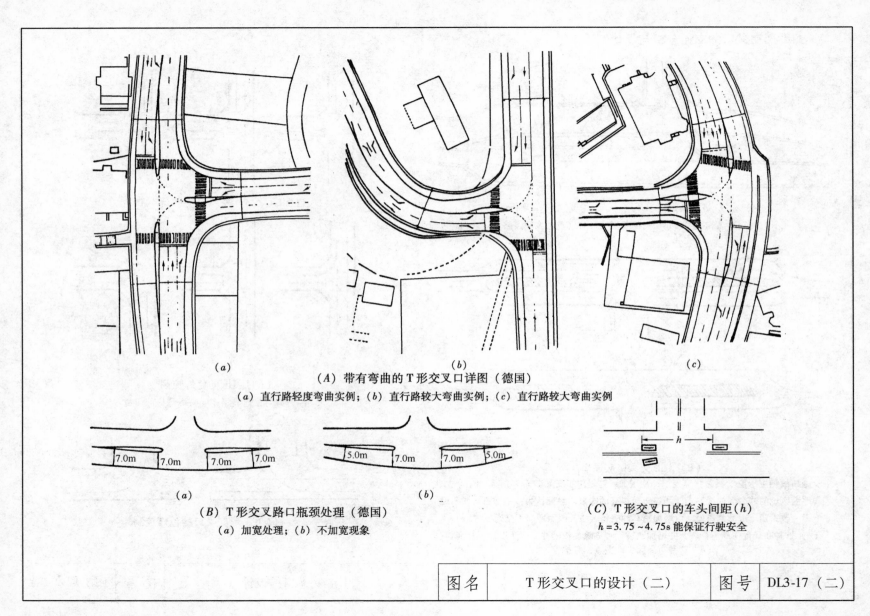

(a)

(b)

(c)

（A）带有弯曲的 T 形交叉口详图（德国）

（a）直行路轻度弯曲实例；（b）直行路较大弯曲实例；（c）直行路较大弯曲实例

7.0m　7.0m　7.0m　7.0m

5.0m　7.0m　7.0m　5.0m

(a)　　　　　　　　　　(b)

（B）T 形交叉路口瓶颈处理（德国）

（a）加宽处理；（b）不加宽现象

h

（C）T 形交叉口的车头间距（h）

$h = 3.75 \sim 4.75\,\mathrm{s}$ 能保证行驶安全

图名	T 形交叉口的设计（二）	图号	DL3-17（二）

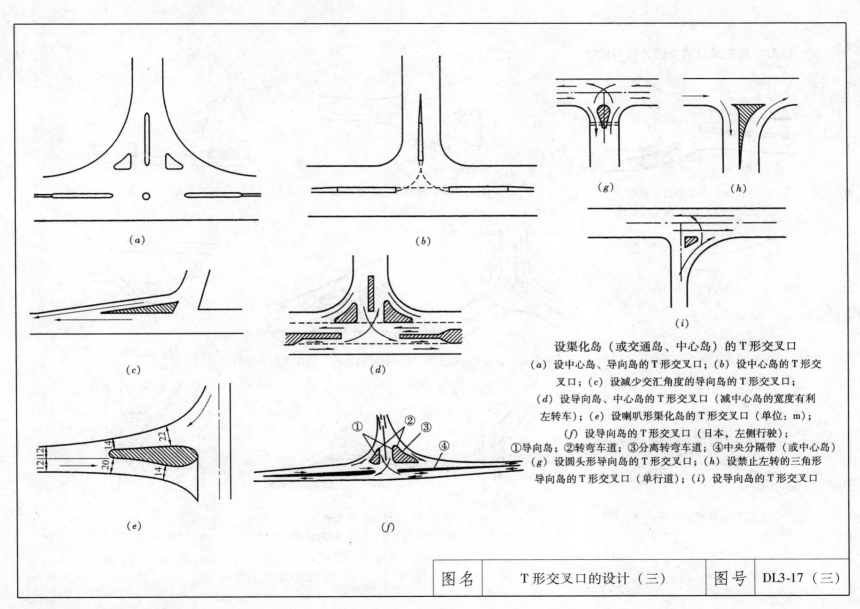

设渠化岛（或交通岛、中心岛）的 T 形交叉口

（a）设中心岛、导向岛的 T 形交叉口；（b）设中心岛的 T 形交
叉口；（c）设减少交汇角度的导向岛的 T 形交叉口；
（d）设导向岛、中心岛的 T 形交叉口（减中心岛的宽度有利
左转车）；（e）设喇叭形渠化岛的 T 形交叉口（单位：m）；
（f）设导向岛的 T 形交叉口（日本，左侧行驶）；
①导向岛；②转弯车道；③分离转弯车道；④中央分隔带（或中心岛）
（g）设圆头形导向岛的 T 形交叉口；（h）设禁止左转的三角形
导向岛的 T 形交叉口（单行道）；（i）设导向岛的 T 形交叉口

图名	T形交叉口的设计（三）	图号	DL3-17（三）

5. Y形交叉口的交通分析与设计

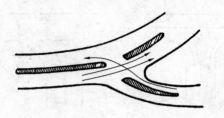

（A）设喇叭形导向岛，控制次干道的速度，保证主干道畅通

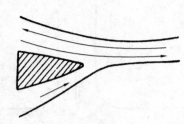

（B）设导向岛，使其成为小角度进出口的Y形交叉口

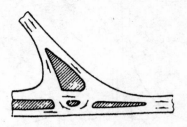

（C）设中央导向岛　日本（左侧行驶）

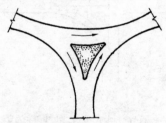

（D）设三角形导向岛的Y形交叉口

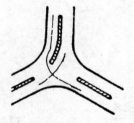

（E）设导向岛的Y形交叉口示意图

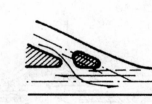

（F）设导向岛的Y形交叉口示意图

（G）设导向岛使进出口成为避免超越的Y形交叉口

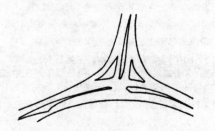

（H）设导向岛的Y形交叉口示意图

（a）

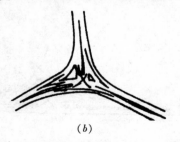

（b）

（c）

（I）设导向岛的Y形交叉口（英国，左侧行驶）

（a）安全分离转变车流；（b）分离转变区域，设储备车道；（c）移置对向交叉

图名	Y形交叉口的设计	图号	DL3-18

116

6. 复式交叉口的交通分析与设计

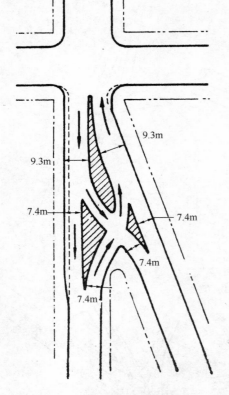

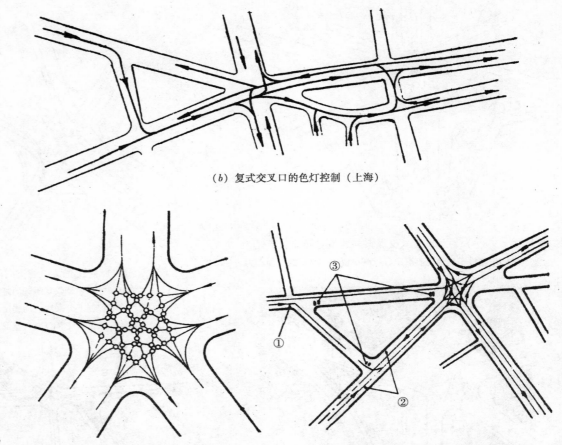

（a）设导向岛的 5 条道路相交的复式交叉口（美国）加三个导向岛后，从 50 个冲突点变成 17 个冲突点，大大改善了交叉口的通行能力，并减少交通事故。三个导向岛设置位置恰当，可保证主干道（横路）交通畅通

（b）复式交叉口的色灯控制（上海）

（c）复式交叉口定义及冲突点

大于或等于 5 条道路相交的道口为复式交叉口。

5 条道路的复式交叉口的冲突点为 50 个

（d）复式交叉口限制车辆通行措施（上海）

①向有转弯标志；②直行标志；③禁止车辆驶入标志

图名	复式交叉口的设计（一）	图号	DL3-19（一）

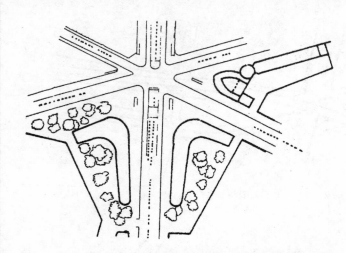

（A）对称型复式交叉口与建筑布局关系

纵向道路设车辆地下直通道，以减少复式交叉口的交通压力

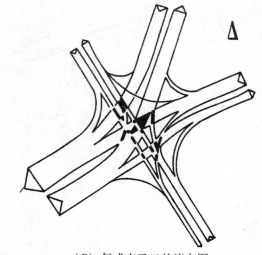

（B）复式交叉口的流向图

（德国美因茨市阿尔琴广场附近的复式交叉口）

在信号灯的控制下，采用自动测定器测定五条道路相交的复式交叉口交通量及其流向图

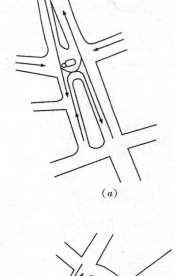

（a）

（b）

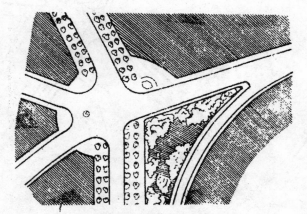

（C）不规则型的复式交叉口（德国）

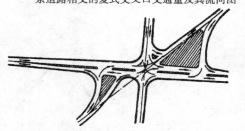

（D）设导向岛的6条道路相交的复式
交叉口（日本，左侧行驶）

（E）两个交叉口间距很近时，
可视为复式交叉口

| 图名 | 复式交叉口的设计（二） | 图号 | DL3-19（二） |

7. 环形交叉口的交通分析与设计

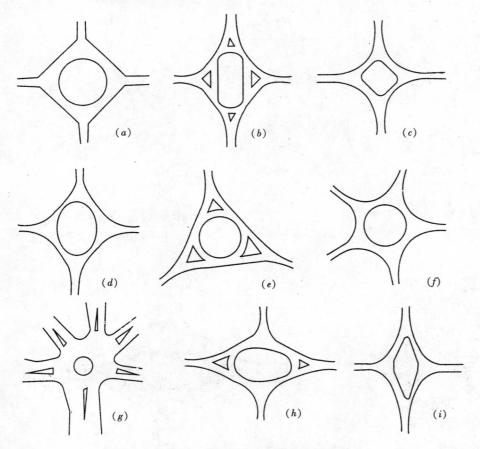

（A）环形交叉口的形式示意图

（a）圆形中心岛；（b）长圆形中心岛；（c）方形圆角中心岛；（d）椭圆形中心岛；（e）设导向岛及中心岛；

（f）圆形中心岛；（g）设拉长的导向岛及中心岛；（h）卵形中心岛；（i）菱形圆角中心岛

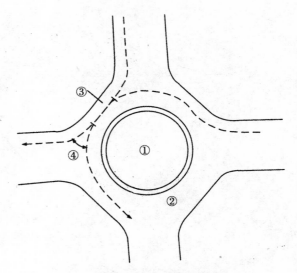

（B）环形交叉口的组成示意图

环行交叉口主要由环岛①和环道②组成。所有车辆绕
环岛逆时针旋转，以减少冲突点，保证交叉口车流畅通。
③为交织段；④为交织角

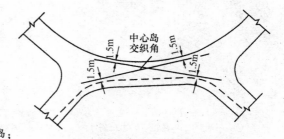

（C）环形交叉口的交织角示意图

图名	环形交叉口的设计（一）	图号	DL3-20（一）

119

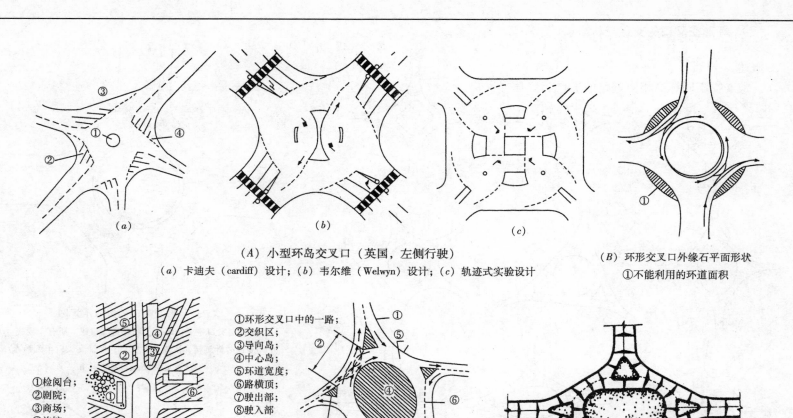

（A）小型环岛交叉口（英国，左侧行驶）

（a）卡迪夫（cardiff）设计；（b）韦尔维（Welwyn）设计；（c）轨迹式实验设计

（B）环形交叉口外缘石平面形状

①不能利用的环道面积

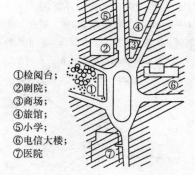

①检阅台；
②剧院；
③商场；
④旅馆；
⑤小学；
⑥电信大楼；
⑦医院

（C）环形交叉口附近建筑物布局

环形交叉口附近不应有很多高大建筑物。

注意虚实布局，扩大视野范围，保证行车安全

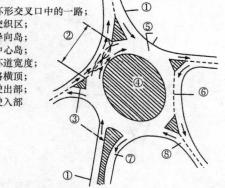

①环形交叉口中的一路；
②交织区；
③导向岛；
④中心岛；
⑤环道宽度；
⑥路横顶；
⑦驶出部；
⑧驶入部

（D）环形交叉口详图（日本，左侧行驶）

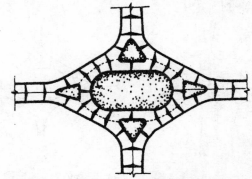

（E）环形交叉口的环道路横线表示法

| 图名 | 环形交叉口的设计（二） | 图号 | DL3-20（二） |

3.5 城市道路立体交叉口的设计

1. 概述

（1）定义：不同标高相交道路的道口为立体交叉口。立体交叉系用跨线桥或地道使相交路线在高程不同的平面上互相交叉的交通设施。立体交叉，以空间分隔车流的方式，避免车流在交叉口形成冲突点，减少延误，保证交通安全，并提高通行能力和运输效率。因此，立体交叉常用于高速公路、快速路、重要的一级公路和部分城市主干路。

（2）立体交叉口的分类：

1）按跨越方式可分为：上跨式与下穿式。

2）按交通功能可分为：

①简易立体交叉——分离式立体交叉：即上、下道路上的车辆不能互相转换。一般指的是道路与铁路的简易分离式立体交叉。

②互通式立体交叉：相交道路上行驶的车辆互相转换。互通式立体交叉又分为全互通式和部分互通式两种，车辆转换可通过匝道来完成。

（3）立体交叉口的形式，主要分为以下几种：

1）全苜蓿叶形立体交叉口；

2）定向型立体交叉口；

3）涡轮式立体交叉口；

4）螺旋式立体交叉口；

5）迂回式立体交叉口；

6）喇叭形立体交叉口；

7）叶形立体交叉口；

8）环行立体交叉口；

9）部分苜蓿叶形立体交叉口；

10）菱形立体交叉口；

11）Y形立体交叉口；

12）分离式立体交叉口。

（4）立体交叉口的特点：

采用立体交叉，可克服平面交叉口存在的各种弊病。如通行能力受限制，易产生交通事故，费时，经济损失大，运输效率低，燃料消耗、汽车轮胎及机械磨损均大等。但在大城市中，尤其是市区，采用立交要慎重。一则立交造价昂贵、占地面积大、施工复杂，二则路网交通，不能仅依靠一两个立体交叉解决根本问题。

因此，从经济角度来看，在市区兴建立交的决策，应根据技术经济论证和规划确定。由于立体交叉占地面积大、施工复杂、投资大，因此修建立交的决策，应根据技术经济论证和规划确定。

（5）立体交叉的设置条件可概括如下：

1）相交道路等级高：高速公路或快速路与各级道路相交，一级公路或主干路与交通繁忙的其他道路相交，并通过技术经济论证，可设置立体交叉。

2）交叉口的交通量大：如果进入交叉口的设计小时交通量超过 4000 ~6000pcu/h，相交道路为四车道以上，且对平面交叉口采取改善交通的组织措施难以奏效时，可设置立体交叉。

3）地形适宜，并结合修建跨河桥或跨铁路立交，增建桥梁边孔，改善交通，且有明显经济效益时，可设置立体交叉。

4）道路与铁路的交叉，符合下列条件时，可设置立体交叉：

①高速公路、快速公路与铁路交叉，应设置；

②一般公路、城市道路与铁路交叉，道口交通量较大或铁路调车作业繁忙致使封闭道口的累计时间较长时，应设置；

③高等级公路、城市主次干路与铁路交叉，而且在道路交通

图名	立体交叉口的形式与特点（一）	图号	DL3-21（一）

高峰时间内经常发生一次封闭时间较长时，应设置；

④中小城市被铁路分割时，道口交通量虽不大，但考虑城市的整体需要，可设置一、两处立体交叉；

⑤地形条件不利于采用平面交叉又危及行车安全时，可设置立体交叉。

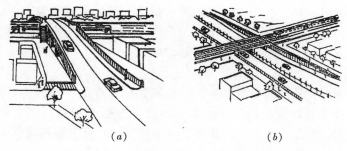

(a)   (b)

上跨式与下穿式立体交叉示意图

(a)上跨式立体交叉示意图；(b)下穿式立体交叉示意图

北京市四惠立交桥

广州市区庄立交桥

北京市菜户营立交桥

图名	立体交叉口的形式与特点（二）	图号	DL3-21（二）

2. 全苜蓿叶形立体交叉口

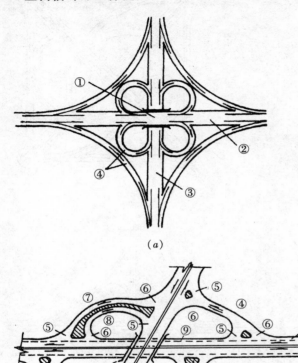

（a）

（b）

（A）全苜蓿叶形立体交叉组成

（a）为全苜蓿形立体交叉全貌；（b）为其部分详图
它由①跨线桥、②引道、③坡道、④匝道、⑤入口、⑥出口、
⑦外环、⑧内环、⑨加速道、⑩减速道等部分组成

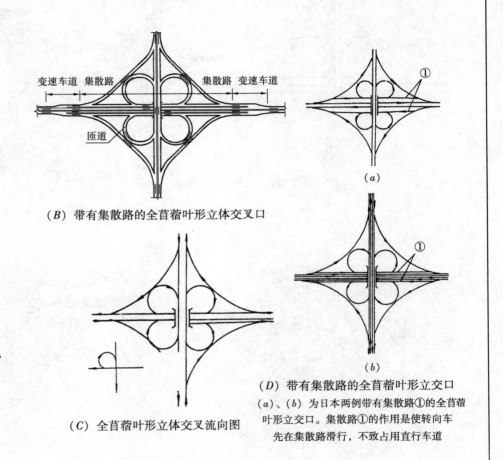

（B）带有集散路的全苜蓿叶形立体交叉口

（C）全苜蓿叶形立体交叉流向图

（D）带有集散路的全苜蓿叶形立交口

（a）、（b）为日本两例带有集散路①的全苜蓿
叶形立交口。集散路①的作用是使转向车
先在集散路滑行，不致占用直行车道

图名	全苜蓿叶形立体交叉口的设计（一）	图号	DL3-22（一）

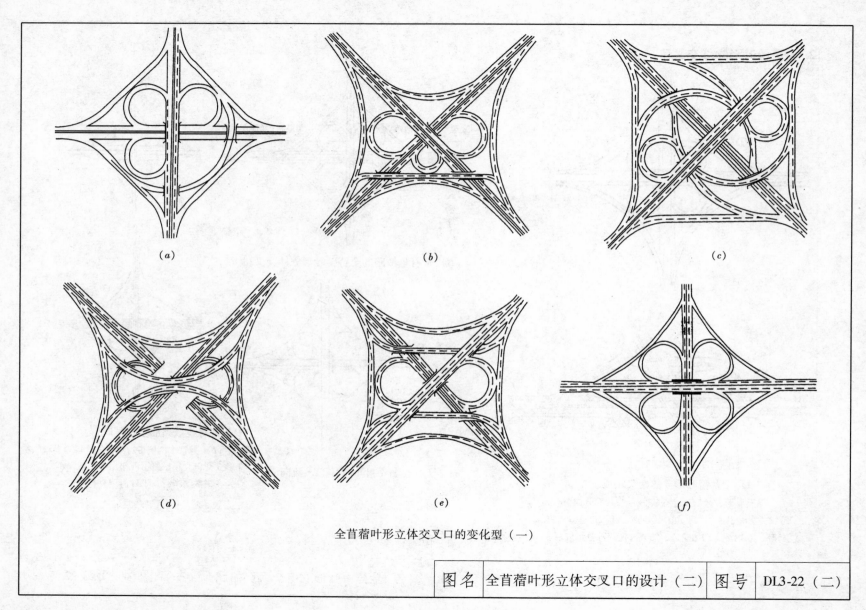

（a）

（b）

（c）

（d）

（e）

（f）

全苜蓿叶形立体交叉口的变化型（一）

图名	全苜蓿叶形立体交叉口的设计（二）	图号	DL3-22（二）

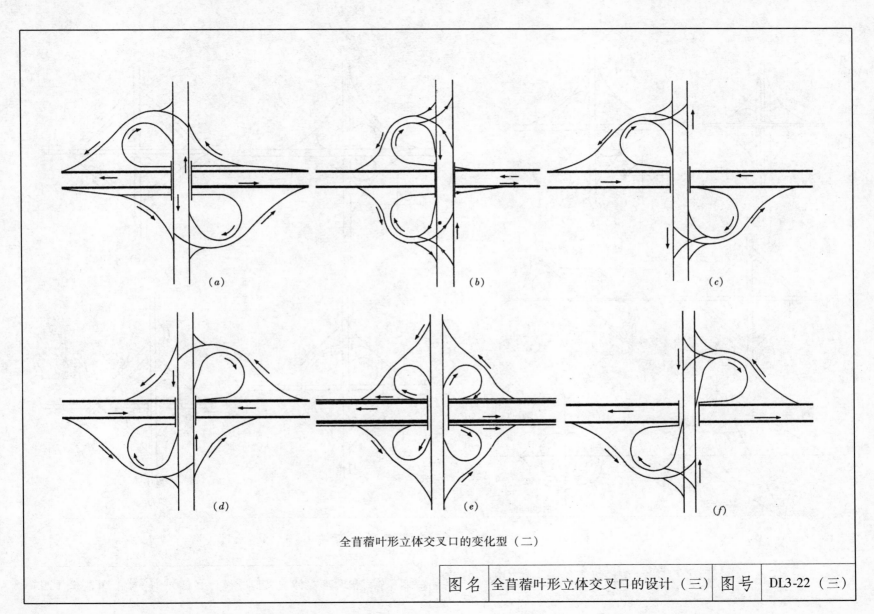

全苜蓿叶形立体交叉口的变化型（二）

| 图名 | 全苜蓿叶形立体交叉口的设计（三） | 图号 | DL3-22（三） |

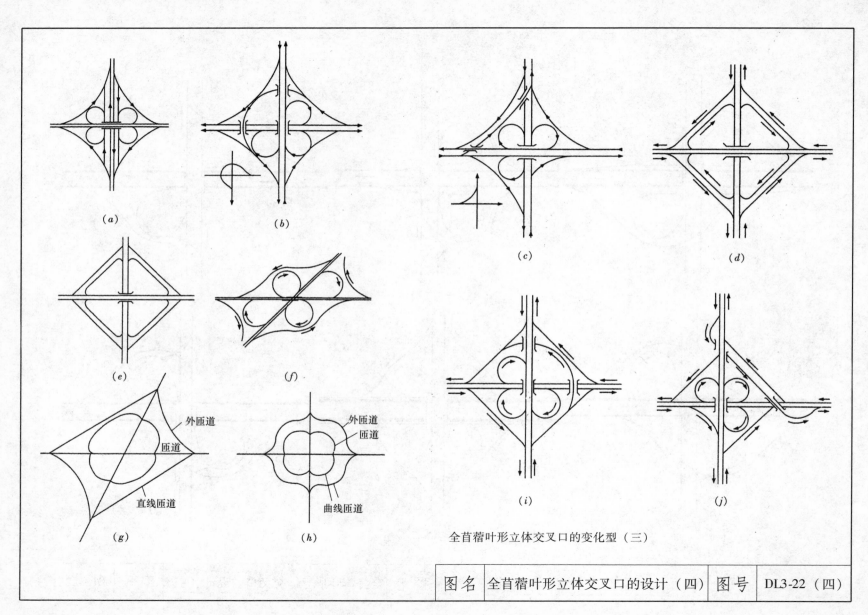

（a）　　　　　　　　　　　（b）

（c）　　　　　　　　　　　（d）

（e）　　　　　　　　　　　（f）

外匝道
匝道
直线匝道
（g）

外匝道
匝道
曲线匝道
（h）

（i）　　　　　　　　　　　（j）

全苜蓿叶形立体交叉口的变化型（三）

图名	全苜蓿叶形立体交叉口的设计（四）	图号	DL3-22（四）

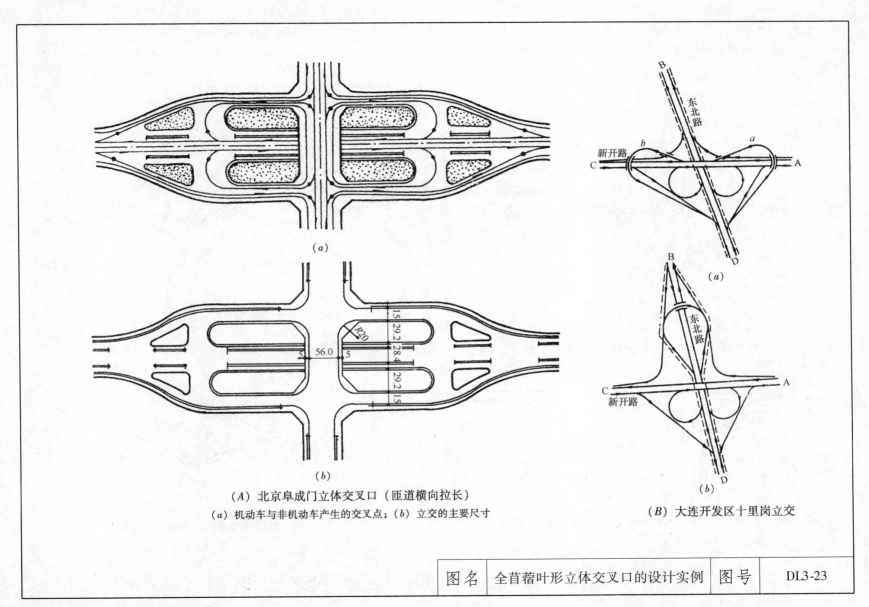

（a）

（b）

（A）北京阜成门立体交叉口（匝道横向拉长）

（a）机动车与非机动车产生的交叉点；（b）立交的主要尺寸

（B）大连开发区十里岗立交

| 图名 | 全苜蓿叶形立体交叉口的设计实例 | 图号 | DL3-23 |

3. 定向型立体交叉口

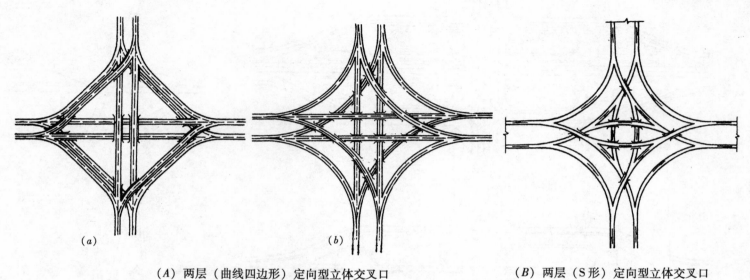

（A）两层（曲线四边形）定向型立体交叉口

（B）两层（S形）定向型立体交叉口

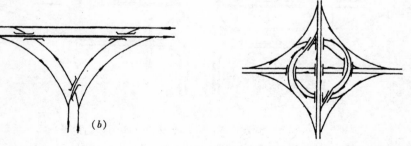

（C）两层（T形）定向型立体交叉口

（D）两层（环形）定向型立体交叉口

| 图名 | 定向形立体交叉口的设计（一） | 图号 | DL3-24（一） |

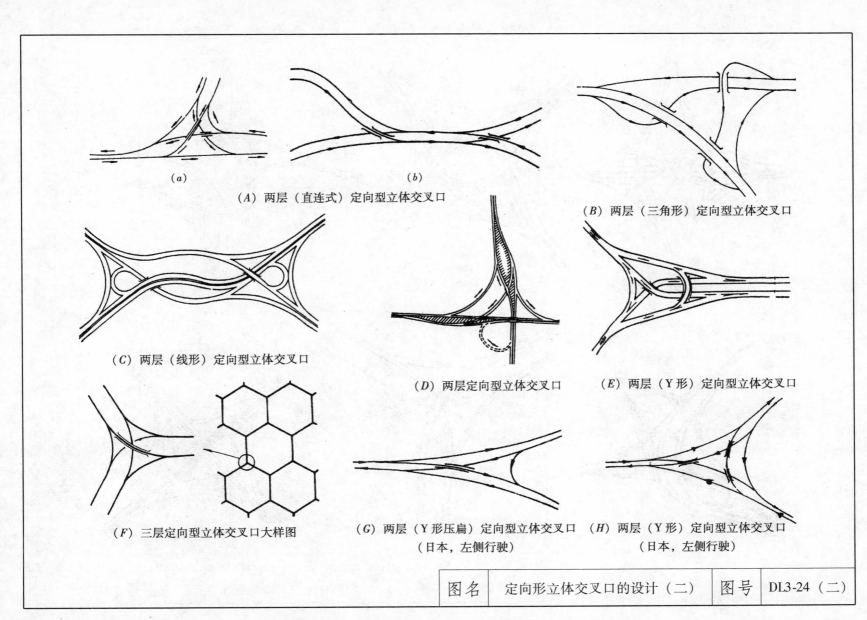

(a)

(b)

(A) 两层（直连式）定向型立体交叉口

(B) 两层（三角形）定向型立体交叉口

(C) 两层（线形）定向型立体交叉口

(D) 两层定向型立体交叉口

(E) 两层（Y形）定向型立体交叉口

(F) 三层定向型立体交叉口大样图

(G) 两层（Y形压扁）定向型立体交叉口
（日本，左侧行驶）

(H) 两层（Y形）定向型立体交叉口
（日本，左侧行驶）

| 图名 | 定向形立体交叉口的设计（二） | 图号 | DL3-24（二） |

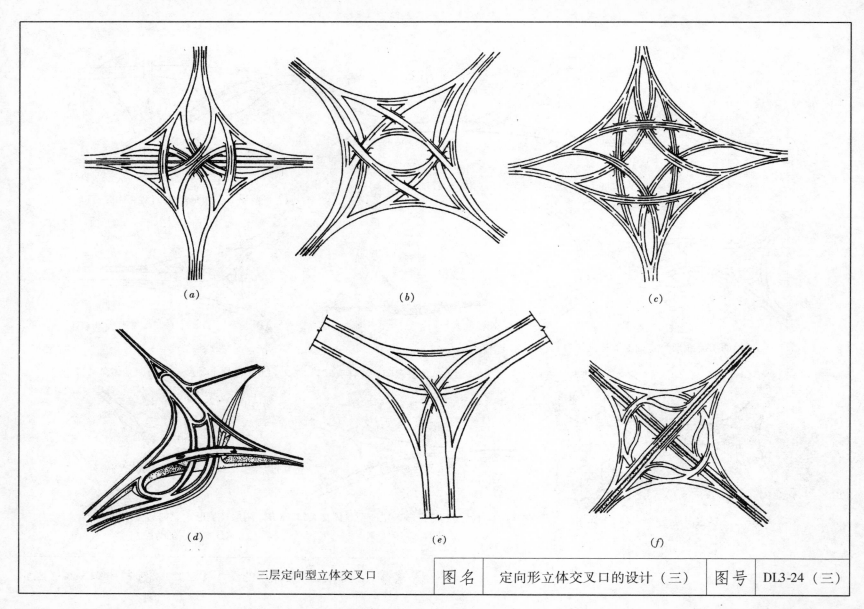

(a)

(b)

(c)

(d)

(e)

(f)

三层定向型立体交叉口

| 图名 | 定向形立体交叉口的设计（三） | 图号 | DL3-24（三） |

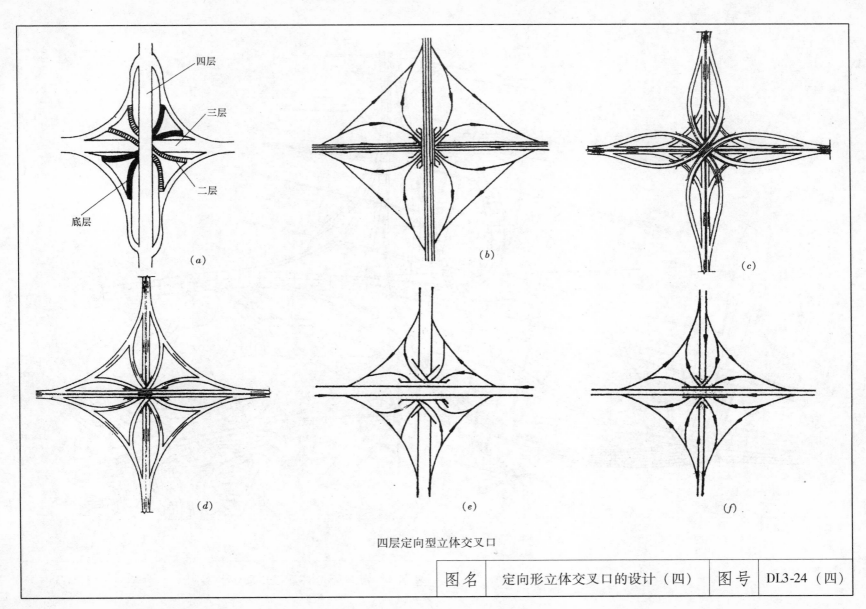

四层（a）三层 二层 底层 (a)

(b)

(c)

(d)

(e)

(f)

四层定向型立体交叉口

| 图名 | 定向形立体交叉口的设计（四） | 图号 | DL3-24（四） |

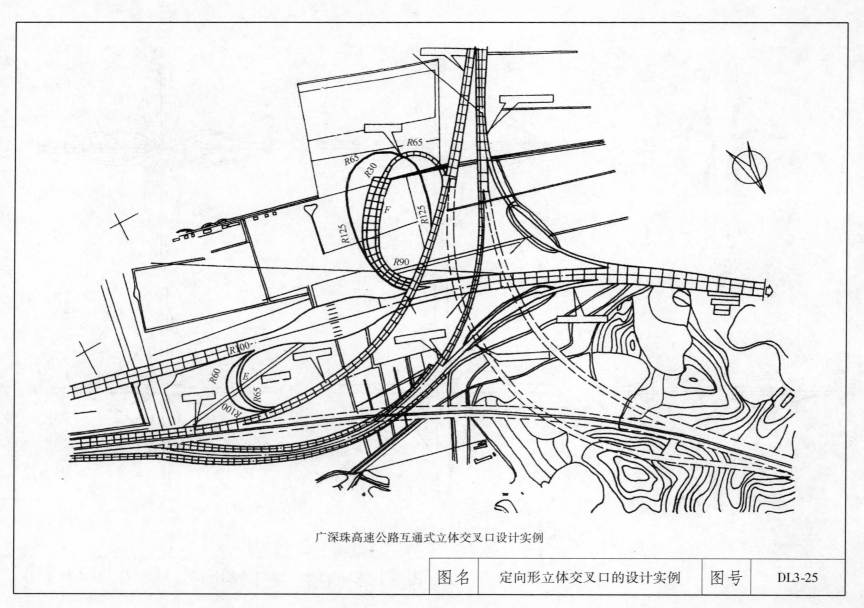

广深珠高速公路互通式立体交叉口设计实例

图名	定向形立体交叉口的设计实例	图号	DL3-25

4. 环形立体交叉口

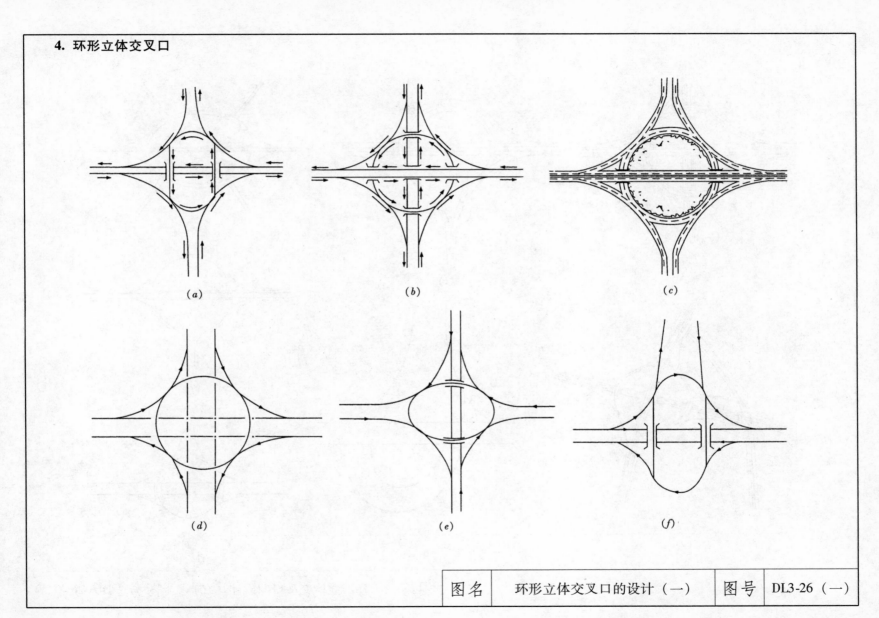

(*a*) (*b*) (*c*)

(*d*) (*e*) (*f*)

| 图名 | 环形立体交叉口的设计（一） | 图号 | DL3-26（一） |

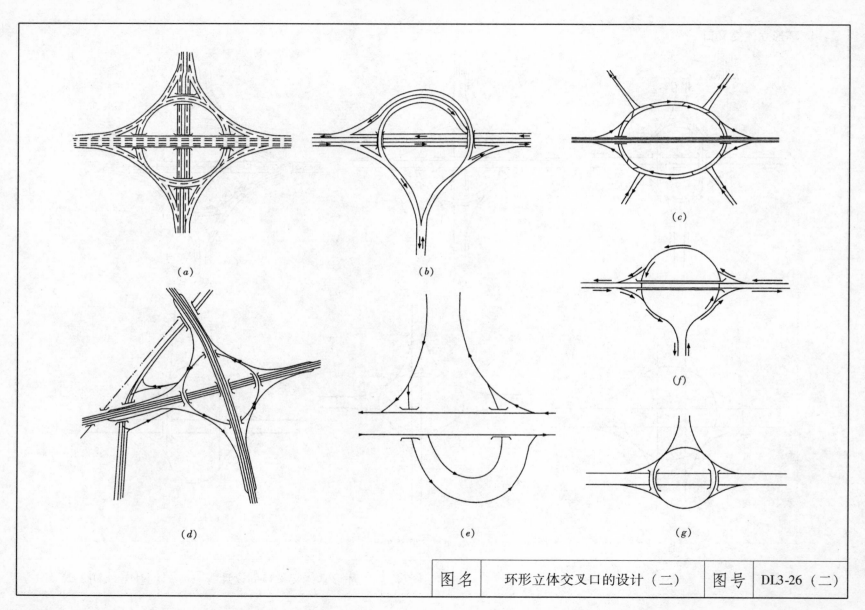

(a)

(b)

(c)

(d)

(e)

(f)

(g)

| 图名 | 环形立体交叉口的设计（二） | 图号 | DL3-26（二） |

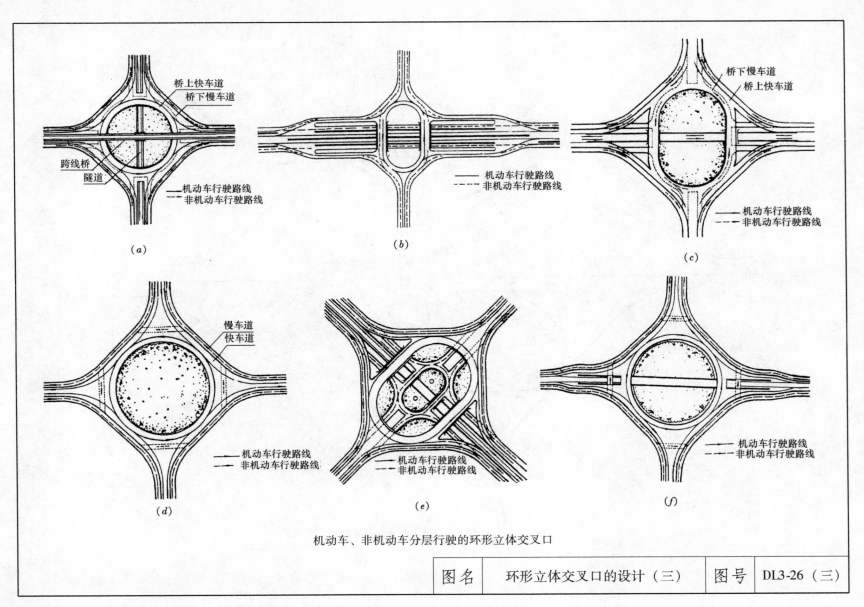

(a)

桥上快车道
桥下慢车道

跨线桥
隧道

——— 机动车行驶路线
------ 非机动车行驶路线

(b)

——— 机动车行驶路线
------ 非机动车行驶路线

(c)

桥下慢车道
桥上快车道

——— 机动车行驶路线
------ 非机动车行驶路线

(d)

慢车道
快车道

——— 机动车行驶路线
------ 非机动车行驶路线

(e)

——— 机动车行驶路线
------ 非机动车行驶路线

(f)

——— 机动车行驶路线
------ 非机动车行驶路线

机动车、非机动车分层行驶的环形立体交叉口

| 图名 | 环形立体交叉口的设计（三） | 图号 | DL3-26（三） |

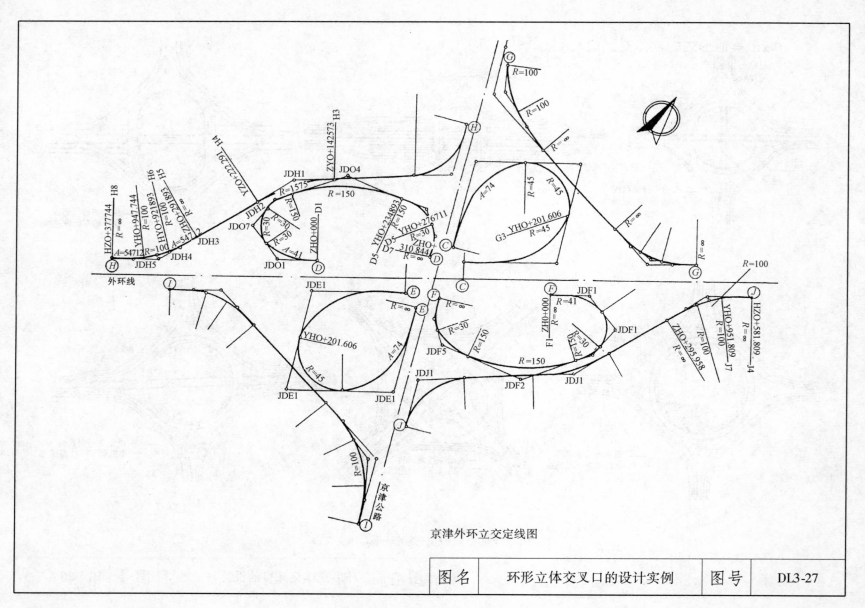

京津外环立交定线图

| 图名 | 环形立体交叉口的设计实例 | 图号 | DL3-27 |

3.6 城市其他形式的立体交叉口

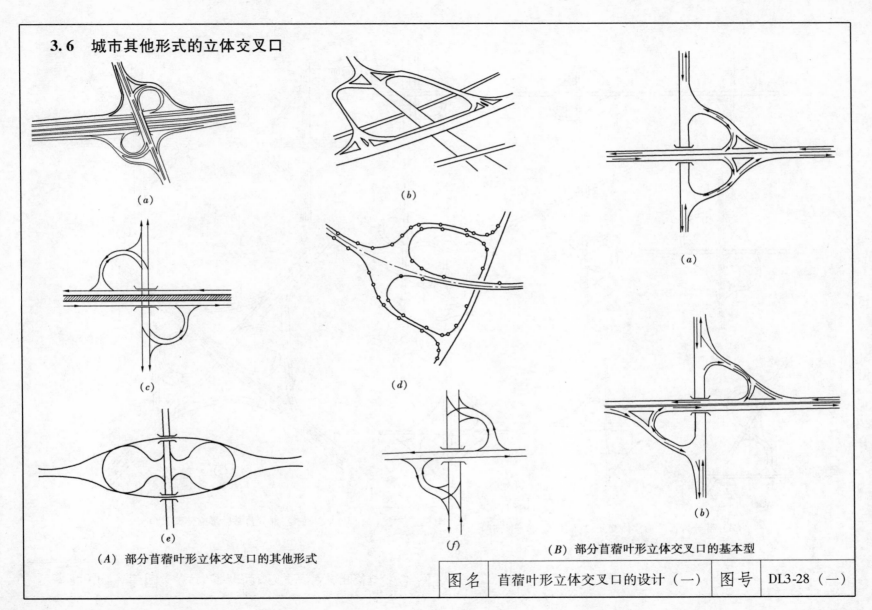

(a)

(b)

(c)

(d)

(e)

(f)

(a)

(b)

（A）部分苜蓿叶形立体交叉口的其他形式

（B）部分苜蓿叶形立体交叉口的基本型

| 图名 | 苜蓿叶形立体交叉口的设计（一） | 图号 | DL3-28（一） |

137

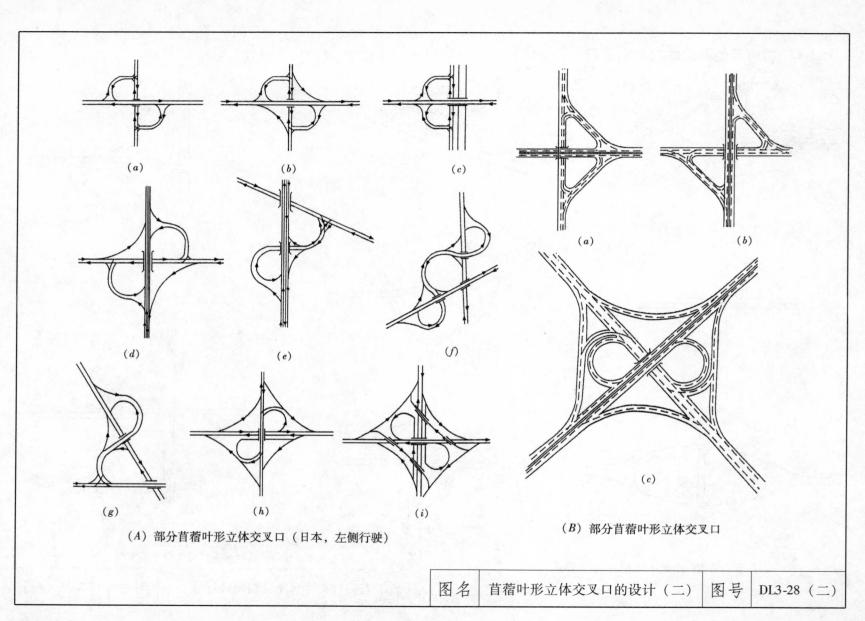

(a) (b) (c)

(d) (e) (f)

(g) (h) (i)

(A) 部分苜蓿叶形立体交叉口（日本，左侧行驶）

(a) (b)

(c)

(B) 部分苜蓿叶形立体交叉口

图名	苜蓿叶形立体交叉口的设计（二）	图号	DL3-28（二）

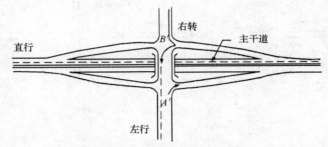

右转

直行

主干道

左行

（a）四个单向匝道的菱形立体交叉口
A′车辆入主干道，B′车辆出主干道，
保证主干道车辆畅通及转向

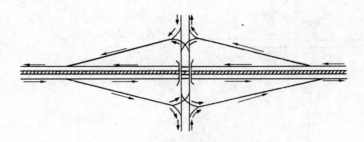

（b）菱形立体交叉口的流向图

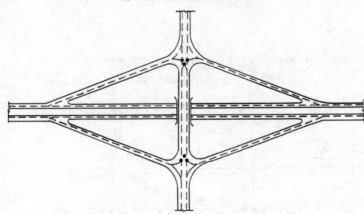

（c）菱形立体交叉口示意图

　　菱形立体交叉口的交通组织是：直行车辆为立体交叉，右转弯车辆在匝道上行驶，左转弯车辆在次要道路上平面交叉。其特点是造型简单，占地少，桥形较直，行车速度较快。

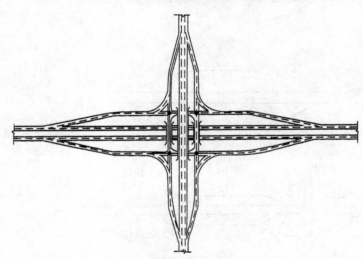

（d）分离式菱形立体交叉口

　　这种交叉口的交通组织是：直行车为立交、右转车辆在匝道上行驶，左转车辆在次要干道上采用平面交叉的方式。它的造型简单，占地少，桥型为直线型，行车速度快，为城市立交中常见的一种形式

图名	菱形立体交叉口的设计（一）	图号	DL3-29（一）

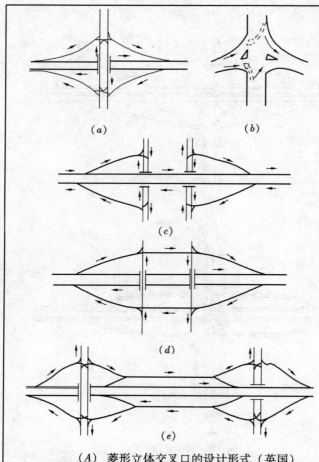

(a) (b)

(c)

(d)

(e)

(A) 菱形立体交叉口的设计形式（英国）

(a) 典型菱形立体交叉口；(b) 匝道处横路平交；

(c) 分离式菱形立交（横道上允许行走）；

(d) 分离式菱形立交（横道上允许行走）；(e) 交织式菱形立交

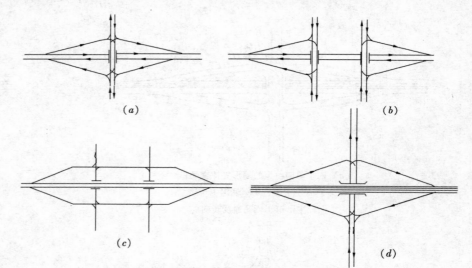

(a) (b)

(c) (d)

(B) 菱形立体交叉口的设计形式（日本）

(a) 普通型；(b) 分离型；(c) 分离型及单向路；(d) 分离型及双向路

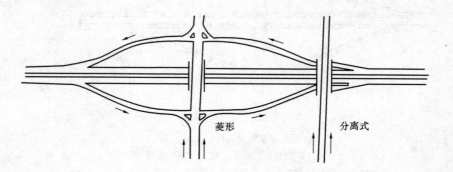

菱形   分离式

(C) 菱形立交与分离式立交组合型

图名	菱形立体交叉口的设计（二）	图号	DL3-29（二）

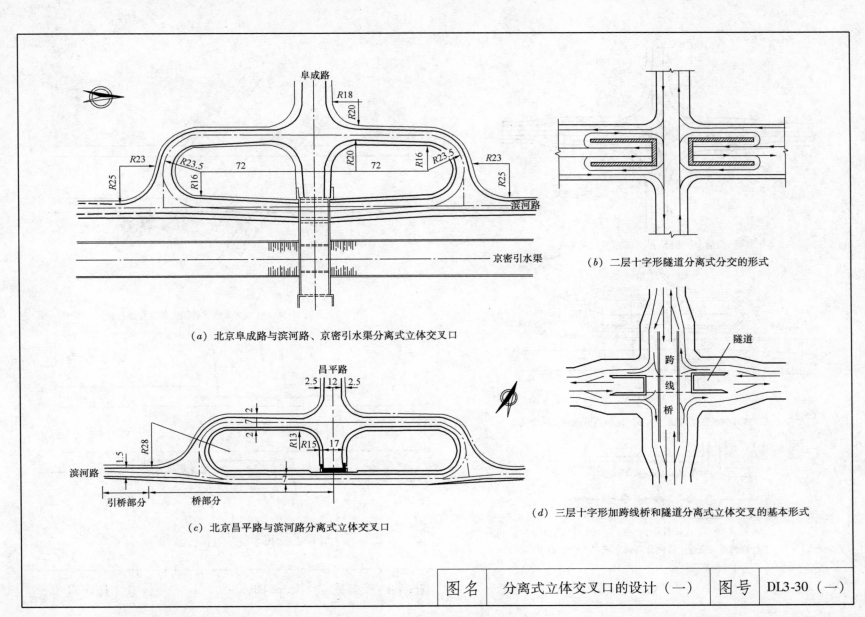

（a）北京阜成路与滨河路、京密引水渠分离式立体交叉口

（c）北京昌平路与滨河路分离式立体交叉口

（b）二层十字形隧道分离式分交的形式

（d）三层十字形加跨线桥和隧道分离式立体交叉的基本形式

| 图名 | 分离式立体交叉口的设计（一） | 图号 | DL3-30（一） |

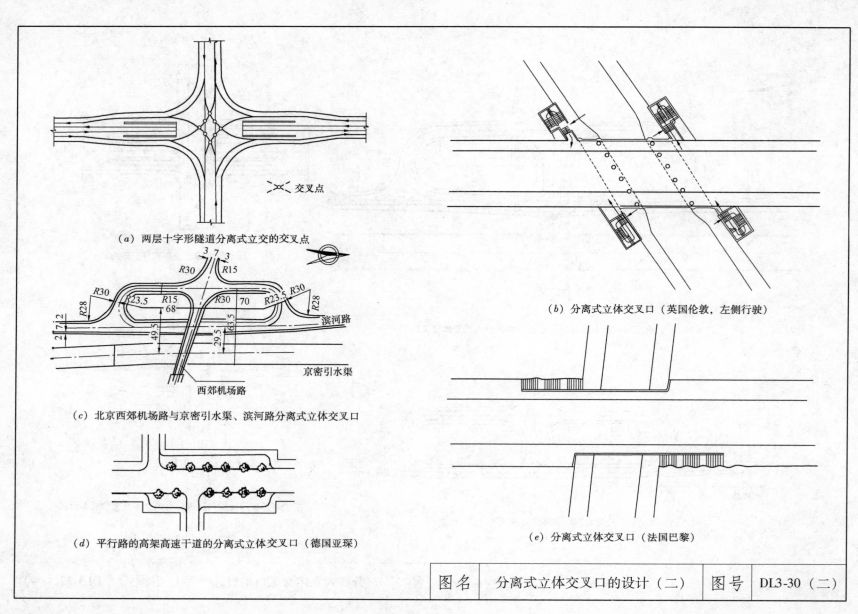

（a）两层十字形隧道分离式立交的交叉点

交叉点

（c）北京西郊机场路与京密引水渠、滨河路分离式立体交叉口

滨河路

京密引水渠

西郊机场路

（d）平行路的高架高速干道的分离式立体交叉口（德国亚琛）

（b）分离式立体交叉口（英国伦敦，左侧行驶）

（e）分离式立体交叉口（法国巴黎）

| 图名 | 分离式立体交叉口的设计（二） | 图号 | DL3-30（二） |

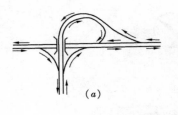
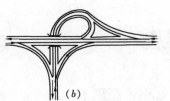
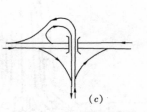

（a）　　　　　　　　（b）　　　　　　　　（c）

（A）喇叭式立体交叉基本型

（a）横路（主干道）在桥下，桥右设喇叭口；

（b）横路（主干道）在桥上，桥右设喇叭口；（c）桥左设喇叭口

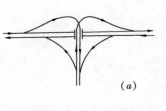

（a）

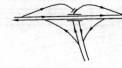

（b）

（B）双喇叭形立体交叉口

（日本，左侧行驶）

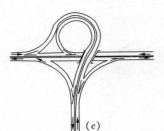

（a）　　　　　　　　　　　　　（b）

（c）

（C）喇叭形立体交叉口的其他形式

（a）斜喇叭形立体交叉口（不设导向岛）；

（b）斜喇叭形立体交叉口（设导向岛）；

（c）变圆的喇叭形立体交叉口

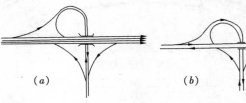

（a）　　　　　　　　（b）

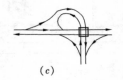
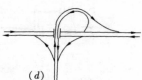

（c）　　　　　　　　（d）

（D）喇叭形立体交叉口（日本）

图名	喇叭形立体交叉口的设计（一）	图号	DL3-31（一）

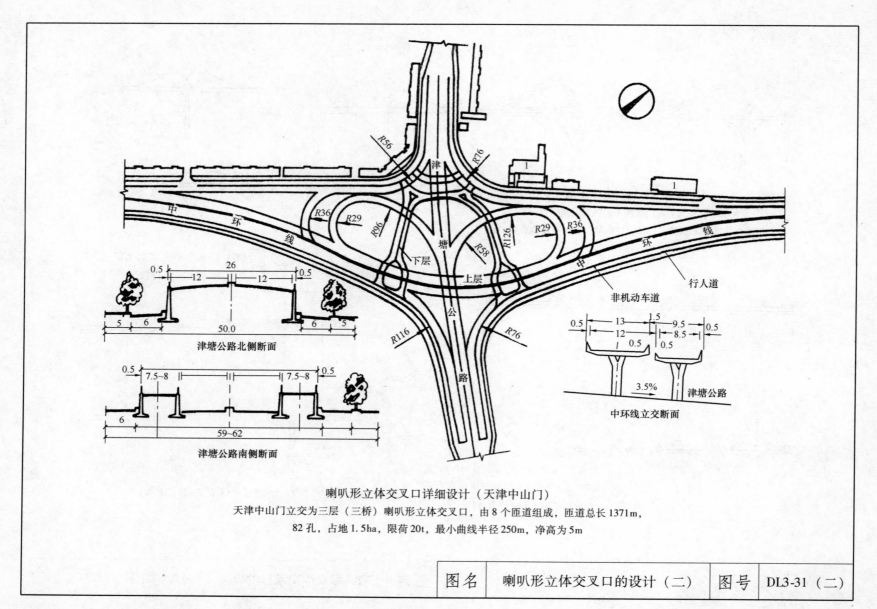

喇叭形立体交叉口详细设计（天津中山门）

天津中山门立交为三层（三桥）喇叭形立体交叉口，由 8 个匝道组成，匝道总长 1371m，
82 孔，占地 1.5ha，限荷 20t，最小曲线半径 250m，净高为 5m

图中标注：

津塘公路北侧断面

0.5　12　26　12　0.5
5　6　50.0　6　5

津塘公路南侧断面

0.5　7.5~8　7.5~8　0.5
6　59~62

中环线立交断面

0.5　13　1.5　9.5　0.5
12　0.5　8.5
3.5%　津塘公路

R56　R76　R36　R29　R96　R126　R29　R36　R58　R116　R76

中环线　津塘公路　下层　上层　非机动车道　行人道

图名	喇叭形立体交叉口的设计（二）	图号	DL3-31（二）

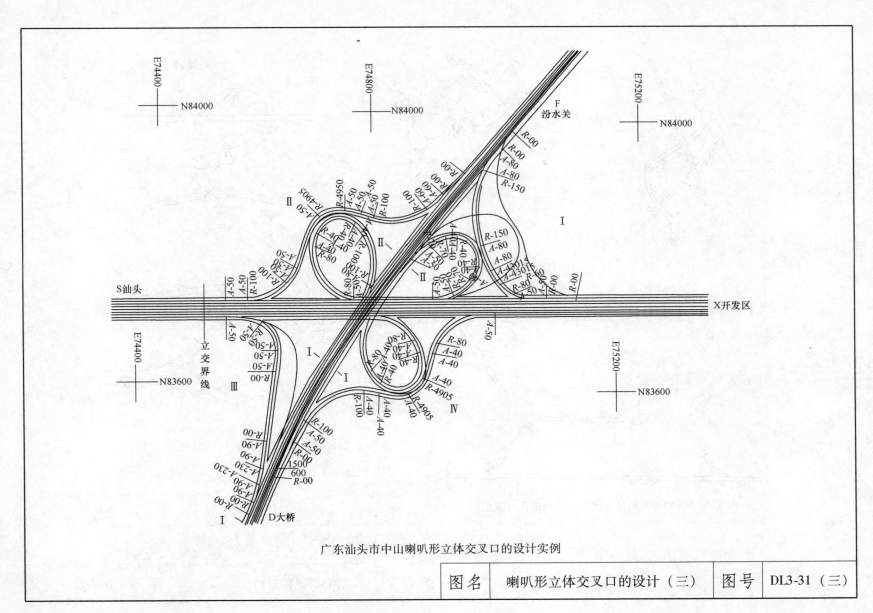

广东汕头市中山喇叭形立体交叉口的设计实例

| 图名 | 喇叭形立体交叉口的设计（三） | 图号 | DL3-31（三） |

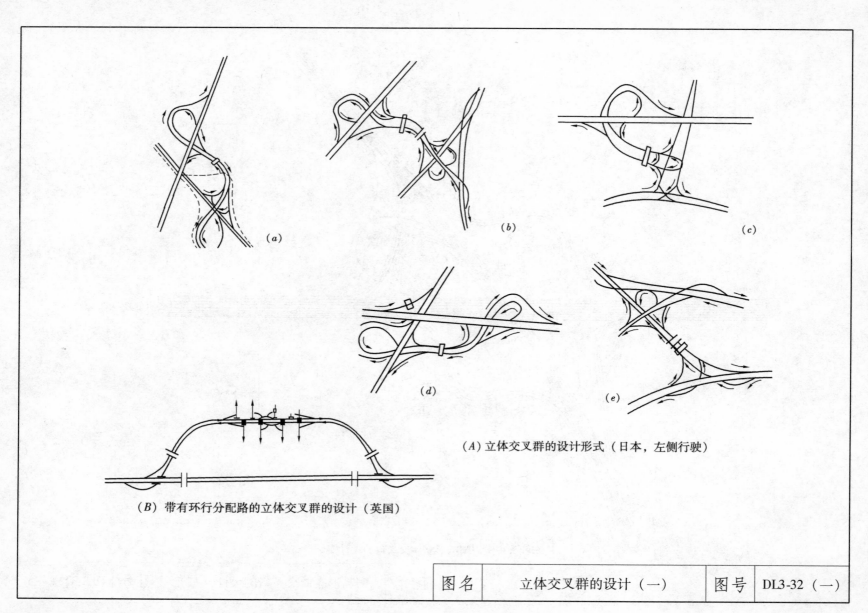

(a)

(b)

(c)

(d)

(e)

(A) 立体交叉群的设计形式（日本，左侧行驶）

(B) 带有环行分配路的立体交叉群的设计（英国）

图名	立体交叉群的设计（一）	图号	DL3-32（一）

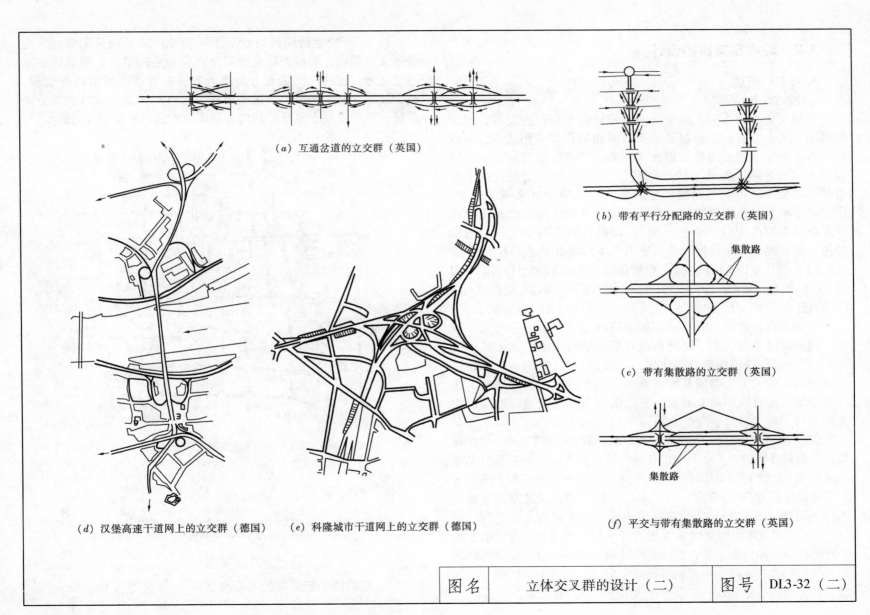

（a）互通岔道的立交群（英国）

（b）带有平行分配路的立交群（英国）

集散路

（c）带有集散路的立交群（英国）

集散路

（f）平交与带有集散路的立交群（英国）

（d）汉堡高速干道网上的立交群（德国）　　（e）科隆城市干道网上的立交群（德国）

| 图名 | 立体交叉群的设计（二） | 图号 | DL3-32（二） |

3.7 城市高架路的设计

3.7.1 概述

1. 城市快速道路

在现代化大城市中，由于交通运输得到了空前的发展，城市规模的扩大，原有的街道以及交叉口的布局日益不相适应，对现代城市道路交通的设施建设提出了更新、更高、更严的要求。建设城市"快速路"及其"快速路网"，是现代城市交通网的主要骨架，对提高城市交通运输的总体能力，已成为越来越多的大、中型城市所采取的重要措施。全国各地特别是大城市已基本建成或正在规划城市中的"快速路网"，以提升城市的现代化交通的整体形象，提高行车速度和通行能力，缓解城市交通压力。

（1）现代城市道路网系统：根据我国《城市道路设计规范》CJJ 37—2012 的有关规定：应按道路在路网中的地位、交通功能以及对沿线的服务功能等，分为快速路、主干路、次干路、支路四个等级。

大城市根据道路功能不同，城市路网系统一般可分为三个层次：快速路网系统、主干路网系统及配套路网系统（次干路、支路）。三个层次路网应有合理比例，一般为 1:2:10（3+7）。快速路成网后，借助主干路网及配套路网，任意点可以方便地进入快速路系统，能有效均衡交通流，分流阻塞节点的交通，形成以快速路为骨干的大容量、高效的路网。

（2）城市快速路的主要功能与特点：城市快速路系统一般由环城路和放射线组成，大多数城市在进行城市快速路网的布局时都采用这种模式，比如北京市城市快速路网布置为五环十五射，其中北京二环路工程有 30 座立交，图（A），天津市城市快速路网布置为三环十四射，图（B），广州市城市快速路网布置为二环七射，图（C），上海市城市快速路网布置为三环十射，图（D）等。由于大城市中心城用地极为紧张，在规划设计快速路中，也有拓展空间增加容量建高架快速路。考虑到尽量减少交通对城市中心区的压力以及对城市布局的影响，一般很少在城市中心区布置快速路。

1）城市快速路应具有以下主要功能：满足较长距离、大运量的交通需求，使城市联系更紧密；完善路网层次，调整城市路网交通量，使路网交通量分配更合理；有效衔接城市内外交通，减少过境交通对城市中心区交通压力；有利于建立城市快速公交系统；带动沿线土地开发利用，形成城市建设风景带等功能。

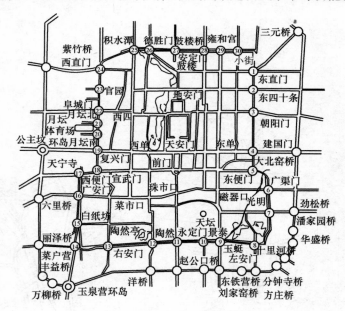

（A）北京市二环路工程示意图

1—东直门桥；2—东四十条桥；3—朝阳门桥；4—建国门桥；5—东便门桥；6—广渠门桥；7—光明桥；8—左安门桥；9—玉蜓桥；10—悬泰桥；11—永定门桥；12—陶然亭；13—右安门桥；14—菜户营桥；15—白纸坊桥；16—广安门桥；17—天宁寺桥；18—西便门桥；19—复兴门桥；20—月坛南桥；21—月坛北桥；22—阜成门桥；23—官园桥；24—西直门桥；25—积水潭桥；26—德胜门桥；27—鼓楼桥；28—安定门桥；29—雍和宫桥；30—小街桥

图名	高架路的特点与技术标准（一）	图号	DL3-33（一）

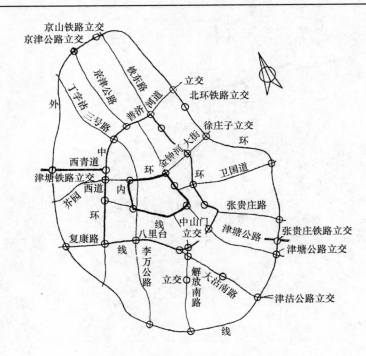

（B）天津市三环十四射线上立交布置示意图

2）城市快速路具有自身的显著特点：即运输量大、能连续快速、便于控制出入、汽车专用、交通组织较复杂、需配套建设辅路系统、景观、环境要求较高。

（3）城市高架路：城市高架路是城市快速路的一种特殊形式，城市高架路也是城市快速路网重要的组成部分之一。高架道路是用高出地面6m以上（净高架桥梁结构高度）的系列桥梁组成的城市空间道路，与地下道路相比，虽两者均可负担客、货运输，能与地面道路衔接，但造价则比地下铁道便宜。现行双向双车道地下道路（如隧道）易撞车、一旦发生交通事故，不安全，难以疏导，地道内空气污染大，并且地下道路较难构成多层互通立交。相比之下，高架道路则视野开阔，空气清新、行车舒适。

因此，欧美各国40年前即已开始发展高架道路。日本、香港地区也有20~30年的经验。我国广州市于1987年9月修建了第一条高架桥。即人民路高架桥，至今也有近30年的设计与施工的经验。高架路的优越性：利用现有道路空间增加路网容量；强化主干线的交通功能，交通分流；提高车速，提高通行能力和运输效率；高架路沿线交叉口上相交道路车流畅通无阻；分期建设高架路有利于分期投资。但"利""弊"并存，高架路通常会对沿线环境造成影响。因此建设高架路，一定要在规划、设计上能保证给予必要的、合理的道路横断面宽度和线形标准，符合城市快速路的标准要求，并与地面道路能有较好的结合。

总之，一个城市建设高架路与否，主要是根据每个城市的城市形态、交通发展需求、用地范围及地形条件、互通立交设置、与地面道路连接、周围环境协调等因素，进行全面、综合分析比较，并应采取有效的措施，减少高架路对沿线环境的影响和破坏。

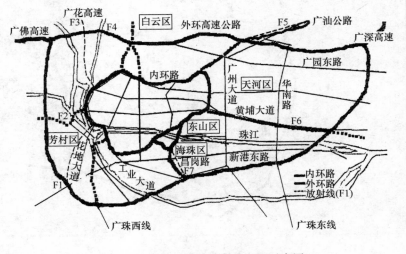

（C）广州市内环路放射线工程示意图

图名	高架路的特点与技术标准（二）	图号	DL3-33（二）

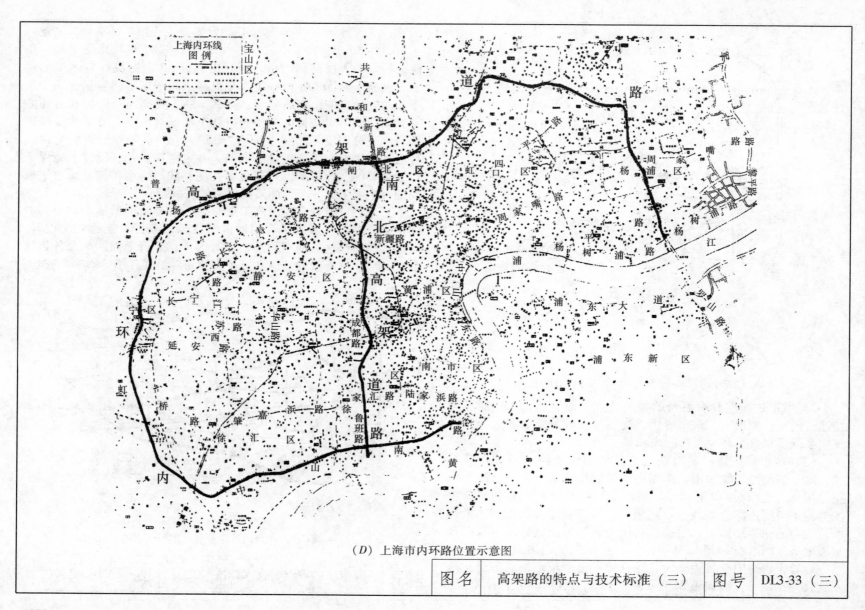

（D）上海市内环路位置示意图

| 图名 | 高架路的特点与技术标准（三） | 图号 | DL3-33（三） |

各种交通工程设施技术经济比较

项目		地面道路	高架道路	地下道路	轻轨	地下铁道
实际通行能力（辆/h）		1500~2400（3~4车道）	4000~6000（3~4车道）	1400（双向双车道）	随所挂列车箱数而定	同左
单线运载能力（万人次/h）		1	1	1	1~1.5（混合车行道） 2~2.5（独立路基） 4~4.5（高架或地下）	4~6
实际平均车速（km/h）		15~18	40~45	25	25~40	35~40
交通功能		客货兼运机非均行	客货兼运汽车专用	同左	市区至近郊客运	市内客运
公害	噪声（dB）空气污染	84.8	81.6（桥下路面）72.1（桥面上）桥下污染	81.2~90.0隧道内大气污染	影响周围环境无污染	对周围环境无影响
投资回收期（年）		8	8~10		20	30
投资（亿元/km）		0.04~0.4	0.6~0.7	0.8~1	2	5~7
成本（元/客位公里）		1	—	—	3	5

上表为五种交通工程设施的技术比较。

2. 高架路网

高架路网是城市快速路网的组成部分，高架路网应具有如下主要特征：

（1）高架路网是城市内全封闭、全立交的快速道路系统，由城市快速路和城市主干路等级所构成的骨架路网。

（2）城市高架路网一般由城区高架路、环城高架路及入城高架路组成。

（3）高架路网快速道路系统，高架道路与高架道路之间通过互通式立交、高架道路与地面道路通过接地匝道组织交通，实现高架与高架快速连续交通，高架与地面两个层面贯通。

（4）高架路网与相交的地面城市快速路和主干路应有较好的衔接，高架路与地面城市快速路相交，应设置互通式立交，与地面城市主干路相交，宜设置立交或跨线桥。

（5）高架路网的地面道路，一般由高架道路和高架道路下的地面道路组成，其地面道路等级宜为城市主干路。为保证高架与地面的通行能力和交通畅通，地面道路应具有足够断面车道，一般为路段双向6~8车道，最少不小于双向4车道。宜实施机动车专用道及公交优先原则。

3. 高架路的主要技术标准

（1）高架路等级标准及设计行车速度

高架路一般由高架与地面两个层面组成，高架道路层面为城市快速路标准，设计行车速度按《城市道路设计规范》取用100km/h、80km/h、60km/h；地面道路层面为城市主干路标准，设计行车速度按《城市道路设计规范》，取用60km/h、50km/h、40km/h，旧城道路拓宽改建，受特殊条件限制时，可以取用次干路标准50km/h、40km/h、30km/h；匝道设计行车速度宜为主路的0.4倍~0.7倍。

（2）荷载标准

高架桥及匝道桥 城—B级，或汽车—20级，挂车—100。

地面桥涵 城—A级，或汽车—超20级，挂车—120或挂—4200。

路面结构设计 BZZ—100。

（3）通行净高≥4.5m，如有特殊要求，可另行确定。

（4）排水设计

高架道路的路面排水设计标准宜采用百年一遇的洪水频率。

4. 高架路环境影响评价

评价内容：大气环境影响评价、声环境影响评价、日照环境影响评价、振动环境影响评价。

评价范围：按评价内容分别确定。

评价标准：《环境空气质量标准》GB 3095—2012；《城市区域环境噪声标准》GB 3096—1993；《城市区域环境振动标准》GB 10070—2008；《汽车定置噪声限值》GB 16170—1996等。

图名	高架路的特点与技术标准（四）	图号	DL3-33（四）

3.7.2 高架路的设置条件与原则

1. 概述

大、中型城市的高架路通常是沿着原来的道路轴线设置,即设置在原路幅之内,设置匝道处,则需拓宽原路的部分路段。桥下中央为桥墩,两侧可供地面道路车辆行驶,实际上是全线简易立交的连续。由于高架路沿街道轴线建造,一般都有碍城市的景观和环境的保护,因此,在选线时应服从整个城市规划、交通规划和路网总体布局的要求。并且必须进行可行性研究,其内容包括调查沿线交通流量、流向,按递增率预测增长量,分配地面与高架流量;分析和评述工程规模、投资和经济效益。一般情况下,高架路规模设计程序可见下图。

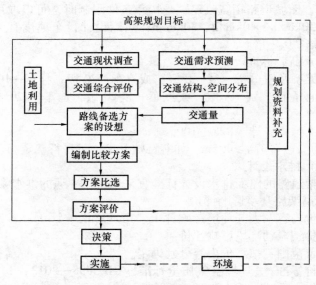

高架道路规划设计程序

2. 设置条件

(1)凡属需要设置高架干道的道路,其等级应该属于快速路,或至少是主干路。高架路可呈十字线或呈环状线,但不强求

建成高架网络,并非所有快速干道均需设置高架干道。如目前沿线为低层建筑物,日后有拆迁改造可能,交叉口间距800~1200m长的路段,不一定设置高架道路。如上海内环路浦东地段即不建高架道路;广州市人民路虽已建高架路,而人民北路段却用拓宽车行道方法与之衔接。

(2)交通量大。交通量是设置高架路的定量指标,具有一定量的交通流量才能使高架路发挥更大的经济效益,全线交通条件低劣,已无法采用其他工程设施或交通管理措施来改善交通的主要干道,可以设置高架路。如广州市的人民路高架是为了疏通南北方向交通改善中心区的交通而修建的。

(3)全线交叉口数目较多(4~5个/km),交叉口间距<200m,相交道路中有80%以上属于次干道或支路的交通干道可以建高架道路(见下图)。交叉口数目越多,建立高架连续简易立交后越能发挥因避免停车而获得的运输经济效益。如果沿线与主干道相交较多,则势必要多建造上下匝道供车辆向地面转向,则高架干道的造价随之增加,而高架路上的交通速度与效率也因车辆过多上下和交换车位而受到影响。

广州小北高架道路

图名	高架路的设置条件与原则(一)	图号	DL3-34(一)

（4）在交叉口上直行车辆占路口总交通量的比重较大（85%~95%），沿线交叉口交通状况均属低劣的干道，必要时也可设置短程高架连续立交，以改善交叉口的交通，使直行车通行无阻。广州小北路高架路（见上图）即属此例。

（5）在跨越河流或铁路的桥梁引道两端的交叉口车辆既多，而交叉口距桥台间距又短的道路上，宜将引道建成高架桥，以便跨过数个交叉口。如上海吴淞路闸桥除跨越苏州河外还跨过北苏州路、天潼路和闵行路。又如，天津十一经路跨越铁路的前后又相继跨越两条干线（见下图）。

3. 选线原则

（1）在选择高架路的线路时，为保证高架路交通的快速和通畅，不宜选择线型标准过低的道路或过于曲折的河道，除非沿线允许截弯取直。其评价指标应使直线段长度占全线长度比例大于60%，或平曲线半径大于相应设计车速所允许的最小半径。

（2）为减少高架路对沿街建筑物的通风、采光、噪声等不利影响，高架路边缘距房屋至少应有7m以上的距离，故高架路不宜选在沿街的住宅建筑的道路上。如上海市北京路线形虽较机动车专用道路延安路线形平直，但红线宽度较狭，沿线的住宅多，故规划中未列入高架干道系统。

（3）为了充分发挥因提高车速而获得的运输经济效益，高架干道全程不宜太短，但也不必盲目求长。过长的干道势必经过较多的交叉口，设置匝道过多又必将导致横向拆迁房屋。通常在交通枢纽尽端式的大城市，穿越市中心区的远程交通量并不多，故高架路宜选择在远程交通比例较大的交通干线上，以利发挥高架路的经济效益。

（4）高架路距自然风景区、文物保护、古建筑所在地应保持一定距离，避免路线对环境保护区的影响，在水道通过时要尽量与河流边际线的走向配合。

4. 高架路出入口的设置原则

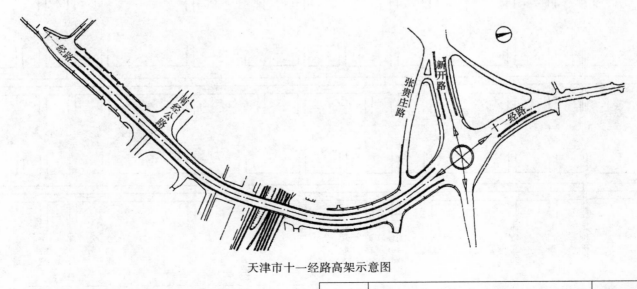

天津市十一经路高架示意图

| 图名 | 高架路的设置条件与原则（二） | 图号 | DL3-34（二） |

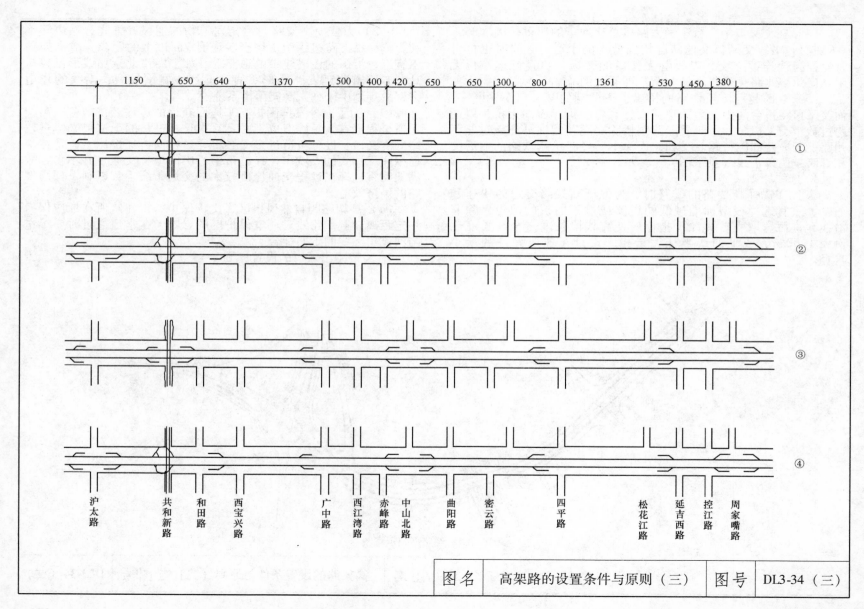

| 图名 | 高架路的设置条件与原则（三） | 图号 | DL3-34（三） |

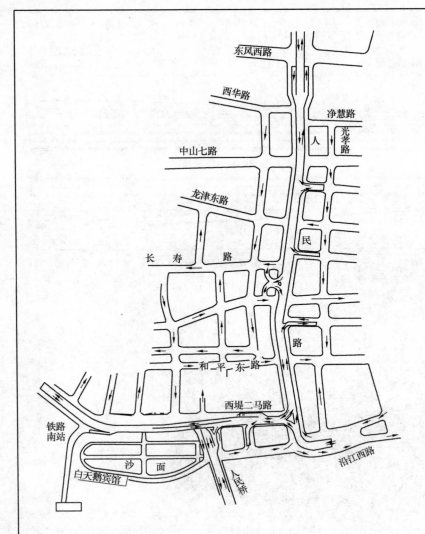

广州市人民路高架平面图

路提供高架路出入口的道路。匝道布设的多或少，将直接影响高架道路的作用和功能的发挥，对工程的使用效益至关重要。匝道设置的位置合理与否，也将影响高架道路的使用与功能。所以，在高架路的设计中，对沿线交通及出入口要逐个研究，实地进行交通量调查和分析，作出比较方案。

（1）匝道的布置方式

1）匝道设于交叉口的前后：在交叉口前设下坡匝道，出交叉口后设上坡匝道，以便车辆进出相交道路。这种布置方式适用于：

①沿线单位进出车辆较少的路段（指相邻两交叉口之间）；

②该交叉口有一定量转弯车辆需与高架道路互通。

这种设置方式虽便于与相交道路及时就地互通，但使交叉口交通组织极为复杂，即除原有地面直行车流和左转弯车流有冲突外（无信号灯时有 16 处冲突，设信号灯时有两处冲突），还有地面交通直行车流上下高架匝道的相互冲突，以及高架匝道至相交道路转弯车流与前述两组车流的冲突。如果设置信号灯，则可使车流冲突减少。倘若高架车流排队在匝道上等候，则不利于高架干道出入口的交通。如不设置信号灯，则冲突点为原平面交叉冲突点的 1.8 倍。由此可见，高架路沿线与交叉口相遇，不宜多设匝道，以免匝道出入形成的合流、分流、交织、冲突，使地面交叉口处更为混乱。这种匝道的设置，使高架道路对解决交叉口交通问题的使用有所削弱，解决交通混乱的措施是设信号灯，甚至禁止左转弯，由此也说明，相同等级道路的主要交叉口仍要建造互通式立交。

2）匝道设在两交叉口之间的路段上：在进交叉口之前设上坡匝道，在交叉口之后设下坡匝道（与第一种布置方式相反），以使高架直行车流到达交叉口时，跨越该交叉口，而不能下来（可以提前下）。由相交道路欲上至高架干道的车流，则在通过平面交叉口后一段距离上匝道：这种布置方式减少了交叉口处的额外冲突，使高架车流与地面相交方向的车流真正成为简易立交。交通秩序较好，但高架行驶率会降低：这种布置方式适用于沿线有较多企业单位车辆要上高架作远程出行的地段；还适用于相交道路转弯交通比重相对较大的，宜疏散至路段上上下匝道，以减少交叉口的交通混乱，即解决了第一种布置方式弊病的措施。

高架路与地面道路靠匝道来连接，即匝道是为沿线及相交道

| 图名 | 高架路的设置条件与原则（四） | 图号 | DL3-34（四） |

155

（2）匝道的布置原则

1）出入口的设置应以交通规划为前提，必须符合城市路网总体布局的需要，适应交通量发展的需要；

2）匝道位置的选定应根据实际情况考虑到实施的必要性与可能性，前者指交通流量的上下与转换，后者指用地的可能性。如广州市人民路高架桥匝道不求成对，有的为单向，有的弯到相交道路上，以减少车流冲突（见上图）；

3）保证高架路的快速行车要求。匝道的设置与否及其设置方式对不同等级道路的交叉口，应区别对待：

①高架道路与一般道路或支路相交，应不设上下坡匝道，以提高高架干道的车速和通行能力；

②与主要干道相交，可设置上下坡匝道，但应控制一定的车流比例。超过之，则宜设置三层或简易立交。这类匝道间距，在市区宜控制在1.5km；

③高架道路和快速道路或高架道路相交，应采用互通式立交。国外控制间距为3km，并应事先做好交通量预测。立交形式的正确选择，下图为上海市内环线高架与漕溪路立交的平面。

无论高架道路与何种等级道路相交，在交叉口处均应合理安排桥墩位置，以保证地面车流的左转弯。设置有匝道的交叉口，至少应拓宽长度至200m，并应进行交叉口拓宽与渠化设计。总之，因地制宜地在路段中间使匝道与地面道路合流、分流，或采取匝道伸向横向道路的布置。如广州人民路高架平面图均是可取的方案。上海内环线高架匝道布置（见下图）。

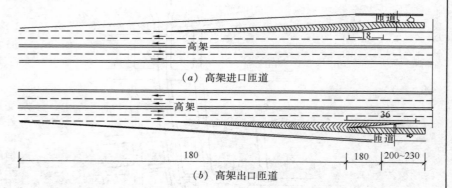

（a）高架进口匝道

（b）高架出口匝道

上海市高架路匝道平面布置示意图

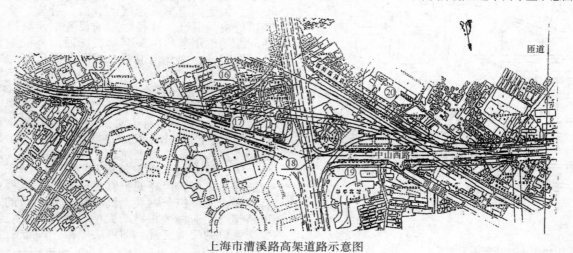

上海市漕溪路高架道路示意图

图名	高架路的设置条件与原则（五）	图号	DL3-34（五）

3.7.3 高架路横断面设计

1. 设计原则

（1）城市高架路的横断面设计，主要按照道路规划红线宽度范围内，由高架道路和地面道路或高架道路和地面绿化及联络道路等上下两层断面组成。

（2）高架路车行的道数，应符合城市交通发展预测交通量的需求，并由高架道路与地面道路合理分配，进行综合分析来确定。

（3）所有高架路横断面布置应根据道路平面线形，沿线地形地物及建设条件，可有整幅双向、分幅上下行单向、半幅及双层高架等，要求横断面布置选用合理。

（4）高架道路为保证快速连续交通及安全行驶要求，对向分隔设中央分隔带，两侧设防撞墙，并配以必要的中央防眩设施及轮廓标志诱导设施。

（5）高架道路边缘与建筑物距离应考虑两侧建筑物消防、维修以及高架路本身维修养护的需要。

（6）高架道路下的地面道路横断面布置，市域环城高架路、城区高架路及入城高架路，一般高架桥墩及匝道桥墩布设在地面道路中央及两侧分隔带内，地面道路断面布置为两幅路或四幅路形式。首先考虑机动车专用道，以交通功能和公交优先为主。

（7）高速公路入城段高架路，其地面布置以绿化为主及为沟通地面道路，设置纵横联络道路，应以环境服务功能为主。

（8）横断面设计应近远期结合，使近期工程成为远期工程的组成部分，并预留管线位置。

2. 高架路路幅布置形式

高架路路幅布置形式，一般以整幅双向断面布置形式为主，而且高架路由高架道路及地面道路上下两层组成。在道路路幅中央分隔带较宽，地形高差较大等情况，可采用分幅上下的单向断面布置形式；在道路沿河走向，环城路"T"形路口较多等情况，可采用半幅高架路断面形式；在高架路与轨道交通一体化等情况，可采用双层高架断面布置形式。

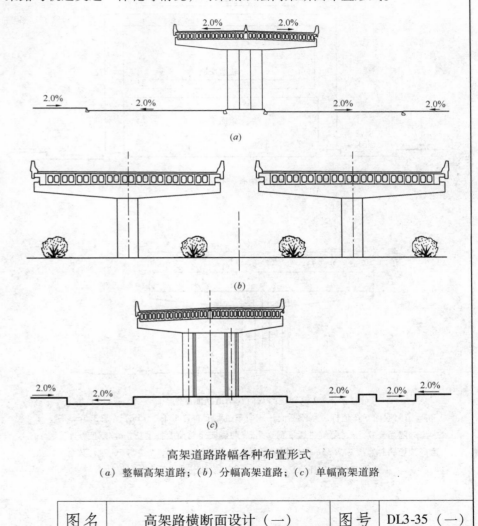

高架道路路幅各种布置形式

（a）整幅高架道路；（b）分幅高架道路；（c）单幅高架道路

图名	高架路横断面设计（一）	图号	DL3-35（一）

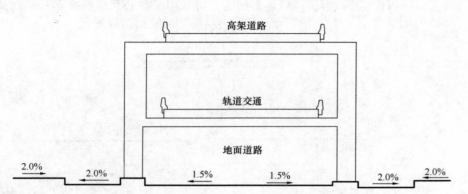

（a）高架道路路幅各种布置形式（双层高架道路）

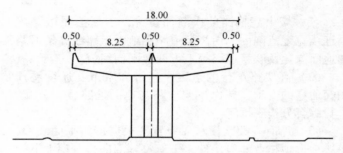

（b）标准路段断面

双向车道度布置3.75m及3.5m各2条，中央分隔墙宽为0.5m；每侧路缘带宽0.5m，两侧安全防撞墙各宽0.5m。双向4车道高架道路总宽度为18.0m。

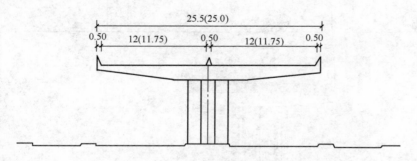

（c）高架道路双向6车道断面示例

高架道路双向6车道标准路段断面，双向车道宽度布置4条3.75m，2条3.5m，中央分隔墙宽0.5m，每侧路缘带宽0.5m，两侧安全防撞墙各宽0.5m。双向6车道高架道路总宽度为25.5m。双向车道宽度布置2条3.75m，4条3.5m时，其余同上布置，双向6车道高架道路总宽度也可为25.0m。

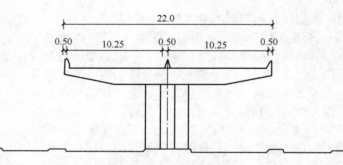

（d）紧急停车带路段断面

双向车道宽度布置3.75m及3.5m各2条，中央分隔墙宽为0.5m，左侧路缘带宽为0.5m，两侧紧急停车带各宽2.5m，两侧安全防撞墙各宽0.5m，双向4车道＋紧急停车带总宽度为22.0m。

图名	高架路横断面设计（二）	图号	DL3-35（二）

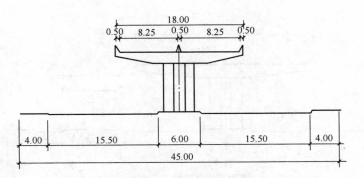

（a）规划红线宽度45m示例（一）

规划红线宽度45m，高架桥墩处设中央分隔带，可采用两幅路或四幅路布置形式。两幅路布置形式，中央分隔带宽度为6m，两侧机动车道各为15.5m，两侧人行道（含绿化带）各为4.0m。

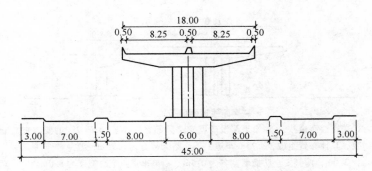

（b）规划红线宽度45m示例（二）

规划红线宽度45m，高架桥墩处设中央分隔带，可采用四幅路布置形式，中央分隔带宽度为6m，两侧机动车道各为8m。两侧分隔带各为1.5m，两侧辅道各为7m，两侧人行道各为3.0m。

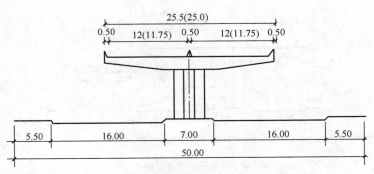

（c）规划红线宽度50m示例（一）

规划红线宽度50m，高架桥墩处设中央分隔带，可采用两幅路或四幅路布置形式。两幅路布置形式，中央分隔带宽度为7m，两侧机动车道各为16m，两侧人行道（含绿化带）各为5.5m。

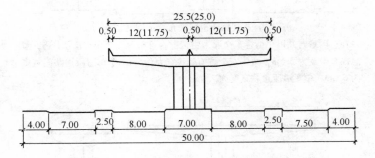

（d）规划红线宽度50m示例（二）

四幅路布置形式，中央分隔带宽度为7m，两侧机动车道各为8.0m，两侧分隔带各为2.5m，两侧辅道各为7.0m，两侧人行道各为4.0m。

| 图名 | 高架路横断面设计（三） | 图号 | DL3-35（三） |

159

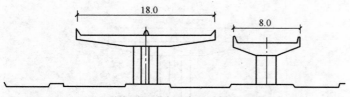

（a）高架路匝道断面布置示例（一）

　　单车道匝道按《城市道路设计规范》路面宽度不应小于 7m 的要求布置，具体布置组成，3.75m 车道 1 条，路缘带宽为 0.25m，紧急停车带宽为 3.0m，两侧安全防撞墙宽各为 0.5m，则单车道匝道总宽度为 8.0m。

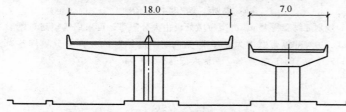

（b）高架路匝道断面布置示例（二）

　　在有困难时并以小型客车交通为主情况，可布置为 3.5m 车道 1 条，紧急停车带宽为 2.5m，两侧安全防撞墙各宽为 0.5m，单车道匝道路面宽度为 6.0m，单车道匝道总宽度为 7.0m。

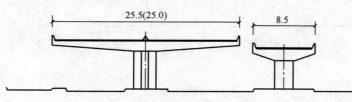

（c）高架路匝道断面布置示例（三）

　　双车道匝道，3.5m 车道 2 条，路缘带宽各为 0.25m，路面宽度为 7.5m。两侧安全防撞墙各宽 0.5m，双车道匝道总宽度为 8.5m。

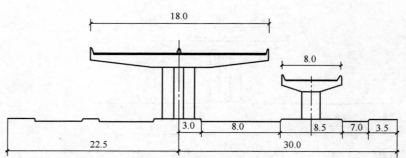

（d）地面道路有匝道路段布置示例（一）

　　规划红线有匝道路段宽度 60m，四幅路断面布置形式，中央分隔带宽度 6m，两侧机动车道各为 8.0m，两侧匝道占地宽各为 8.5m，两侧辅道宽各为 7.0m，两侧人行道（含绿化带）宽各为 3.5m。

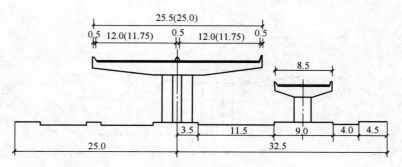

（e）地面道路有匝道路段布置示例（二）

　　规划红线有匝道路段宽度 65m，四幅路断面布置形式，中央分隔带宽度为 7.0m，两侧机动车道各为 11.5m，两侧匝道占地宽度各为 9.0m，两侧辅道各为 4.0m，两侧人行道（含绿化带）宽各为 4.5m。

| 图名 | 高架路横断面设计（四） | 图号 | DL3-35（四） |

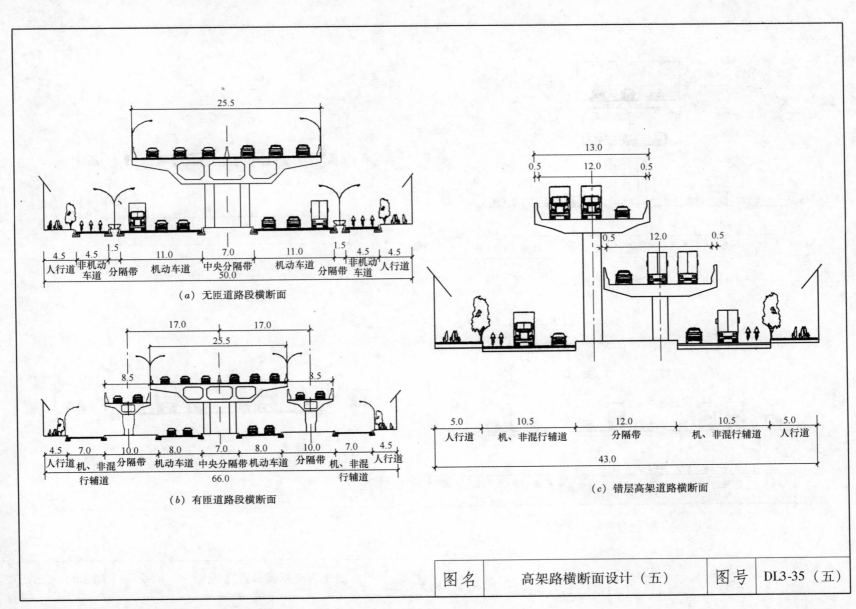

（a）无匝道路段横断面

（b）有匝道路段横断面

（c）错层高架道路横断面

| 图名 | 高架路横断面设计（五） | 图号 | DL3-35（五） |

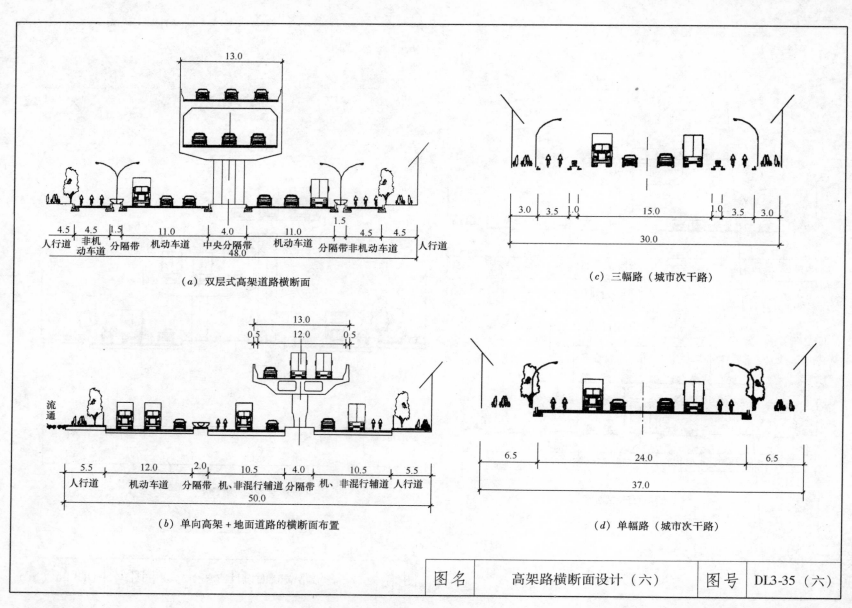

13.0

4.5 | 4.5 | 1.5 | 11.0 | 4.0 | 11.0 | 1.5 | 4.5 | 4.5

人行道 | 非机动车道 | 分隔带 | 机动车道 | 中央分隔带 | 机动车道 | 分隔带 | 非机动车道 | 人行道

48.0

（a）双层式高架道路横断面

3.0 | 3.5 | 1.0 | 15.0 | 1.0 | 3.5 | 3.0

30.0

（c）三幅路（城市次干路）

13.0

0.5 | 12.0 | 0.5

流通

5.5 | 12.0 | 2.0 | 10.5 | 4.0 | 10.5 | 5.5

人行道 | 机动车道 | 分隔带 | 机、非混行辅道 | 分隔带 | 机、非混行辅道 | 人行道

50.0

（b）单向高架＋地面道路的横断面布置

6.5 | 24.0 | 6.5

37.0

（d）单幅路（城市次干路）

| 图名 | 高架路横断面设计（六） | 图号 | DL3-35（六） |

3.7.4 高架路的平面设计

1. 一般原则

（1）城市高架路平面线位，应按照城市总体规划路网布设。平面线形设计根据规划线形，总体设计技术标准及沿线地形地物与景观等要求，进行多方案比选，在规划线形基础上，作必要的调整优化。

（2）线形设计中应将平、纵、横三个方面进行综合设计，总体协调，平面顺适，纵坡均衡，横面合理。正确采用国家规定各项技术指标。

（3）高架路线形设计应符合城市总体设计要求，与城市环境协调，保护文物古迹与资源，必要路段须进行环境评估后确定。

（4）平面设计应处理好直线与平曲线的衔接，合理地设置缓和曲线、超高、加宽等各种实际问题。

（5）高架路平面设计应根据道路等级、适用范围及交通的具体需求等，恰当处理好点与面的关系，合理布设匝道及互通式立交。

2. 总体设计

（1）高架路总体设计应进行多方案充分论证，推荐的高架路方案，城区高架路一般须经平面多车道方案、平面多车道＋立交方案及地道方案等比选而得。高架公路还需进行线位的比选。

（2）高架路总体设计应与城市快速道路系统相吻合，在路网上合理衔接。如果高架路不是建在城市快速路网上，就必须具备与周边和两端快速路或交通性干道相衔接的交通条件。

（3）高架路总体布置，高架桥结构、灯光照明、绿化及景观设计等，必须与城市景观及沿线环境相协调。

（4）保证高架路交通畅通，高架道路下的地面交叉口是重要的关键因素，而地面道路的畅通关键在交叉路口。因此，地面交叉口设计应是高架路总体布置设计的组成部分。

（5）建设高架路，首先要在规划、设计上能保证给予必要的、合理的道路横断面宽度和线形标准，符合城市快速路的标准要求，并与地面道路能有较好的结合。

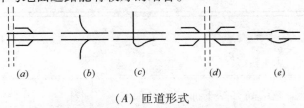

（A）匝道形式

匝道最小间距（m）

最小间距 ＼ 匝道位置	驶出-驶入	驶入-驶入	驶出-驶出	驶入-驶出
$V=80$km/h	204	610	610	1016
$V=60$km/h	154	458	458	762

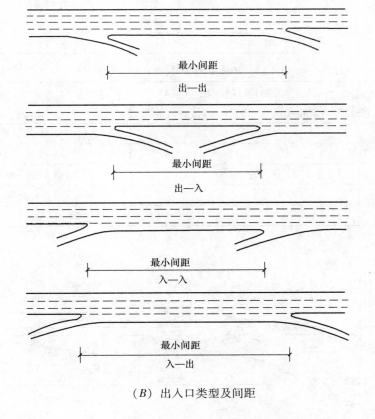

最小间距

出—出

最小间距

出—入

最小间距

入—入

最小间距

入—出

（B）出入口类型及间距

图名	城市高架路平面设计（一）	图号	DL3-36（一）

163

减速车道长度（m）

干道计算行车长度（km/h） \ 匝道计算行车长度（km/h）	60	50	45	40	35	30
120	110	130	140	145	—	—
80	—	70	80	85	90	95
60	—	—	50	60	65	70
50	—	—	—	—	45	50
40	—	—	—	—	—	—

加速车道长度（m）

干道计算行车长度（km/h） \ 匝道计算行车长度（km/h）	60	50	45	40	35	30
120	240	270	300	330	—	—
80	—	180	200	210	220	230
60	—	—	150	180	190	200
50	—	—	—	—	80	100
40	—	—	—	—	—	—

变速车道长度与出、入口渐变率

主线计算行车速度（km/h）		120	100	80	60	40
减速车道长度（m）	单车道	100	90	80	70	30
	双车道	150	130	110	90	—
加速车道长度（m）	单车道	200	180	160	120	50
	双车道	300	260	220	160	—
渐变段长度（m）	单车道	70	60	50	45	40
渐变率	出口 单车道		1/25	1/20	1/15	
	出口 双车道					
	入口 单车道		1/40	1/30	1/20	
	入口 双车道					

变速车道长度修正系数

干道平均纵坡度（%）	0≤j≤2	2<j≤3	3<j≤4	4<j≤6
减速车道下坡长度修正系数	1	1.1	1.2	1.3
加速车道上坡长度修正系数	1	1.2	1.3	1.4

平行式变速车道过渡段长度

干道计算行车速度（km/h）	120	80	60	50	40
过渡段长度（m）	80	60	50	45	35

（a）平行式变速车道

（b）变速车道横断面组成

图名	城市高架路平面设计（二）	图号	DL3-36（二）

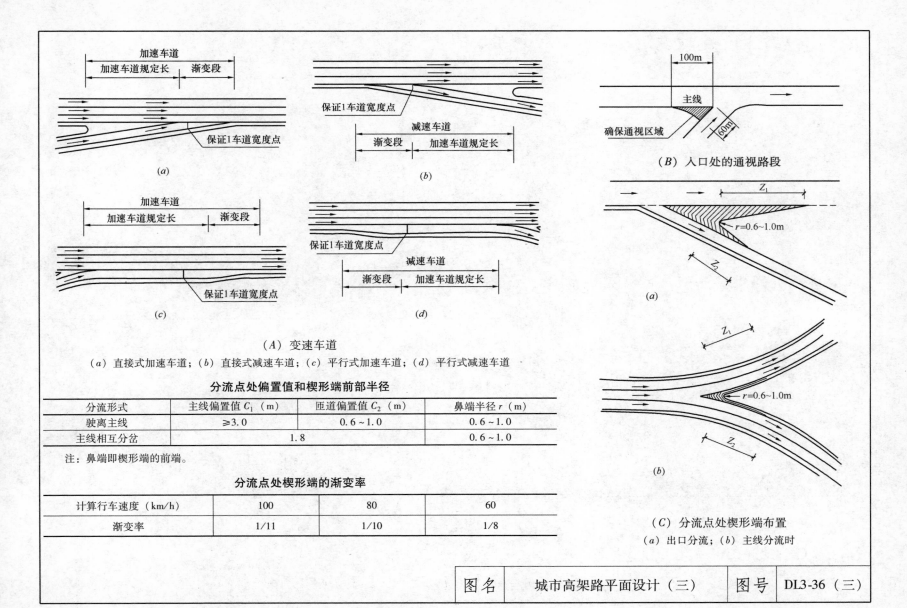

（A）变速车道

（a）直接式加速车道；（b）直接式减速车道；（c）平行式加速车道；（d）平行式减速车道

分流点处偏置值和楔形端前部半径

分流形式	主线偏置值 C_1（m）	匝道偏置值 C_2（m）	鼻端半径 r（m）
驶离主线	≥3.0	0.6～1.0	0.6～1.0
主线相互分岔	1.8		0.6～1.0

注：鼻端即楔形端的前端。

分流点处楔形端的渐变率

计算行车速度（km/h）	100	80	60
渐变率	1/11	1/10	1/8

（B）入口处的通视路段

（C）分流点处楔形端布置

（a）出口分流；（b）主线分流时

图名	城市高架路平面设计（三）	图号	DL3-36（三）

4 城市道路路基施工

4.1 道路路基土的分类

Ⅰ 北部多年冻土区
Ⅰ₁ 连续多年冻土区
Ⅰ₂ 岛状多年冻土区
Ⅱ 东部湿润季冻区
Ⅱ₁ 东北东部山地润湿冻区
Ⅱ₁ₐ 三江平原副区
Ⅱ₂ 东北中部山前平原重冻区
Ⅱ₂ₐ 辽河平原冻融交替副区
Ⅱ₃ 东北西部润干冻区
Ⅱ₄ 海滦中冻区
Ⅱ₄ₐ 冀热山地副区
Ⅱ₄ᵦ 旅大丘陵副区

Ⅱ₅ 鲁豫轻冻区
Ⅱ₅ₐ 山东丘陵副区
Ⅲ 黄土高原干湿过渡区
Ⅲ₁ 山西山地、盆地中冻区
Ⅲ₁ₐ 雁北张宜副区
Ⅲ₂ 陕北典型黄土高原中冻区
Ⅲ₂ₐ 榆林副区
Ⅲ₃ 甘东黄土山地区
Ⅲ₄ 黄渭间山地、盆地轻冻区
Ⅳ 东南湿热区
Ⅳ₁ 长江下游平原润湿区
Ⅳ₁ₐ 盐城副区

Ⅳ₂ 江淮丘陵、山地润湿区
Ⅳ₃ 长江中游平原中湿区
Ⅳ₄ 浙闽沿海山地中湿区
Ⅳ₅ 江南丘陵过湿区
Ⅳ₆ 武夷南岭山地过湿区
Ⅳ₆ₐ 武夷副区
Ⅳ₇ 华南沿海台风区
Ⅳ₇ₐ 台湾山地副区
Ⅳ₇ᵦ 海南岛西部润干副区
Ⅳ₇ᵪ 南海诸岛副区
Ⅴ 西南潮湿区
Ⅴ₁ 秦巴山地润湿区
Ⅴ₂ 四川盆地中湿区
Ⅴ₂ₐ 雅安乐山过湿副区
Ⅴ₃ 三西、贵州山地过湿区
Ⅴ₃ₐ 滇南、桂西润湿副区
Ⅴ₄ 川、滇、黔高原干湿交替区
Ⅴ₅ 滇西横断山地区
Ⅴ₅ₐ 大理副区
Ⅵ 西北干旱区
Ⅵ₁ 内蒙古草原中干区

Ⅵ₁ₐ 河套副区
Ⅵ₂ 绿洲、荒漠区
Ⅵ₃ 阿尔泰山地冻土区
Ⅵ₄ 天山、界山山地区
Ⅵ₄ₐ 塔城副区
Ⅵ₄ᵦ 伊犁河谷副区
Ⅶ 青藏高寒区
Ⅶ₁ 祈连山、昆仑山地区
Ⅶ₂ 柴达木荒漠区
Ⅶ₃ 河源山原草甸区
Ⅶ₄ 羌塘高原冻土区
Ⅶ₅ 川藏高山峡谷区
Ⅶ₆ 藏南高山台地区
Ⅶ₆ₐ 拉萨副区

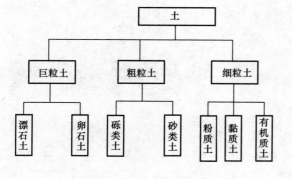

土分类总体系

图名	道路自然区与土分类总体系	图号	DL4-1

深度 (m)	标高 (m)	厚度 (m)	图 例	土 名	描 述	W (%)	主要物理力学性指标				r		a_{1-3} (kg/cm²)
							ρ (g/cm³)	ρ_2 (g/cm³)	E	B	ϕ (°)	c(kg/cm²)	
2.4	0.44	2.4		吹垫土	0~0.5m 为杂填土								
4.5	-1.66	2.1		粉土	褐黄、云母、铁质、有机质	26.0	1.95	1.55	0.75	0.8	12	0.46	
						24.3	18.5	1.49	0.81	0.8			
						25.3	1.85	1.48	0.83	0.5			
						26.5	1.91	1.51	0.79	0.5			
14.0	-11.16	9.5		淤泥质亚黏	灰色、云母、有机质、贝壳	32.3	1.80	1.36	0.99	1.7	9	0.38	
						33.2	1.80	1.35	1.00	1.2	16.5	0.2	
				粉土		36.5	1.80	1.32	1.06	1.2	19.5	0.2	
						28.7	1.81	1.41	0.92	1.0	16	0.2	
				粉质黏土		25.7	18.7	1.48	0.83	0.6	22.5	0.28	
						27.4	1.89	1.48	0.83	0.8	27	0.24	
						42.3	17.3	1.22	1.25	0.9	14	0.24	
				黏土		39.4	1.79	1.28	1.14	0.6	21.5	0.26	
						37.4	1.80	1.31	1.09	0.6	15	0.36	
				粉质黏土		26.4	1.92	1.52	0.79	0.3			
						23.1	2.00	1.63	0.66	0.8			
						20.8	1.97	1.63	0.66	0.7			
30.0	27.16	16.0		粉土	褐黄、灰黄、云母、铁质有机质、贝壳	23.0	1.97	1.60	0.69	0.4			
						15.2	2.03	1.76	0.53				0.016
				粉砂		22.9	2.01	1.63	0.66	0.3			0.025
						28.3	1.88	1.47	0.86	0.4			0.028
				粉质黏土		25.2	1.97	1.57	0.72	0.5			0.021
						23.9	1.95	1.57	0.72	0.6			0.018
						25.7	1.93	1.54	0.76	0.8			0.025
				粉土		31.0	1.93	1.47	0.84	0.8			0.027
						30.6	1.93	1.48	0.84	0.6			0.026
						26.2	1.92	1.49	0.82	0.6			0.029
				粉质黏土		31.1	1.96	1.50	0.83	0.5			
				黏土		23.5	1.93	1.56	0.75	<0			0.02

图名	土壤物理性能表	图号	DL4-2

1. 土类的名称和分类代号汇总表

土类名称	代号	土类名称	代号
漂石	B	粉土质砂	SM
细粒土	F	黏土质砂	SC
卵石	Cb	高液限粉土	MH
砾	G	低液限粉土	ML
高限液	H	含砾高液限粉土	MHG
低限液	L	含砾低液限粉土	MLG
粉土	M	含砂高液限粉土	MHS
有机质土	O	含砂低液限粉土	MLS
级配不良	P	黏土	C
级配良好	W	高液限黏土	CH
砂	S	低液限黏土	CL
混合土	SI	含砾高液限黏土	CHG
混合土漂石	BSI	含砾低液限黏土	CLG
混合土卵石	CbSI	含砂高液限黏土	CHS
漂石混合土	SIB	含砂低液限黏土	CLS
卵石混合土	SICb	有机质高液限黏土	CHO
级配良好砾	GW	有机质低液限黏土	CLO
级配不良砾	GP	有机质高液限粉土	MHO
含细粒土砾	GF	有机质低液限粉土	MLO
粉土质砾	GM	黄土（低液限黏土）	CLY
黏土质砾	GL	膨胀土（高液限黏土）	CHE
级配良好砂	SW	红土（高液限粉土）	MHR
级配不良砂	SP	盐渍土	St

2. 细粒土的简易分类

干强度	手捻试验	搓条试验		摇震反应	土类代号
		可搓成土条的最小直径（mm）	韧性		
低一中	粉粒为主，有砂感，稍有黏性，捻面较粗糙，无光泽	3~2	低一中	快一中	ML
中一高	含砂粒，有黏性，稍有滑腻感，捻面较光滑，稍有光泽	2~1	中	慢一无	CL
中一高	粉粒较多，有黏性，稍有滑腻感，捻面较光滑，稍有光泽	2~1	中一高	慢一无	MH
高一很高	无砂感，黏性大，滑腻感强，捻面光滑，有光泽	<1	高	无	CH

注：表中所列各类土凡呈灰色或暗色且有特殊气味的，应在相应土类代号后加代号 O，如 MLO、CLO、MHO、CHO。

3. 路基土的野外鉴定方法

基本土类	名称	用手搓捻时的感觉	用肉眼及放大镜观察时的情况	土壤状态		
				干时	潮湿时	潮湿时将土搓捻的情况
粉湿土	粉质轻亚黏土	感到砂粒多、土块易压碎	可以看到细的粉土颗粒	土块不硬，用锤打时易成细块	有塑性、黏着性	不能搓成长的细土条
	粉质重亚黏土	感到砂粒多，土饼易压碎	可以看到细的粉土颗粒	土块不硬，用锤打时易成细块	有塑性、黏着性、唯塑性程度较大	不能搓成长的细土条、搓成细土条稍长
黏性土	轻亚黏土	感到有砂粒，湿润后有黏土沾手，土块易压碎	明显看出细粒粉末中有砂粒	干土块压碎时常要用力	塑性与黏着性低微	不能搓成长的细土条
	重亚黏土	干时用手揉搓感到砂粒很少，土块很难压碎	可以看到细的粉土颗粒	土块不硬，用锤打时易成细块	塑性与黏着性较大	揉搓时可得1~2mm直径的细土条，将小土球压成扁块时，周边不易发生破裂

图名	路基土的分类与鉴别（一）	图号	DL4-3（一）

基本土类	名 称	用手搓捻时的感觉	用肉眼及放大镜观察时的情况	土壤状态		
				干时	潮湿时	潮湿时将土搓捻的情况
黏性土	轻黏土	潮湿时用手揉搓感觉不到砂粒，土块很难压碎	黏土构成的均匀细粉末物质，几乎不含大于0.25mm的颗粒	土块坚硬，用锤可以将大土块变小土块，但不易成粉末，干土块不易用手压碎	塑性和黏着性极大，易于沾手涂污	可以搓成小于1mm直径的细土条，易于团成小球，压成扁土块时，周边不易破裂
重黏土	重黏土	潮湿时用手揉搓感觉不到砂粒，土块很难压碎	黏土构成的均匀细粉末物质，几乎不含大于0.25mm的颗粒	土块坚硬，用锤可以将大土块变小土块，但不易成粉末，干土块不易用手压碎	易于沾手涂污，唯塑性和黏着性更大	可以搓成小于1mm直径的细土条，易于团成小球，压成扁土块时，周边不易破裂
石质土	（砾）石土		大于2mm的颗粒占大多数			
	（砾）石		大于2mm的颗粒较多，大于砂或粘粒加粉粒的含量			
	（砾）石质土		大于2mm的颗粒占少数，小于砂或粉粒加粘粒的含量			
砂土	粗砂	感到是粗糙的砂粒	看到比较粗的砂居多	疏散	无塑性	不能搓成土条
	中砂	感到是不太粗的砂粒	看到砂粒不太粗	疏散	无塑性	不能搓成土条
	细砂	感到是细的砂粒	看到细的砂粒多	疏散	无塑性	不能搓成土条
	极细砂	感到是极细的砂粒	看到极细的砂粒多	疏散	无塑性	不能搓成土条
砂性土	粉质砂土	在手掌上揉搓时粘有很多粉土粒	看到砂粒而夹有粉土粒	疏散	无塑性	不能搓成土条
	粗砂质粉土	含砂粒较多，湿润时用力可搓成团，干后有少量黏土沾在手上不易去掉	看到砂粒而夹有黏土粒	土块用手挤及在铲上抛掷时易破碎	无塑性	不能搓成土条
	细砂质粉土	感到含细颗粒较多	看到砂粒而夹有黏土粒	没胶结	无塑性	难搓成细土条，搓至直径3~5mm即断
粉性土	粉质砂质粉土	有干粉末感	明显看出砂粒少粉土粒多	没胶结，干土块用手轻压即碎	流动的溶解状态	摇动时使土球成为饼状，不能搓成细土条
	粉土	有干粉末感	看到粉土粒更多	没胶结，干土块用手轻压即碎	流动的溶解状态	摇动时使土球成饼状，不能搓成细土条

图名	路基土的分类与鉴别（二）	图号	DL4-3（二）

砾石类土路堑边坡表

土体结合密实程度	边坡高度（m）		
	10 以内	10～20	20～30
胶 结	1:0.3	1:0.3～1:0.5	1:0.5
密实 半胶结	1:0.5	1:0.5～1:0.75	1:0.75～1:1
中等密实	1:0.75～1:1	1:1	1:1.25～1:1.5
稍密实	1:1～1:1.5	1:1.5	1:1.5～1:1.75
松 散	1:1.5	1:1.5～1:1.75	

岩石路堑边坡坡度

岩 石 种 类	风化破碎程度	边坡高度（m）	
		<20	20～30
1. 各种岩浆 2. 厚层灰岩、硅钙质砂砾岩 3. 片麻、石英、大理岩	轻 度	1:0.1～1:0.2	1:0.1～1:0.2
	中 等	1:0.1～1:0.3	1:0.2～1:0.4
	严 重	1:0.2～1:0.4	1:0.3～1:0.5
	极 重	1:0.3～1:0.75	1:0.5～1:1.0
1. 中薄层砂砾岩 2. 中薄层灰岩 3. 较硬的板岩、千枚岩	轻 度	1:0.1～1:0.3	1:0.2～1:0.4
	中 等	1:0.2～1:0.4	1:0.3～1:0.5
	严 重	1:0.3～1:0.5	1:0.5～1:0.75
	极 重	1:0.5～1:1.0	1:0.75～1:1.25
1. 薄层砂页岩互层 2. 千枚岩、云母、绿泥石片岩	轻 度	1:0.2～1:0.4	1:0.3～1:0.5
	中 等	1:0.3～1:0.5	1:0.5～1:0.75
	严 重	1:0.5～1:1.0	1:0.75～1:1.25
	极 重	1:0.75～1:1.25	1:1.0～1:1.5

砾石类土密实程度野外鉴别方法

密实程度	骨架及充填物状态	开挖情况
密实	骨架颗粒含量超过总重70%，呈交错排列，连续接触，或虽有部分骨架颗粒连续接触，但充填物呈密实状态（$e<0.55$）	锹、镐挖掘困难，用撬棍方能松动，井壁一般稳定
中等密实	骨架颗粒交错排列，部分连续接触；充填物包裹骨架颗粒，且呈中等密实状态（$0.55<e<0.70$）	锹、镐可以挖掘，井壁有掉块现象；从井壁取出大颗粒处，能保持颗粒凹面形状
稍密实	骨架颗粒含量小于总重的60%排列混乱，大部分不接触，充填物包裹大部分骨架颗粒，且呈疏松状态（$e>0.70$）或未填满	锹可以挖掘，井壁易坍塌，从井壁取出大颗粒后，砂性土立即坍塌

岩石风化破碎程度分级表

分级	外观特征				
	颜色	矿物成分	结构构造	破碎程度	强度
轻度	较新鲜	无变化	无变化	节理不多、基本上是整体、节理基本不张开	基本上不降低，用锤敲很容易回弹
中等	造岩矿物失去光泽、色变暗	基本不变	无显著变化	开裂成20～50cm的大块状，大多数节理张开较小	有降低，用锤敲声音仍较清脆
严重	显著改变	有次生矿物产生	不清晰	开裂成5～20cm的碎石状，有时节理张开较多	有显著降低，用锤敲声音低沉
极重	变化极重	大部成分已改变	只具外形，矿物间已失去结晶联系	节理极多，爆破以后多呈碎石土状，有时细粒部分已具塑性	极低，用锤敲有时不易回弹

图名	岩、砾石边坡度和岩石风化程度	图号	DL4-4

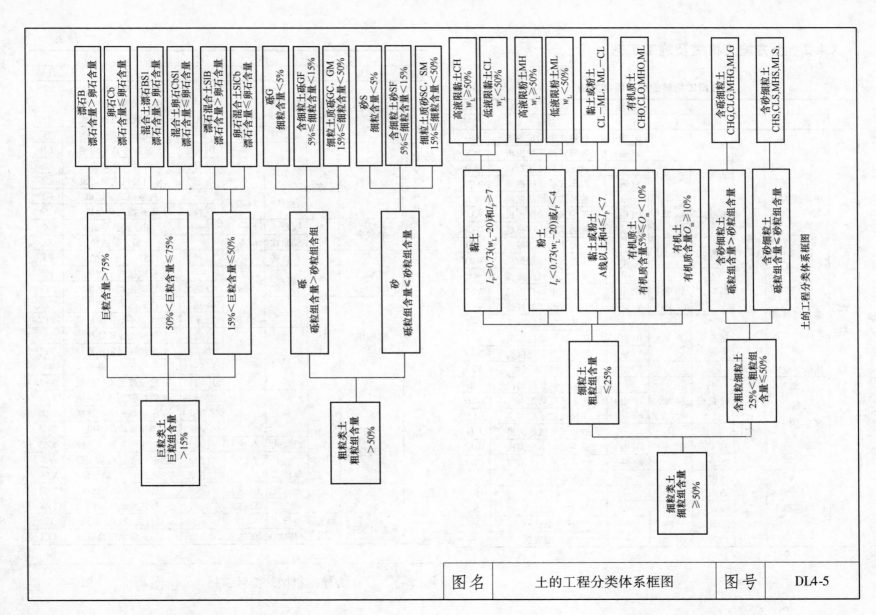

| 图名 | 土的工程分类体系框图 | 图号 | DL4-5 |

4.2 土方施工机械及施工工艺

土方施工机械的型号编制方法

类名称	组 名称	组 代号	型 名称	型 代号	特性 代号	产品 名称	产品 代号
挖掘机械	单斗挖掘机	W（挖）	履带式	—	D（电）	履带式电动挖掘机	WD
					Y（液）	履带式液压挖掘机	WY
			汽车式	Q（汽）	—	汽车式机械挖掘机	WQ
					Y（液）	汽车式液压挖掘机	WQY
			轮胎式	L（轮）	—	轮胎式机械挖掘机	WL
					D（电）	轮胎式电动挖掘机	WLD
					Y（液）	轮胎式液压挖掘机	WLY
			步履式	B（步）	—	步履式机械挖掘机	WB
					Y（液）	步履式液压挖掘机	WBY
	多斗挖掘机		斗轮式	U（轮）	—	斗轮式机械挖掘机	WU
					D（电）	斗轮式电动挖掘机	WUD
					Y（液）	斗轮式液压挖掘机	WUY
			链斗式	T（条）	—	链斗式机械挖掘机	WT
					D（电）	链斗式电动挖掘机	WTD
					Y（液）	链斗式液压挖掘机	WTY
	挖掘装载机	WZ	—	—	Y（液）	液压挖掘装载机	WZY
	多斗挖沟机	G（沟）	斗轮式	L（轮）	—	斗轮式机械挖沟机	GL
					D（电）	斗轮式电动挖沟机	GLD
					Y（液）	斗轮式液压挖沟机	GLY
			链斗式	D（斗）	—	链斗式机械挖沟机	GD
					D（电）	链斗式电动挖沟机	GDD
					Y（液）	链斗式液压挖沟机	GDY
	掘进机	J（掘）	链齿式	C（齿）	—	链齿式液压挖沟机	GC
			盾构式	D（盾）	—	盾构掘进机	JD
			顶管式	G（管）	—	顶管掘进机	JG
			隧道式	S（隧）	—	隧道掘进机	JS
			涵洞式	H（涵）	—	涵洞掘进机	JH

续表

类名称	组 名称	组 代号	型 名称	型 代号	特性 代号	产品 名称	产品 代号
铲土运输机械	推土机	T（推）	履带式		—	履带式机械推土机	T
					Y（液）	履带式液压推土机	TY
					S（湿）	履带式湿地推土机	TS
			轮胎式	L（轮）		轮胎式推土机	TL
	铲运机	C（铲）	自行轮胎式	—	D（斗）	普通装斗式铲运机	CD
					S（升）	升运式铲运机	CS
					Z（装）	斗门装料式铲运机	CZ
			拖式	T（拖）	—	机械拖式铲运机	CT
					Y（液）	液压拖式铲运机	CTY
	装载机	Z（装）	履带式	—		履带式装载机	Z
			轮胎式	L（轮）		轮胎式装载机	ZL
	平地机	P（平）	自行式	—	Y（液）	液压式平地机	PY
			拖式	T（拖）	—	机械拖式平地机	PT
					Y（液）	液压拖式平地机	PTY
压实机械	静作用压路机	Y（压）	拖式	T（拖）	K（块）	拖式凸块压路机	YTK
					Y（羊）	拖式羊足压路机	YTY
			自行式	—	2（两）	两轮光轮压路机	2Y
					2J（两铰）	两轮铰接光轮压路机	2YJ
					3（三）	三轮光轮压路机	3Y
					3J（三铰）	三轮铰接光轮压路机	3YJ
	振动压路机	Y（压）	光轮式		ZB（振并）	两轮并联振动压路机	YZB
					ZC（振串）	两轮串联振动压路机	YZC
					4Z（四振）	四轮振动压路机	4YZ
			组合式	Z（组）	Z（振）	光轮轮胎组合振动压路机	YZZ
			轮胎驱动式	—	Z（振）	轮胎驱动光轮振动压路机	YZ
					ZK（振块）	轮胎驱动凸振动压路机	YZK
			振荡式	D（荡）	Z（振）	振荡式振动压路机	YZD
			拖式	T（拖）	Z（振）	拖式振动压路机	YZT
	轮胎压路机	YL（压轮）	自行式			自行式轮胎压路机	YL
			拖式	T（拖）		拖式轮胎压路机	YLT

图名	土方施工机械的型号编制	图号	DI4-6

路基种类	主 导 机 械	辅助机械	填挖高度（m）	水平运距（m）	集中工作量（m³）	最小工作面长度或高度（m）
1. 路堤 （1）路侧取土	a. 自行平地机；		<0.75			
	b. 73kW 推土机；		<3	10~40	不限	300~500
	c. 102~146kW 推土机；		<3	10~80	不限	
	d. 6~8m³ 拖式铲运机；	73kW 推土机	<5	100~250	>5000	50~80
	e. 6~8m³ 拖式铲运机	73kW 推土机	>6	250~700	>5000	80~100
（2）远运取土	a. 6~8m³ 拖式铲运机；		不限	>700	>5000	50~80
	b. 9~12m³ 拖式铲运机；		不限	>1000	>5000	50~80
	c. 9m³ 以上自行铲运机；		不限	>700	>5000	50~80
	d. 挖掘机配合自卸汽车等；		不限	500~5000	>10000	2.5~3.5
	e. 装载机配合自卸汽车		不限	500~5000	>1000	
2. 路堑 （1）路侧弃土	a. 自行平地机；		<0.6			
	b. 73kW 推土机；		<3	10~40	不限	300~500
	c. 102~146kW 推土机；		<3	10~80	不限	
	d. 6~8m³ 拖式铲运机；	59kW 推土机	<6	100~300	>5000	50~80
	e. 6~8m³ 拖式铲运机；	59kW 推土机	<15	300~600	>5000	100
	f. 9~12m³ 拖式铲运机		>115	>1000	>5000	200
（2）纵向利用	a. 73kW 推土机；		不限	20~70	不限	
	b. 102~146kW 推土机；		不限	<100	不限	
	c. 6~8m³ 拖式铲运机；	59kW 推土机	不限	80~700	>5000	100
	d. 9~12m³ 拖式铲运机；		不限	>1000	>5000	100
	e. 9m³ 以上自行铲运机；		不限	>500	>5000	100
	f. 挖掘机配合自卸汽车等；		不限	500~5000	>10000	2.0~2.5
	g. 装载机配合自卸汽车		不限	500~5000	>1000	
3. 半填半挖路基	102~146kW 推土机		不限	20~80	不限	

注：本表均指松土，如土质坚硬时应先用松土机将土疏松。

图名	土方施工机械的使用条件	图号	DL4-7

土方工程机械的使用范围

机械名称、特性	作业特点及辅助机械	适 用 范 围
推土机： 操作灵活，运转方便，需工作面小，可挖土、运土，易于转移，行驶速度快，应用广泛	1. 作业特点： （1）推平；（2）运距100m内的堆土（效率最高为60m）；（3）开挖浅基坑；（4）推送松散的硬土、岩石；（5）回填、压实；（6）配合铲运机助铲；（7）牵引；（8）下坡坡度最大35°，横坡最大为10°，几台同时作业，前后距离应大于8m。 2. 辅助机械： 土方挖后运出，需配备装土、运土设备推挖三、四类土，应用松土机预先翻松	（1）推一至四类土； （2）找平表面，场地平整； （3）短距离移挖回填，回填基坑（槽）、管沟并压实； （4）开挖深不大于1.5m的基坑（槽）； （5）堆筑高1.5m内的路基、堤坝； （6）拖羊足碾； （7）配合挖土机从事集中土方、清理场地、修路开道等
铲运机： 操作简单灵活，不受地形限制，不需特设道路，准备工作简单，能独立工作，不需其他机械配合能完成铲土、运土、卸土、填筑、压实等工序，行驶速度快，易于转移；需用劳力少，动力少，生产效率高	1. 作业特点： （1）大面积整平；（2）开挖大型基坑、沟渠；（3）运距800～1500m内的挖运土（效率最高为200～350m）；（4）填筑路基、堤坝；（5）回填压实土方；（6）坡度控制在20°以内。 2. 辅助机械： 开挖坚土时需用推土机助铲，开挖三、四类土宜先用松土机预先翻松20～40cm；自行式铲运机用轮胎行驶，适合于长距离，但开挖亦须助铲	（1）开挖含水率27%以下的一～四类土； （2）大面积场地平整、压实； （3）运距800m内的挖运土方； （4）开挖大型基坑（槽）、管沟，填筑路基等。但不适于砾石层、冻土地带及沼泽地区使用
平地机： 操作比较灵活，运转方便，需要的工作面大，能从事平土、路基整形、修整边沟和斜坡，修筑路堤等工程	1. 作业特点： （1）高度0.75m以内路侧取土填筑路堤； （2）高度在0.6m以内路侧弃土，开挖路堑。 2. 辅助机械： （1）开挖排水沟、截水沟；（2）路基石及场地平整，修整边坡	（1）平一至三类土； （2）找平表面，场地平整； （3）长距离切削平整； （4）截水沟
反铲挖掘机： 操作灵活，挖土、卸土均在地面作业，不用开运输道	1. 作业特点： （1）开挖地面以下深度不大的土方；（2）最大挖土深度4～6m，经济合理深度为1.5～3m；（3）可装车和两边甩土、堆放；（4）较大较深基坑可用多层接力挖土。 2. 辅助机械： 土方外运应配备自卸汽车，工作面应有推土机配合推到附近堆放	（1）开挖含水量大的一至三类的砂土或黏土； （2）管沟和基槽； （3）独立基坑； （4）边坡开挖
装载机： 操作灵活，回转移位方便、快速；可装卸土方和散料，行驶速度快	1. 作业特点： （1）开挖停机面以上土方；（2）轮胎式只能装松散土方，履带式可装较实土方；（3）松散材料装车；（4）吊运重物，用于铺设管。 2. 辅助机械： 土方外运需配备自卸汽车，作业面需经常用推土机平整并推松土方	（1）外运多余土方； （2）履带式改换挖斗时，可用于开挖； （3）装卸土方和散料； （4）松散土的表面剥离； （5）地面平整和场地清理等工作； （6）回填土

图名	土方施工机械的使用范围（一）	图号	DL4-8（一）

机械名称、特性	作业特点及辅助机械	适 用 范 围
正铲挖掘机： 装车轻便灵活，回转速度快，移位方便；能挖掘坚硬土层，易控制开挖尺寸，工作效率高	1. 作业特点： （1）开挖停机面以上土方；（2）工作面应在1.5m以上；（3）开挖高度超过挖土机挖掘高度时，可采取分层开挖；（4）装车外运。 2. 辅助机械： 土方外运应配备自卸汽车，工作面应有推土机配合平土、集中土方进行联合作业	（1）开挖含水量不大于27%的一至四类土和经爆破后的岩石与冻土碎块； （2）大型场地整平土方； （3）工作面狭小且较深的大型管沟和基槽路堑； （4）独立基坑； （5）边坡开挖
反铲挖掘机： 操作灵活，挖土、卸土均在地面作业，不用开运输道	1. 作业特点： （1）开挖地面以下深度不大的土方；（2）最大挖土深度4～6m，经济合理深度为1.5～3m；（3）可装车和两边甩土、堆放；（4）较大较深基坑可用多层接力挖土。 2. 辅助机械： 土方外运应配备自卸汽车，工作面应有推土机配合推到附近堆放	（1）开挖含水量大的一至三类的砂土或黏土； （2）管沟和基槽； （3）独立基坑； （4）边坡开挖
拉铲挖掘机： 可挖深坑，挖掘半径及卸载半径大，操纵灵活性较差	1. 作业特点： （1）开挖停机面以下土方；（2）可装车和甩土；（3）开挖截面误差较大；（4）可将土甩在基坑（槽）两边较远处堆放。 2. 辅助机械： 土方外运需配备自卸汽车、推土机，创造施工条件	（1）挖掘一至三类土，开挖较深较大的基坑（槽）、管沟； （2）大量外借土方； （3）填筑路基、堤坝； （4）挖掘河床； （5）不排水挖取水中泥土
抓铲挖掘机： 钢绳牵拉灵活性较差，工效不高，不能挖掘坚硬土；可以装在简易机械上工作，使用方便	1. 作业特点： （1）开挖直井或沉井上方；（2）可装车或甩土；（3）排水不良也能开挖；（4）吊杆倾斜角度应在45°以上，距边坡应不小于2m。 2. 辅助机械： 土方外运时，按运距配备自卸汽车	（1）土质比较松软，施工面较狭窄的深基坑、基槽； （2）水中挖取土，清理河床； （3）桥基、桩孔挖土； （4）装卸散装材料
装载机： 操作灵活，回转移位方便、快速；可装卸土方和散料，行驶速度快	1. 作业特点： （1）开挖停机面以上土方；（2）轮胎式只能装松散土方，履带式可装较实土方；（3）松散材料装车；（4）吊运重物，用于铺设管。 2. 辅助机械： 土方外运需配备自卸汽车，作业面需经常用推土机平整并推松土方	（1）外运多余土方； （2）履带式改换挖斗时，可用于开挖； （3）装卸土方和散料； （4）松散土的表面剥离； （5）地面平整和场地清理等工作； （6）回填土

图名	土方施工机械的使用范围（二）	图号	DL4-8（二）

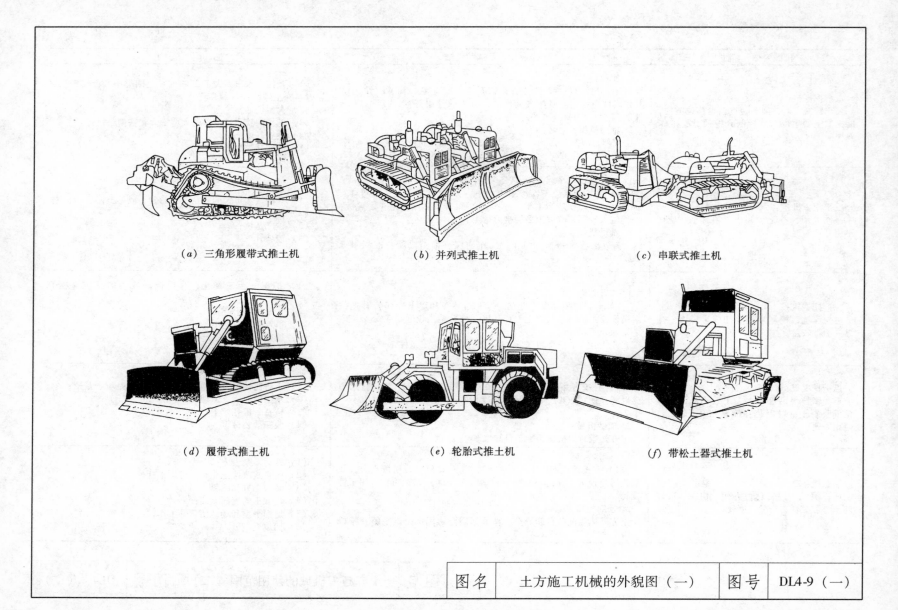

(a) 三角形履带式推土机

(b) 并列式推土机

(c) 串联式推土机

(d) 履带式推土机

(e) 轮胎式推土机

(f) 带松土器式推土机

图名	土方施工机械的外貌图（一）	图号	DL4-9（一）

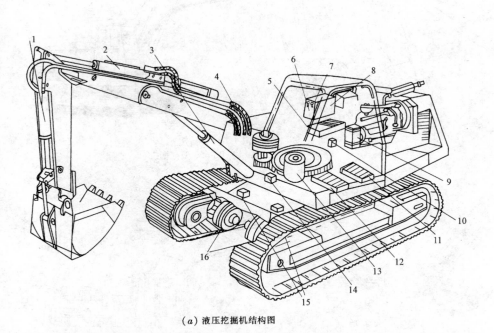

（a）液压挖掘机结构图

1—铲斗缸；2—斗杆缸；3—动臂缸；4—回转马达；5—冷却器；6—滤油器；7—磁性滤油器；8—液压油箱；9—液压泵；10—背压阀；11—后四路组合阀；12—前四路组合阀；13—中央回转接头；14—回转制动阀；15—限速阀；16—行走马达

挖掘机械

单斗（周期作业式）
　建筑型
　　　履带式
　　　步履式
　　　轮胎式　　通用型
　　　汽车式
　　　船式、浮筒式
　　　悬挂式
　　　伸缩臂式
　采矿型
　剥离型
　　　双履带式
　　　多履带式
　　　步行式
　隧洞式(短臂)

多斗（连续作业式）
　链斗式
　　　纵向式
　　　横向式
　斗轮式
　　　挖掘机
　　　挖沟机
　　　装卸机(堆取料机)
　滚切式(铣切式)
　隧洞掘进机

专用型

（b）挖掘机的分类

| 图名 | 土方施工机械的外貌图（二） | 图号 | DI4-9（二） |

179

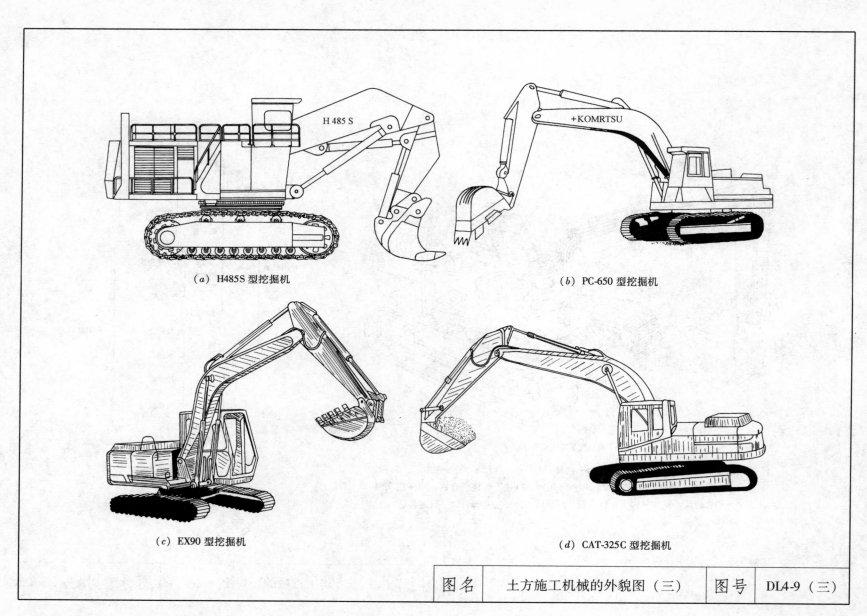

(a) H485S 型挖掘机

(b) PC-650 型挖掘机

(c) EX90 型挖掘机

(d) CAT-325C 型挖掘机

图名	土方施工机械的外貌图（三）	图号	DL4-9（三）

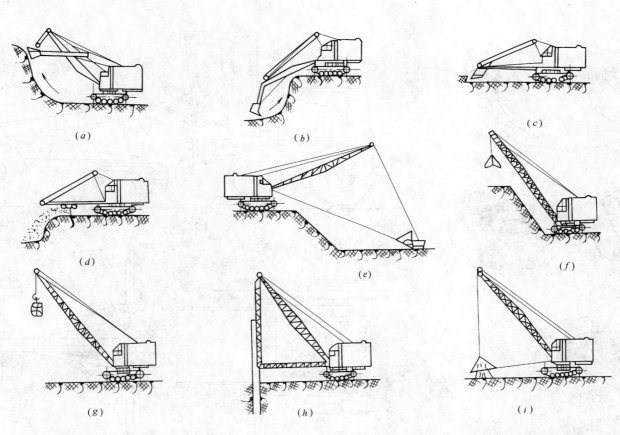

（a）正铲；（b）反铲；（c）刨铲；（d）刮铲；（e）拉铲；（f）抓斗；（g）吊钩；（h）打桩器；（i）拔根器

图名	土方施工机械的外貌图（四）	图号	DL4-9（四）

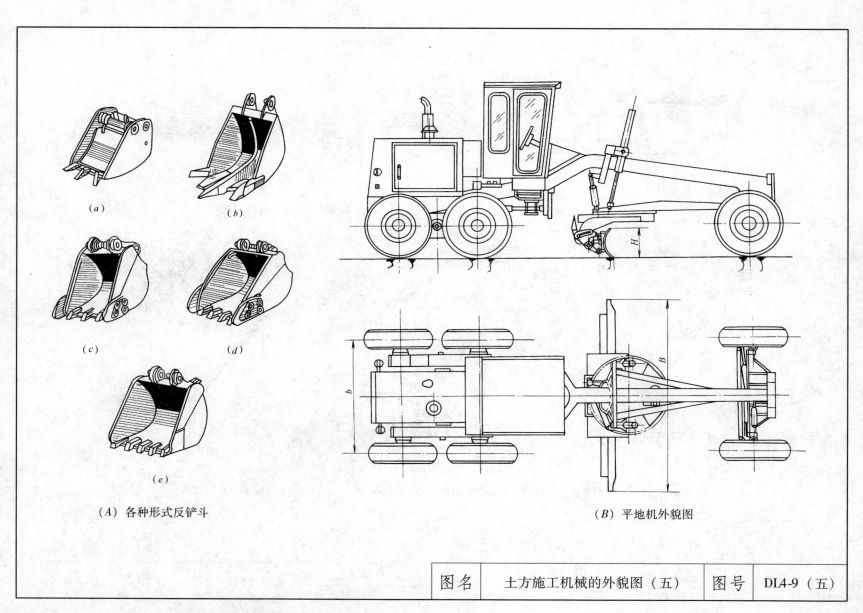

(a)

(b)

(c)

(d)

(e)

（A）各种形式反铲斗

（B）平地机外貌图

| 图名 | 土方施工机械的外貌图（五） | 图号 | DI4-9（五） |

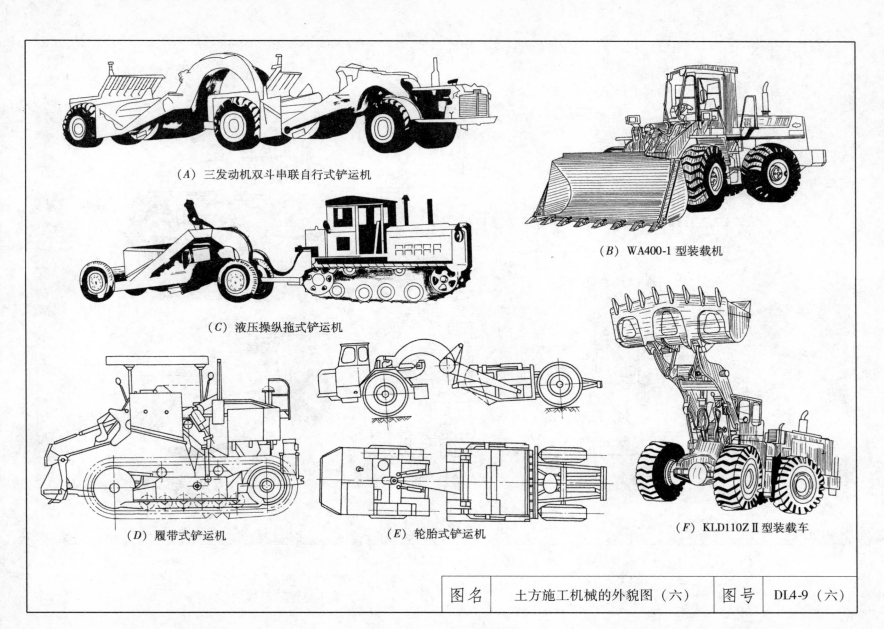

（A）三发动机双斗串联自行式铲运机

（B）WA400-1型装载机

（C）液压操纵拖式铲运机

（D）履带式铲运机

（E）轮胎式铲运机

（F）KLD110ZⅡ型装载车

图名	土方施工机械的外貌图（六）	图号	DI4-9（六）

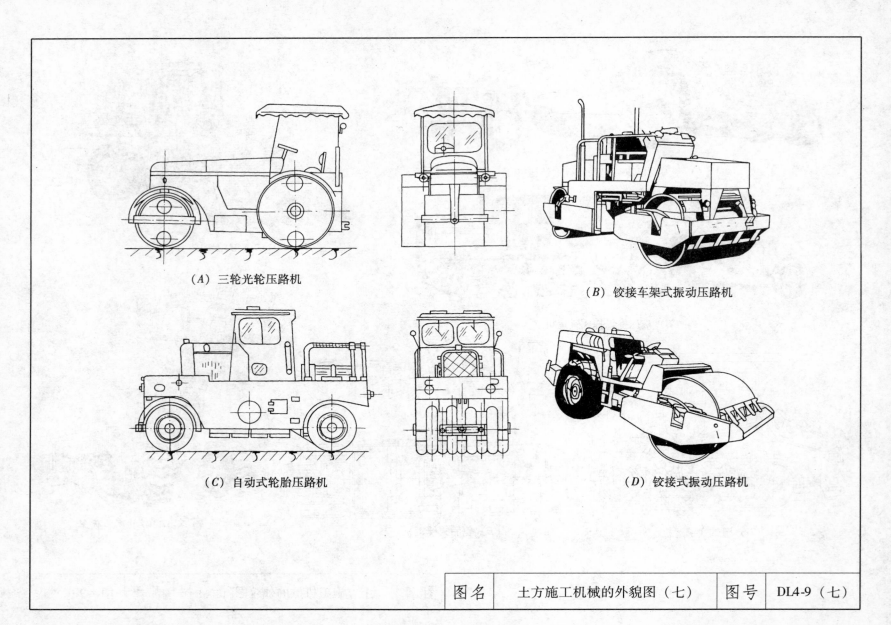

（A）三轮光轮压路机

（B）铰接车架式振动压路机

（C）自动式轮胎压路机

（D）铰接式振动压路机

图名	土方施工机械的外貌图（七）	图号	DL4-9（七）

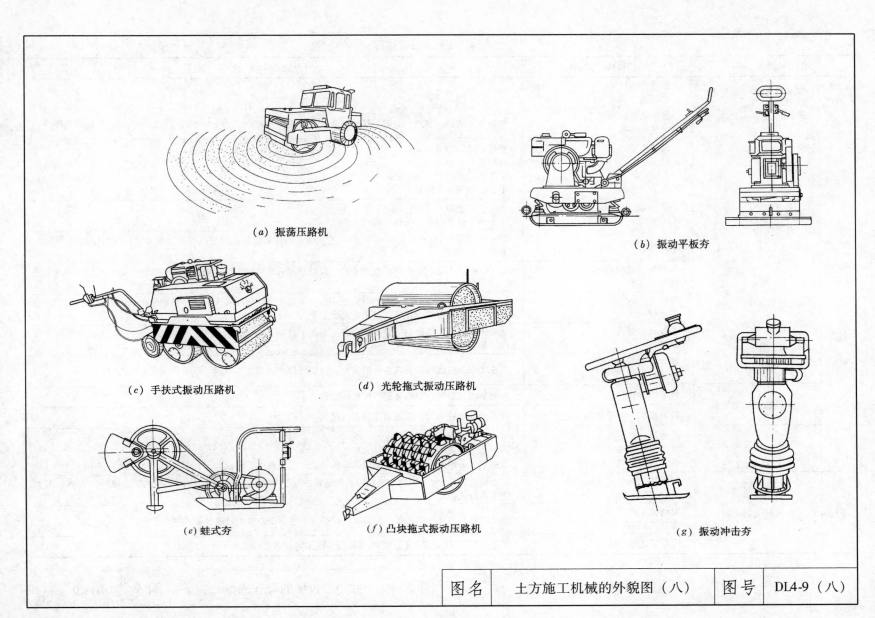

（a）振荡压路机

（b）振动平板夯

（c）手扶式振动压路机

（d）光轮拖式振动压路机

（e）蛙式夯

（f）凸块拖式振动压路机

（g）振动冲击夯

图名	土方施工机械的外貌图（八）	图号	DL4-9（八）

185

土方施工机械的合理选择			
作 业 内 容		使用的施工机械	施工机械的主要功能
清理草木	除掉灌木丛、杂草等	机动平地机 小型推土机	铲除矮草、杂草及表土
	除掉灌木丛、树木、漂石	推土机、凿岩机 空气压缩机	根据树木的种类和直径，除了推土机外，还可使用带耙齿的推土机、伐木机、剪切刀，以提高效率
挖方	软土开挖	机动平地机 推土机 牵引式铲运机 机动铲运机	修补道路、整地 短距离挖土运输 中距离挖土运输 中、长距离挖土运输
	硬土开挖	中、大型推土机、凿岩机、空气压缩机	适用于风化岩、软岩、漂石、混合土质 松土器不能挖掘时，采用炸药来爆破
挖掘装载	一般性挖土、装载	推土机	推土机适用于100m以内的运距。在堆土场等地作为挖掘机的装载辅助机械来进行挖掘作业时，以大、中型推土机为宜
		装载机、挖掘机 履带式装载机	对于挖掘能力要求不大的较松的土质，以使用轮式装载机为宜；挖掘能力要求较大时，挖掘机和履带装载机较能发挥效率
		牵引式铲运机 机动铲运机	铲运机是根据运距、地形、土质来选用的。松软土质或坡度较大时，一般都使用牵引式铲运机，运距较长而现场条件较好的时候，则使用机动铲运机
		斗轮式挖掘机 挖掘机	适用于土方量大的挖掘、装载工程，挖掘机工作半径大，并能旋转360°，能比地面高或低的地方进行工作，其工作范围很广
		抓斗式挖掘机 拉铲挖掘机	抓斗式挖掘机适用于垂直深孔的挖掘；拉铲挖掘机适用于在河川等低而宽大的地方进行挖掘
	构筑物基础的挖掘	推土机、装载机	大的基础挖掘时，到内部进行挖掘、装载
		挖掘机、拉铲挖掘机	较小的基础挖掘时，在地面位置进行挖掘、装载
	沟的开挖	平地机、推土机 抓斗式挖掘机 单斗式挖掘机、挖沟机	适用于便道侧沟的开挖 适用于工程现场的简易排水路的开挖 适用于上下水道、燃气管等的埋设沟的开挖，挖掘精度要求较高
运输	道路上的运输	推土机、拖式铲运机 自行式铲运机	推土机适用于100m以内的较短距离的运输，对于500m以下的中距离使用拖式铲运机；如若再长距离时使用自行式铲运机
		湿地推土机 履带式翻斗车	土质松软，但其规模不大，无需改良路面时，使用湿地推土机或履带式翻斗车
		四轮驱动挖掘机	搬运岩石等，不能使用铲运机时，可以使用轮式挖掘机装运到50~150m运距

图名	土方施工机械的合理选择（一）	图号	DL4-10（一）

作 业 内 容		使用的施工机械	施工机械的主要功能
运输	用皮带或链条进行输送	皮带输送机、斗式提升机	皮带式输送机适用于水平方向的运输,而斗式提升机则适用于垂直方向的运输
	用管道进行输送	管 道	填筑工程等需要搬运大量土壤时,将土与水混合在一起,用管道压送
	用钢丝绳进行输送	架空索道	适用于修筑混凝土坝用的混凝土的搬运工程或在山地使用
	用水路进行输送	运 土 船	适用于大规模的填筑工程或用于输送,主要是靠江河湖海的地区
铺土	一般性的铺平工作	推土机、铲运机、湿地推土机、机动平地机	在一般的铺平工作中,运土多为推土机或铲运机;用翻斗车运土时,则用推土机、湿地推土机或机动平地机来铺土
	大面积或高精度铺平工作	带自动平行装置的平地机、带自动水准仪的湿地推土机	农田建设、水路填土的平地、道路的平地等
	铺砌材料等的铺平	碎石撒布机、沥青路面修整机	铺砌材料(基层材料为沥青)的铺平,铺土厚度受到更严格限制时,使用碎石撒布机或沥青路面修整机
夯实	道路填土、江河筑堤、填筑堤坝等的夯实	土壤夯实机、轮胎式压路机、振动压路机、羊足碾压路机	适用于大面积而较厚的填土层的夯实。振动压路机在砂质成分多的地方使用效果最好,羊足压路机适用于黏性土成分多的地方
	填土坡面的夯实	夯具、外部位振动器、牵引式振动器、压路机	沿着坡面进行夯实时使用。规模小的时候使用夯具或振动器,大规模的土压实时,则用振动式压路机
	桥座、涵洞的回填,侧沟等基础的夯实	夯具,振动棒	在面积受到限制的地方用来压实
路面基层铺筑	路拌法施工	石灰撒布车、洒水车 自行式稳定土拌和机 振动压路机	用于二级路以下的路面基础施工,对配合比要求严格控制的二级路以上的基层不适宜
	厂拌法施工	厂拌稳定土拌和设备 自卸卡车、稳定土摊铺机 振动压路机	用于二级、一级汽车专用路和高速公路施工,对于对配合比要求严格控制的路面基层,均可使用
路面面层铺筑	沥青混凝土路面铺筑	沥青混凝土搅拌设备 沥青混凝土摊铺设备 自卸卡车、轮胎压路机 振动压路机、撒砂机	适用于层铺法施工的高速公路和次高等级公路的沥青混凝土路面施工
	水泥混凝土路面铺筑	水泥混凝土搅拌设备 水泥混凝土搅拌输送车 轨道式水泥混凝土摊铺设备 滑模式水泥混凝土摊铺设备 振动压路机、锯缝机 纹理加工机、养生剂喷洒车	对于高等级塑性水泥混凝土路面,可用滑模式摊铺机,也可用带有自动找平机构的轨道式摊铺机;RCC路面的摊铺可用带双强振夯板的沥青混凝土摊铺机或RCC专用摊铺机

图名	土方施工机械的合理选择(二)	图号	DL4-10(二)

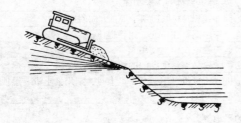

（A）下坡推土法

说　明

　　下坡推土法是借助推土机向下运动的重力作用，能增大铲土深度和运土量，从而提高了推土能力、缩短推土时间，据有关计算，这种施工方法可提高推土机生产率30%～40%。

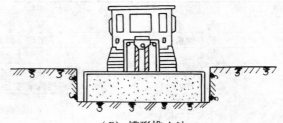

（B）槽形推土法

说　明

　　槽形推土法是应用在较远距离运土，它可减少推土散失，增加每次运土量，以提高工效。运土时要掌握推土的最大负荷，沟深不能超过履带高度的80%，后退时应注意方向，不能上沟沿而造成机身严重倾斜。

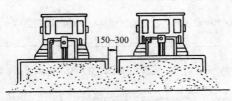

150～300

（C）并列推土法

说　明

　　并列推土法是对于大面积的施工场地时，采用2～3台推土机并列作业，两机或三机的铲刀横向距离应保持在0.15～0.3m以上，同时平均运距不宜超过70m或小于20m，后退时应避免推土机发生互撞事故。这种施工方法可提高推土机生产率20%～50%。

（D）分堆集中，一次推送法

说　明

　　分堆集中，一次推送法是在推土运距较远而土质较坚硬、切土深度不大的情况下进行，可进行多次铲土、分批集中、一次推送、这样可提高推土机生产率。

图名	推土机施工工艺（一）	图号	DI4-11（一）

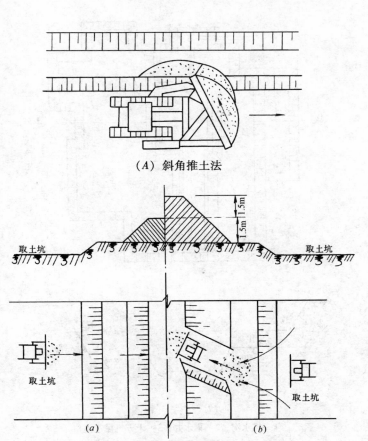

（A）斜角推土法

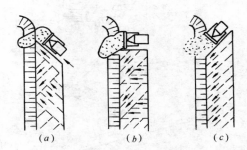

（a） （b） （c）

（B）"之"字斜角推土法

（a）、（b）"之"字形推土法；（c）斜角推土法

（C）推土机填筑路堤

（a）路堤填土高度小于1.5m时；（b）路堤填土高度大于1.5m时

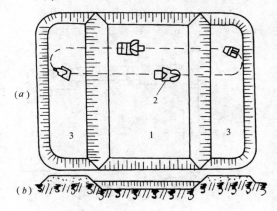

（D）推土机分边挖堑壕

（a）平面图；（b）断面图

1—堑壕；2—推土机；3—弃土场

图名	推土机施工工艺（二）	图号	DL4-11（二）

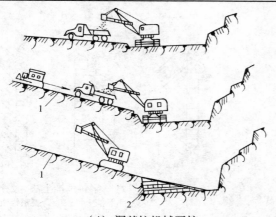

（A）深基坑机械开挖

1—坡道；2—搭枕木垛

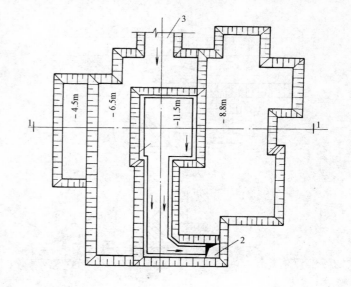

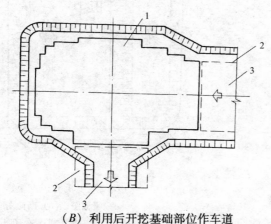

（B）利用后开挖基础部位作车道

1—先开挖设备基础部位；2—后开挖设备基础或地下室、沟道部位；
3—挖掘机、汽车进出运输道

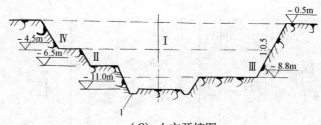

（C）土方开挖图

1—排水沟；2—集水井；3—土方机械进出口
Ⅰ、Ⅱ、Ⅲ、Ⅳ—开挖次序

图名	装载机施工工艺（一）	图号	DL4-12（一）

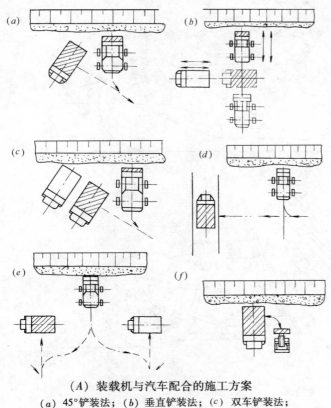

（A）装载机与汽车配合的施工方案

（a）45°铲装法；（b）垂直铲装法；（c）双车铲装法；

（d）平行铲装法；（e）双向铲装法；（f）原地铲装法

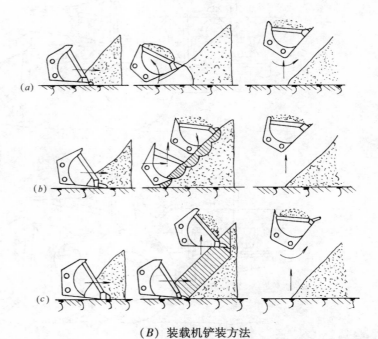

（B）装载机铲装方法

（a）一次铲装法；（b）配合铲装法；（c）"挖掘机"铲装法

图名	装载机施工工艺（二）	图号	DI4-12（二）

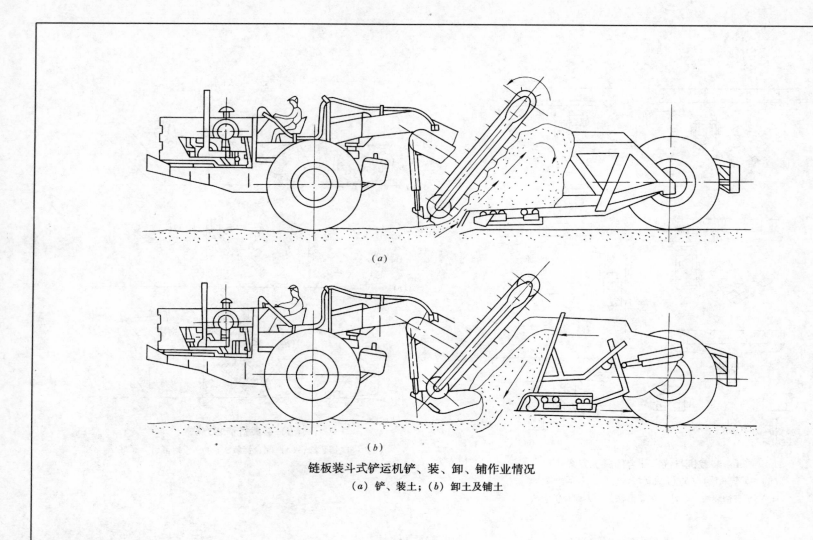

（a）

（b）

链板装斗式铲运机铲、装、卸、铺作业情况
（a）铲、装土；（b）卸土及铺土

| 图名 | 铲运机施工工艺（一） | 图号 | DL4-13（一） |

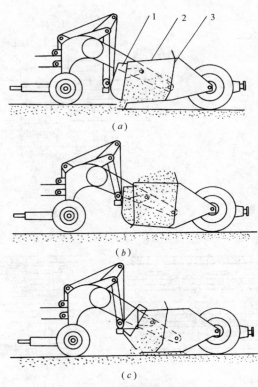

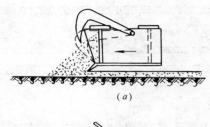

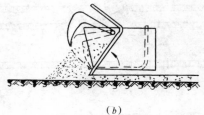

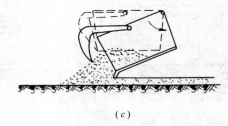

(A) 铲运机的工作循环

(a) 铲装过程;(b) 运土过程;(c) 卸土过程

1—斗门;2—铲斗;3—卸土板

(B) 铲运机的卸土方式

(a) 强制卸土式;(b) 半强制卸土式;(c) 自由卸土式

图名	铲运机施工工艺(二)	图号	DI4-13(二)

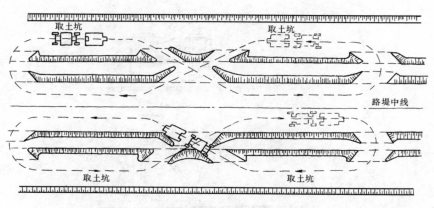

"8"字形行驶路线

挖土方向

第一排路线　第三排路线

交错铲土法

A—铲斗宽

挖土长　$\frac{1}{2}$挖土长

第二排路线　$\frac{1}{2}$挖土长

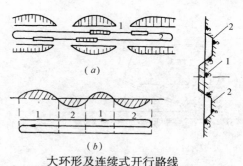

(a)

(b)

大环形及连续式开行路线

(a) 大环形开行路线；(b) 连续式开行路线

1—铲土；2—卸土

锯齿形开行路线

1—铲土；2—卸土

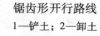

第2段 第1段
铲运土

螺旋形开行路线

图名	铲运机施工工艺（三）	图号	DI4-13（三）

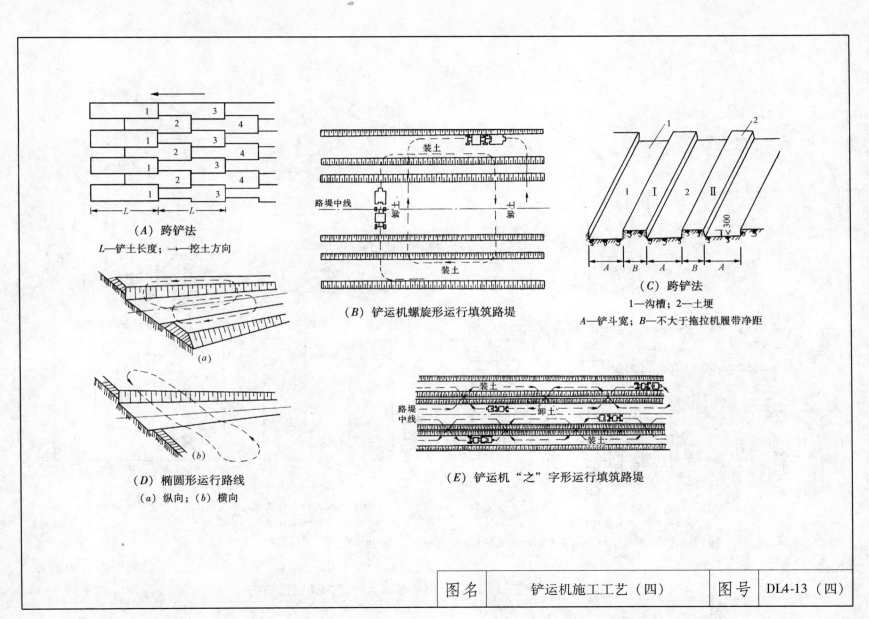

（A）跨铲法

L—铲土长度；→—挖土方向

（B）铲运机螺旋形运行填筑路堤

（C）跨铲法

1—沟槽；2—土埂

A—铲斗宽；B—不大于拖拉机履带净距

（D）椭圆形运行路线

（a）纵向；（b）横向

（E）铲运机"之"字形运行填筑路堤

| 图名 | 铲运机施工工艺（四） | 图号 | DL4-13（四） |

195

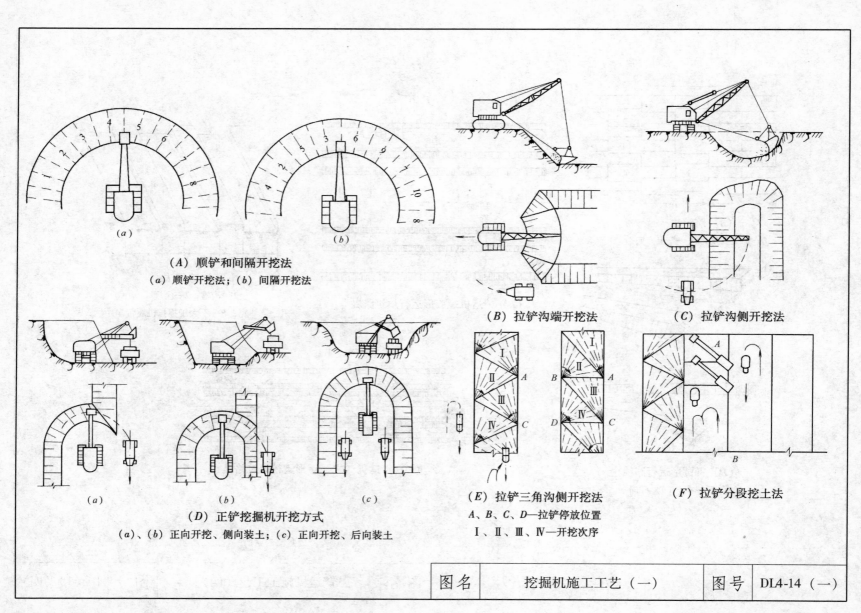

（*A*）顺铲和间隔开挖法

（*a*）顺铲开挖法；（*b*）间隔开挖法

（*B*）拉铲沟端开挖法

（*C*）拉铲沟侧开挖法

（*D*）正铲挖掘机开挖方式

（*a*）、（*b*）正向开挖、侧向装土；（*c*）正向开挖、后向装土

（*E*）拉铲三角沟侧开挖法

A、*B*、*C*、*D*—拉铲停放位置

Ⅰ、Ⅱ、Ⅲ、Ⅳ—开挖次序

（*F*）拉铲分段挖土法

| 图名 | 挖掘机施工工艺（一） | 图号 | DL4-14（一） |

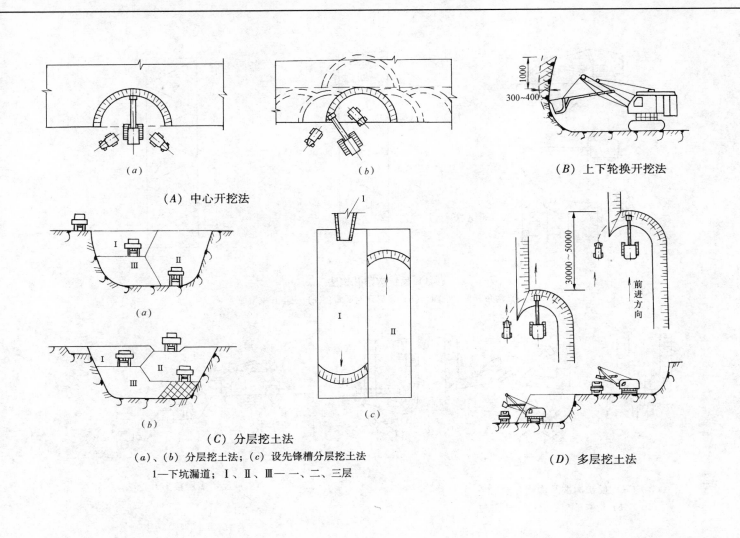

(a)

(b)

（A）中心开挖法

（B）上下轮换开挖法

(a)

(b)

(c)

（C）分层挖土法

（a）、（b）分层挖土法；（c）设先锋槽分层挖土法

1—下坑漏道；Ⅰ、Ⅱ、Ⅲ——一、二、三层

（D）多层挖土法

图名	挖掘机施工工艺（二）	图号	DI4-14（二）

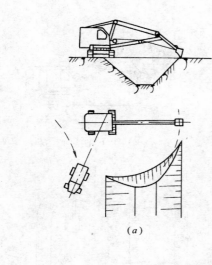
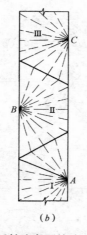
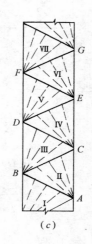

(a) 沟角开挖平剖面；(b) 扇形开挖平面；(c) 三角开挖平面

（A）反铲沟角开挖法

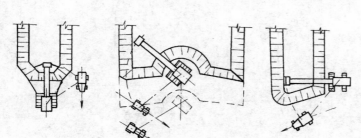
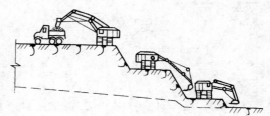

（B）反铲沟端及沟侧开挖法

(a)、(b) 沟端开挖法；(c) 沟侧开挖法

（C）反铲多层接力开挖法

图名	挖掘机施工工艺（三）	图号	DI4-14（三）

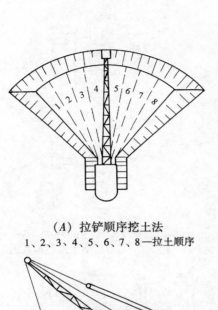

（*A*）拉铲顺序挖土法

1、2、3、4、5、6、7、8—拉土顺序

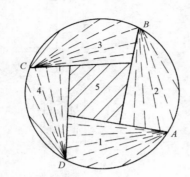

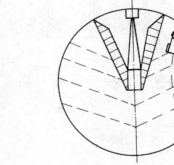

（*B*）拉铲分层挖土法

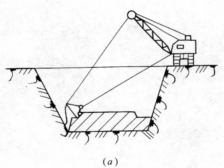

（*a*）

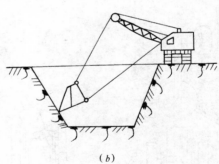

（*b*）

（*C*）拉铲转圈和扇形挖土法

（*a*）转圈挖土；（*b*）扇形挖土

A、*B*、*C*、*D*—拉铲停放位置；1、2、3、4、5—开挖次序

| 图名 | 挖掘机施工工艺（四） | 图号 | DL4-14（四） |

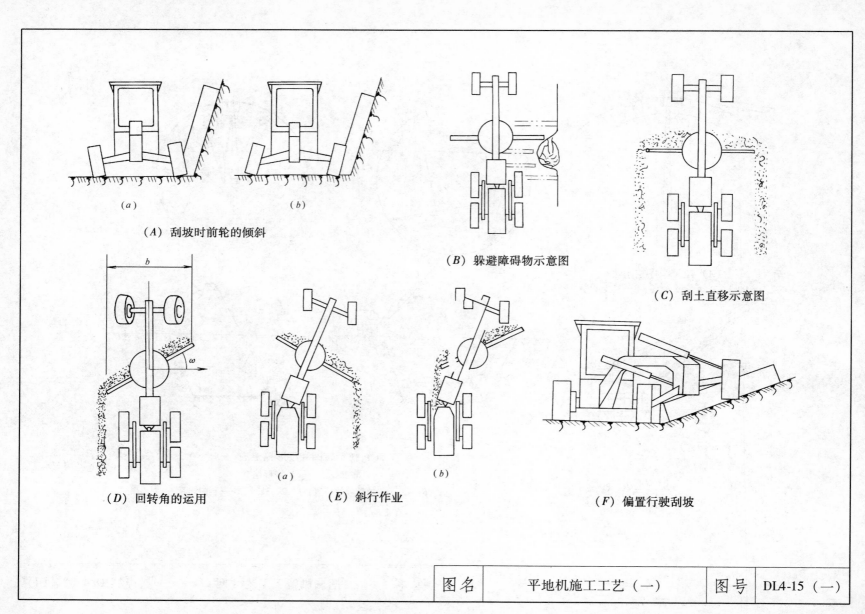

（A）刮坡时前轮的倾斜

（B）躲避障碍物示意图

（C）刮土直移示意图

（D）回转角的运用

（E）斜行作业

（F）偏置行驶刮坡

| 图名 | 平地机施工工艺（一） | 图号 | DL4-15（一） |

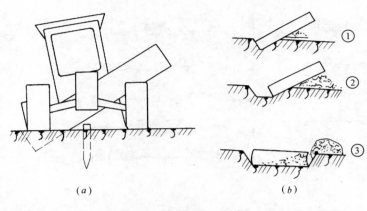

（a）

（b）

（A）挖沟技术

（a）第一遍切挖；（b）挖沟程序

①、②、③—挖沟的顺序。

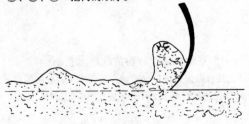

（B）表层切除示意图

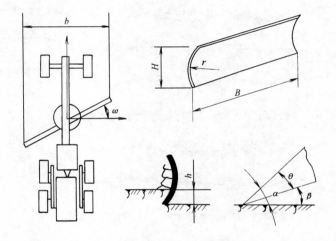

（C）切削刀具的主要工作参数示意图

α—切削角（又称铲土角）；β—切削后角；b—切削宽度；h—切削深度；

ω—回转角；H—刀具高度；B—刀具宽度；θ—刃角；r—刀面圆弧半径

图名	平地机施工工艺（二）	图号	DL4-15（二）

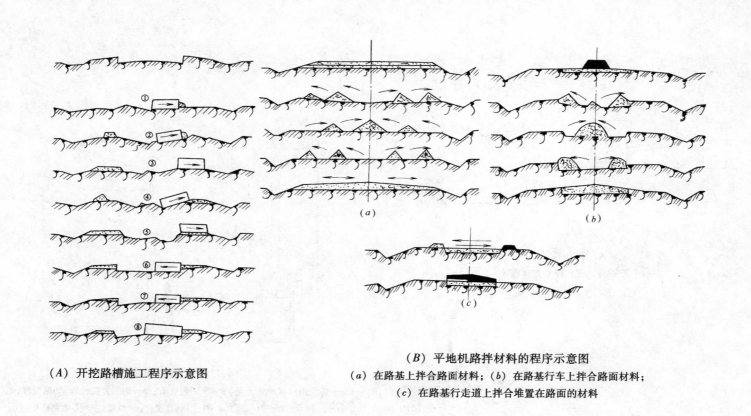

（A）开挖路槽施工程序示意图

（B）平地机路拌材料的程序示意图

（a）在路基上拌合路面材料；（b）在路基行车上拌合路面材料；

（c）在路基行走道上拌合堆置在路面的材料

图名	平地机施工工艺（三）	图号	DI4-15（三）

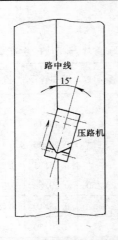

（A）终压时消除路面纵向轮迹的方法

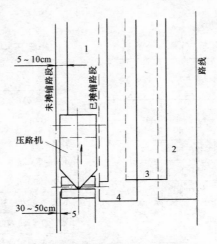

（B）摊铺带无侧限纵接缝的碾压

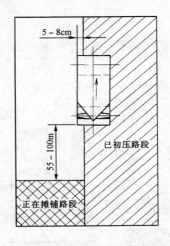

（C）分车道摊铺无侧限边缘的碾压

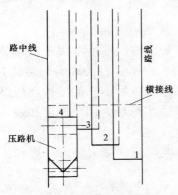

（D）换向停车位置示意图

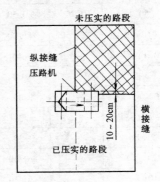

（E）横接缝的碾压

图名	压实机械施工工艺	图号	DI4-16

各类压路机在不同应力场合下压实后的实际最大铺层厚度（m） 表1

压路机型式及质量	路 堤				底基层	基 层
	岩石填方①	砂砾石	粉 土	黏 土		
拖式振动压路机						
6t	0.75	0.60	※0.45	0.25	※0.40	※0.30
10t	※1.50	※1.00	※0.70	※0.35	※0.60	※0.40
15t	※2.00	※1.50	1.00	※0.50	※0.80	
6t 凸块	—	0.60	※1.45	※0.30	※0.40	
10t 凸块	—	1.00	※0.70	0.40	0.60	
自行振动压路机						
7 (3) t	—	※0.40	※0.30	0.15	※0.30	※0.25
10 (5) t	0.75	※0.50	※0.40	0.20	※0.40	※0.30
15 (10) t	※1.50	※1.00	※0.70	※0.35	※0.60	※0.40
8 (4) t 凸块	—	0.40	※0.30	※0.20	0.30	—
8 (7) t 凸块	—	0.60	※0.30	※0.30	0.40	—
15 (10) t 凸块	—	1.00	※0.70	※0.40	0.60	
两轮振动压路机						
2t	—	0.30	0.20	0.10	0.20	※0.15
7t	—	※0.40	0.30	0.15	※0.30	※0.25
10t	—	※0.50	※0.35	0.20	※0.40	※0.30
13t	—	※6.0	※0.45	0.25	※0.45	※0.35
18t 凸块	—	0.90	※0.70	※0.40	0.60	—

①：仅适用于为压实岩石填方而特殊设计的压路机。
※：是最适用的标记。

小型压实机压实后的最大铺层厚度 H 与相应的生产率 Q 表2

设备类别及质量	岩石填方	砂和砂石	粉 砂	黏 土
振动平板压实机				
50～100kg	—	0.15/15	—	—
100～200kg	—	0.20/20	—	—
400～500kg	—	0.35/35	0.25/25	—
600～800kg	0.50/60	0.50/60	0.35/40	0.25/20
振动夯实机 75kg	—	0.35/10	0.25/8	0.20/6
双轮压路机 600～800kg	—	0.20/50	0.10/25	—
两轮振动压路机 1200～1500kg	—	0.20/80	0.15/50	0.10/30

注：表内数值以 H（m^3）/Q（m^3/h）表示。

说 明

碾压不同材料时的最大铺层厚度取决于材料类别及密度要求，这对压路机的生产率有很大影响，瑞典 Dyndpac 公司给出的通常情况下，采用各种不同类型振动压路机碾压路堤材料、基层和底基层的实际最大铺层厚度如表1所列，供选择压路机型号时参考。

适用于各类小型压实设备的最大铺层厚度和压实生产率如表2所示。

图名	压实机械的最大压实厚度	图号	DI4-17

<table>
<thead>
<tr><th colspan="9" style="text-align:center">各种压实机械的合理选择</th></tr>
</thead>
<tbody>
<tr>
<td rowspan="2">项目</td>
<td rowspan="2">压实机具主要类型</td>
<td rowspan="2">适应压实范围</td>
<td colspan="2">最佳压实厚度（cm）</td>
<td colspan="2">压 实 遍 数</td>
<td rowspan="2">备　注</td>
</tr>
<tr>
<td>黏性土</td>
<td>非黏性土</td>
<td>黏性土</td>
<td>非黏性土</td>
</tr>
<tr>
<td rowspan="10">各种压实机具的特性</td>
<td>人工夯实</td>
<td>黏性土或非黏性土</td>
<td>10</td>
<td>10</td>
<td>3～4</td>
<td>2～3</td>
<td rowspan="10">由于压实度关系到土的含水量、碾压机具等各种因数影响，表列仅仅作为一般的参考，施工时应以实验为准</td>
</tr>
<tr><td>拖式光面压路机</td><td>黏性土或非黏性土</td><td>15～25</td><td>15～25</td><td>8～12</td><td>3～5</td></tr>
<tr><td>5t 自行光面压路机</td><td>黏性土或非黏性土</td><td>10～15</td><td>10～25</td><td>10～12</td><td>6～9</td></tr>
<tr><td>拖式中型羊脚碾</td><td>黏 性 土</td><td>15～20</td><td>—</td><td>10～12</td><td>—</td></tr>
<tr><td>拖式重型羊脚碾</td><td>黏 性 土</td><td>20～30</td><td>—</td><td>8～10</td><td>—</td></tr>
<tr><td>轮胎式压路机</td><td>黏性土或非黏性土</td><td>30～40</td><td>35～40</td><td>6～8</td><td>2～3</td></tr>
<tr><td>夯锤、挖掘机上的夯板</td><td>黏性土或非黏性土</td><td>80～120</td><td>120～150</td><td>2～4</td><td>2～4</td></tr>
<tr><td>振动压路机</td><td>非黏性土</td><td>—</td><td>35～40</td><td>—</td><td>2～3</td></tr>
<tr><td>拖拉机、推土机</td><td>黏性土或非黏性土</td><td>20</td><td>20</td><td>6～8</td><td>6～8</td></tr>
<tr><td>6m² 拖式铲运机</td><td>黏性土或非黏性土</td><td>25</td><td>25</td><td>6</td><td>6</td></tr>
<tr>
<td rowspan="13">各种土质适宜的碾压机械</td>
<td>土的类型
机械名称</td>
<td>细粒土</td>
<td>砂类土</td>
<td>砾石土</td>
<td>巨粒土</td>
<td colspan="2">适用情况</td>
</tr>
<tr><td>6～8t 两轮光轮压路机</td><td>A</td><td>A</td><td>A</td><td>A</td><td colspan="2">用于预压平</td></tr>
<tr><td>12～18t 三轮光轮压路机</td><td>A</td><td>A</td><td>A</td><td>B</td><td colspan="2">最常使用</td></tr>
<tr><td>25～50t 轮胎式压路机</td><td>A</td><td>A</td><td>A</td><td>A</td><td colspan="2">最常使用</td></tr>
<tr><td>羊 脚 碾</td><td>A</td><td>C 或 B</td><td>C</td><td>C</td><td colspan="2">粉、黏土质砂可用</td></tr>
<tr><td>振动压路机</td><td>B</td><td>A</td><td>A</td><td>A</td><td colspan="2">最常使用</td></tr>
<tr><td>凸块或振动压路机</td><td>A</td><td>A</td><td>A</td><td>A</td><td colspan="2">最宜使用于含水量较高的细粒土</td></tr>
<tr><td>手扶式振动压路机</td><td>B</td><td>A</td><td>A</td><td>C</td><td colspan="2">用于狭窄地点</td></tr>
<tr><td>振动平板夯</td><td>B</td><td>A</td><td>A</td><td>B 或 C</td><td colspan="2">用于狭窄地点</td></tr>
<tr><td>振动冲击夯</td><td>A</td><td>A</td><td>A</td><td>C</td><td colspan="2">用于狭窄地点</td></tr>
<tr><td>夯锤（板）</td><td>A</td><td>A</td><td>A</td><td>A</td><td colspan="2">夯击影响深度最大</td></tr>
<tr><td>推土机、铲运机</td><td>A</td><td>A</td><td>A</td><td>A</td><td colspan="2">仅用于摊平土层和预压</td></tr>
<tr><td colspan="5"></td><td colspan="2">根据《公路路基施工技术规范》JTG F10—2006。
表内：
A—代表适用
B—代表无适当机械时可用
C—代表不适用</td></tr>
</tbody>
</table>

图名	压实机械的合理选择	图号	DL4-18

4.3 路基填方施工工艺

填方路堤基本要求

主要项目	路堤施工基本要求			
原地面清除干净	（1）填土前，必须将原地面上杂草、树根、农作物残根、腐殖土、垃圾杂物全部清除，并应将路堤填筑范围内清理留下的坑、洞、墓穴填平，用原地的土或砂性土回填，分层夯实至填筑高程			
注意选用填方土料	（2）填筑路堤的土方，不得使用淤泥、腐殖土，或含杂草、树根等以及含水饱和的湿土，所用填土应与旧路堤相同最好，否则，宜选用透水性较好的土，填料最小强度、最大粒径如下：			
路基填料最小强度和最大粒径	分　类	填料最小强度（CBR）		填料最大粒径（cm）
		一级以上道路	二级以下道路	
	路床 0～80cm	＞10	＞7	10
	路堤 上路堤 80～150cm	＞5	＞3	15
	下路堤 ＞150cm	＞3	≮3	15
	路堑路床	＞10	＞7	10
	注：1. 填石路堤，最大粒径一般不宜超过层厚的 2/3，宜以 30cm 为限； 　　2. 软弱易压碎的石料，最大粒径可等于层厚； 　　3. 大于规定粒径的土块，应在运达路基上时打碎			
防止路中积水	（3）填土过程中，应由路中向路边进行，可分段分层填筑，先填低洼地段，后填一般路段，须保持有一定的路拱和纵坡，随时防止雨水聚积，影响填方质量			
分层填筑厚度防止贴坡	（4）填方必须根据路基设计断面分层填筑、分层压实。分层厚度一般为松铺 30cm，压实厚约为 20cm，路基填筑压实的宽度应不小于设计宽度，以便最后削整边坡。严禁边坡不足，进行帮宽贴坡			
阶梯相互搭接	（5）为使新、老土密结粘合，旧路帮宽必须挖成阶梯以利分层搭接，当新填土方纵向划分若干路段施工时，亦应留有阶梯，以便逐层相互搭接进行压实			
排水清淤填筑路基	（6）当路基穿过河浜、水塘等，应在路基坡脚以外两侧筑土坝（由土袋堆筑），排除坝与坝之间积水，并清除淤泥后，在河床（或塘底）可先铺一层砾石砂、粗砂或碎石（透水性良好的材料），厚约 15～30cm，作为隔离层，然后分层填筑，分层压实			

图名	路基填方施工工艺（一）	图号	DL4-19（一）

土方路基填筑施工方法

主要项目	土 方 路 堤 填 筑 方 法	
斜坡上分层填筑法		在稳定的斜坡上填筑路堤时，当： (1)横坡为1:10~1:5时，应清除草皮、树根等杂物以及淤泥和腐殖土，并翻松表土，再进行填筑。 (2)横坡陡于1:5时，除清除草木等杂物、淤泥、腐殖土外还应将原地面斜坡挖成阶梯，阶梯(台阶)宽度一般≥1.0m
混 合 填筑法		混合填筑法又称路堤联合填筑法，在陡坡路段，下层采用横向填筑方式，上层(至填筑一定高度后)改用水平分层填筑法，其大约深度相当于路基应力工作区深度，并有利于碾压
旧路单面加宽法		为使新、老路基紧密结合，加宽路基之前，须将老路加宽一侧挖成阶梯形，然后分层填筑，层土层夯，使之密实。加宽宽度较大时，应用压路机械碾压坚实。阶梯宽度一般为1m，阶高为0.5m左右
旧路双面加宽法		当原有旧路基为两面加宽时，应将路基两侧边坡均挖成阶梯式，然后分层填筑，分层碾压，以利新、老路堤紧密结合
旧路加宽加高法		当原有旧路基既要加宽，同时还需加高时，除应将加宽的一面旧路边坡挖成阶梯式，然后分层填筑外，在新、老路已达到相同高度，加高部分应按断面全宽度分层填筑
填筑分层留有横坡法		新填筑的路堤或旧路加高，在填筑过程应随时注意防止雨水聚集浸湿，必须留有一定横坡，并做好路堤边沟，以利纵、横向排水通畅，及时清除路基上的存水

图名	路基填方施工工艺（二）	图号	DI4-19（二）

207

主要项目		土 方 路 堤 填 筑 方 法	
填筑层次衔接法	相互覆盖		路堤填筑分段纵向衔接必须采取分层相互搭接、相互覆盖的做法，以利接合
	分层搭接	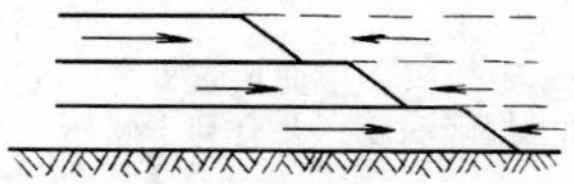	分层搭接或阶梯接法，在路段划分较长，难以相互配合采用覆盖法时，阶梯法最广泛被采用，可先行留出阶梯，随时可由下一路段配合，纵向衔接的梯级亦可采用斜坡式，如左图
机械化作业	施工布置	机械施工时，应根据工地地形、路基横断面形状和土方调配图等，合理的规定运行路线。土方集中施工点，应有全面、详细的运行作业图以指导施工	
	机械堆填	两侧取土，填高在3m以内的路堤可用推土机从两侧分层堆填，并配合平地机分层整平。土的含水量不够时，用洒水车洒水，并用压路机分层碾压。可用平地机配合少量人工整修边坡和路基表面及路拱拱度	
	挖推填法	在山坡上作半挖半填路基时，应从高处开始用推土机挖切，顺路中线逐渐向下，将土向下推到半填路基上，并从填上最低处开始填筑碾压，此时可根据现场作业面，运用压路机或手扶式振动压路机分层碾压密实	
	多机配套铲运联合作业	（1）取土场运距在1km范围内时，可用铲运机运送，配合推土机开道、翻松硬土、平整取土地段、清除障碍和助推等。 （2）取土场运距超过1km范围时，可用松土机械翻松，用挖土机、装载机配合自卸汽车运输，用平地机平整填土，压路机配合洒水车碾压。 （3）挖掘机、装载机与自卸汽车配合运输时，要合理布置取土场地的汽车运输路线，设置必要的标志。汽车配备数量，应根据运距远近和车型确定，其原则是满足挖装设备能力的需要	
	因地制宜组织土石运输	（1）夜间施工，应具备足够的照明设备。 （2）土石方的运输应视当地条件、运距、设备等情况，采用不同的运输机具：推土机、铲运机、胶带运输机、自卸汽车、绞车牵引的索道等。 （3）当装卸范围内有一定高差，而汽车等受到地形和其他条件限制时，可采用架空索道运输。其规模视工程数量、运距、地形、设备条件而定	

图名	路基填方施工工艺（三）	图号	DI4-19（三）

桥涵等构筑物处的土方填筑	
主 要 项 目	填 筑 方 法 和 要 求
填料要求	桥涵及其他构筑物处的填料，除设计文件另有规定外，一般应采用砂类土或渗水性土。当采用非渗水性土时，应在土中增加外掺剂，如石灰、水泥等。但严禁使用淤泥、沼泽土、冻土以及含有草皮、树根、生活垃圾、杂物和含水量过大的土用作填料
分层回填注意 隐蔽工程检验	桥涵及其他构筑物处的填土，应按分层回填并根据对桥涵圬工所要求的强度等适时进行。同时还应注意必须在隐蔽工程检验合格后方可开始回填
锥坡填土	应与桥台背填土同时进行，并应按设计宽度一次填足，不得分层填土
桥台背填筑	（路面、路基土部分、桥台身、台背填料）　桥台背填土顺路线方向长度，应自台身起，顶面不小于桥台高度加2m，底面不小于2m。填筑必须分层夯实，不得以松散土一次到顶，以免桥台承受过大的主动压力，并保证路基坚实，减少接坡沉降
拱桥桥台背的填土	（(3~4)H、填料、H）　拱桥台背填土长度不应小于台高的3~4倍，亦应分层夯实，分层填筑，同时还应控制两桥台台背必须对称平衡，并按设计宽度在每一层次，一次填足，边坡按标准要求留好坡度
路基沟壕填筑	（分层填土、黏性土封盖、管道基础）　地下管线埋置后的沟壕覆土，不应一次回填，必须分层填筑；并不得在积水情况下，水中回填，如沟壕具有板桩支撑亦应填土密实稳定后拔除。为防止拔桩后沉降过大，宜在拔桩后，同时在板桩缝中填入粗中砂
涵管处的填筑	要求涵管两侧对称平行分层填筑，一方面应使填土夯实，一方面要保证涵管不受损坏，故填土初期一般薄层（15cm左右）轻击，至管顶填高60cm后方可压实

图名	路基填方施工工艺（四）	图号	DL4-19（四）

土石路基施工方法和要求

主 要 项 目	施 工 方 法 和 要 求
土石路堤及其填料	土石路堤是指利用砾石土、卵石土、块石土天然土石混合材料填筑而成的路堤。土石路堤的施工，其基底应进行清理，其处理要求与填土路基同样，即清除树根、草皮等杂物与腐殖土，并压实后填筑土石
石块粒度的限制	天然土石混合材料中所含石块强度大于20MPa时，石块的最大粒度不得超过压实层厚的2/3，超过的应予清除；当所含石块强度为软质岩（强度小于15MPa）或极软岩（强度小于5MPa）时，石块最大粒度不得超过压实层厚，超过的应打碎
分层填筑厚度	土石路堤必须分层填筑，逐层压实。不得采用倾填法施工。分层的填筑厚度应根据所用压实机械类型和规格确定，一般宜不超过40cm
按填料渗水性能确定填筑方法	压实后渗水性较大的土石混合填料，应分层或分段填筑，一般不宜纵向分幅填筑，如确需纵向分幅填筑，应将压实后渗水性良好的土石混合料填筑于路堤两侧，以利排水
按土石混合料不同确定填筑方法	当所用土石混合填料来自不同路段，其岩性或土石混合比相差较大时，一般应分层或分段填筑。如不能分层分段填筑，应将硬质石块的混合料铺筑在填层的下面，并不使石块过分集中或重叠，其上再铺软质石料混合料，进行整平压实
按填料中石料含量确定铺筑方法	土石混合填料的石料含量超过70%时，应先铺大块石料，且大面向下，放置平稳，再铺小块石料、石渣或石屑嵌缝找平，然后碾压。当石料含量小于70%时，土石可混合铺筑，但应注意掌握勿使硬质石块、特别是尺寸大的硬质石块集中
填料最大粒径的要求	对于一级以上道路土石路堤的路床顶面以下50cm范围内，应填筑砂类土或砾石土并分层压实。填料最大粒径不得大于10cm。其他道路填筑砂类土的厚度为30cm，最大粒径应为15cm

填石路基施工方法和要求

主 要 项 目	施 工 方 法 和 要 求
填石路堤及其用料	采用开山石料填筑的路堤称为填石路堤。填石路堤所用石料的强度不应小于15MPa（用于护坡的不得小于20MPa）。强风化的软岩不得用于填筑路基，也不得作为填缝料。易风化的软岩不得用于路堤上部或路堤的浸水部分，否则给路堤留下隐患
倾填限制与分层填筑要求	填石路堤，除在二级以下且铺设低级路面公路的陡峻山坡段施工特别困难或大量爆破以挖作填时，可采用倾填方式将石料填筑于路堤下部外，一级以上公路和铺设高级路面的各级公路均应逐层填筑，分层压实。倾填路堤在路床底面下不小于1m范围内仍应分层填筑压实
填层厚度与石料块度	填石分层厚度，对一级以上公路不宜大于0.5m；其他等级公路不宜大于1.0m。石料最大块度不宜超过层厚的2/3，否则应破碎解体或码砌于坡脚，以防走动

图名	路基填方施工工艺（五）	图号	DI4-19（五）

主 要 项 目	施 工 方 法 和 要 求
路堤倾填先行码砌边坡	填石路堤倾填之前，应用较大石块码砌一定高度且厚度不小于2m的路堤边坡，以保护路堤的边坡
机械摊铺配合人工找平	逐层填筑时，应安排好石料运行路线，专人指挥，水平分层，先低后高，先两侧后中央卸料，并用大型推土机摊平。个别不平处，配合人工用细石块、石屑找平
人工铺填操作要求	人工铺填块径25cm以上石料时，应先铺填大块石料，大面向下，摆平放稳，再以小石块找平，石屑填塞空隙后压实。人工铺填块径25cm以下石料时，可直接分层摊铺，分层碾压
对路床顶面以下填筑砂类土的要求	一级以上公路填石路堤的路床顶面以下50cm范围内应填筑砂类土或砾石土，并分层压实。填料最大粒径不得大于10cm。其他公路填筑砂类土厚度应为路床顶面以下30cm，最大粒径应为15cm
路堤高度与码砌厚度要求	填石路堤高度小于或等于6m时，其边坡应填筑同时用硬质石料码砌，其厚度不小于1m；当高度大于6m时，其厚度不小于2m。否则将不符合施工要求
不同岩性填料的使用	填石路堤的填料如来自不同路堑或隧道，且其岩性相差较大，则应将不同岩性的填料分层或分段填筑。如路堑或隧道基岩为不同岩种互层，亦可使用挖出的混合石料填筑路堤。但石料强度、块径应符合本表所列第（1）、（2）两条的有关要求

高填方路基施工方法和要求

主 要 项 目	施 工 方 法 和 要 求			
高填方路堤及其最小边坡高度的规定	（1）按照《公路路基施工技术规范》JTJ 033—95 规定：根据填料和路基土的种类，填方边坡高于下列边坡高度的路堤，称为高填方路堤			
	边坡高度（m）　　地基土种类　　填料种类	常年蓄水的稻田土	旱地、石质地基、季节性蓄水稻田土	
	细粒土（黏质土、粉质土）	6.00	20.00	
	粗粒土（砂类土，不包括砾卵石土）	6.00	12.00	
	粗粒土、巨粒土（砾、卵石土、漂、块石土）	6.00	20.00	
	不易风化的石质填料	6.00	20.00	

图名	路基填方施工工艺（六）	图号	DL4-19（六）

主 要 项 目	施 工 方 法 和 要 求
高填方路堤的验算要求	（2）高填方路堤无论填筑在何种地基土上，如设计没有验算其稳定性、地基承载力或沉降量等项目时，宜向有关方面提出补做，以利施工并确保工程质量（事先采取必要措施防止隐患）
地基强度与必要的处理加固	（3）在施工准备对原地面清理时，应注意倘发现地基强度不符合设计要求，必须进行加固处理时，应按特殊土路基要求处理，并征求设计部门意见或监理工程师认可
做足边坡不得缺补	（4）高填方路堤应严格按设计要求的边坡度填筑，路堤两侧必须做足，不得缺填帮宽，导致缺陷。路堤两侧超填宽度一般应控制在 0.3～0.5m，逐层填、压密实，最后整修削坡
高路堤浸水边坡宜缓	（5）高填方路堤受水浸淹部分应采用水稳性及渗水性好的填料。其边坡度如设计无特殊规定时，不宜小于 1:2（竖:横）
软弱土基高填方下部用料要求	（6）在软弱土基上进行高填方路基施工时，除应对软基进行必要的处理外，从原地面以 1～2m 的高度范围内，不得填筑细粒土，应填筑硬质石料，并用小碎石、石屑等材料嵌缝、整平、压实
急倾斜地高填方防止积水	（7）高填方路堤填筑过程，尤应注意防止局部积水，以免影响填筑质量。特别在原地面倾斜较急的坡面上半填半挖时，除应挖成阶梯与填方衔接分层填压外，要挖好截水沟，引导泄水于路堤之外
注意孔隙水压，协调施工速度	（8）对于软弱土基的高填方路堤，设计规定应观测地基土孔隙水压力的变化情况时，应按照实行。当孔隙水压力增大，致使稳定系数降低时，应放慢施工速度或暂停填筑，待孔隙水压力降低到能保证路堤稳定时，再进行施工

（9）高填方路堤考虑到沉降因素而设计规定超填时，应按照设计规定办理。当未明确规定，施工时亦应考虑到在不同填土高度情况下的沉落度，预留下沉（余填）高度。下列路基预加沉落度表，可供一般参考：

考虑路堤沉降预留余填（超填）高度			
土 类 名 称	填 土 高 度 （m）		
	0～5	5～10	10～20
细砂	2.5	2.0	1.0
砂性土、砂土	3.0	2.5	1.5
微含砾石的砂类土	3.5	3.0	2.0
黏性土、石质土	4.0	3.5	2.5
泥炭、重黏土、松土	5.0	4.5	3.0

注：表列预加沉落度数值按填土高度的％计。仅作概估用。

图名	路基填方施工工艺（七）	图号	DL4-19（七）

土质路基压实度标准

主要项目		土 质 路 基 压 实 度 标 准 的 一 般 规 定					

<table>
<tr><td rowspan="8">城市道路土质路基压实度标准有关说明</td><td rowspan="4">压实度标准</td><td colspan="6">1. 城市道路土质路基的压实度标准如下所列。表中给出的轻、重两种压实标准的压实度，一般情况下应采用重型压实标准，特殊情况下也可以采用轻型压实标准</td></tr>
<tr><td rowspan="2">填 挖 类 型</td><td rowspan="2">深 度 范 围 （m）</td><td colspan="3">最低压实度标准（%）</td></tr>
<tr><td>快速路及主干路</td><td>次 干 路</td><td>支 路</td></tr>
<tr><td rowspan="3">填 方</td><td>0～80</td><td>95/98</td><td>93/95</td><td>90/92</td></tr>
</table>

填 挖 类 型	深 度 范 围 （m）	快速路及主干路	次 干 路	支 路
	0～80	95/98	93/95	90/92
填 方	80～150	93/92	90/92	87/90
	>150	87/90	87/90	87/90
		93/95	93/95	90/92

有关说明

（1）表中所列数字：最低压实度分子为重型击实标准的压实度，分母为轻型击实标准的压实度，两者均以相应的标准击实试验法求得最大干密度为100%。

（2）表中所指其深度均由路床顶面算起。

（3）填方高度小于80cm及不填不挖路段原地面以下0～30cm范围内，土的压实度应不低于表列中挖方的要求

公路土质路基压实度标准及有关说明

压实度标准

2. 路堤、零填及路堑和路堤基底均应进行压实。土质路基（含土石路基）的压实度标准如下所列：

填挖的类型	路床顶面计起其深度范围（cm）	高速公路、一级公路	其他等级的公路
路 堤	0～80	95	93
	大于80	90	90
零填及路堑	0～30	95	93

表头：路面压实度（%）

有关规定和要求的说明

（1）上表所列压实度以重型击实验法为准，对于铺筑中级或低级路面的三级、四级公路路基，允许采用轻型击实法，其压实度标准应在第四栏压实度值基础上增加5个百分点；

（2）当二级公路修建高级路面时，其压实度标准应按高一档次的规定执行；

（3）平均年降雨量少于150mm，且地下水位低的特殊干旱地区的压实度标准可降低2～3个百分点；

（4）过湿地区和不能晾晒的多雨地区，其压实度标准按"过湿土压实标准"（见填方路基的压实的有关内容）执行；

（5）检查压实度时取土样的底面位置，用灌砂法、灌水（水袋）法，试验时为每一压实层底部；用环刀法试验时环刀中部处于其1/2深度；用核子仪作试验时，应根据其类型，按其说明书的要求、步骤执行；

（6）路堤底部经清理平整后应压实。压实深度范围为清平整后地面以下30cm。压实度标准应按基底上路堤填土高度对照表中第二栏相应深度及第三栏道路等级确定

图名	路基填方施工工艺（八）	图号	DL4-19（八）

填 方 路 堤 的 压 实

主 要 项 目			城 市 道 路 填 方 路 堤 压 实 方 法 和 要 求										

土的最佳含水量和最大干密度

1. 不同性质的土壤,其最大干密度和最佳含水量也不相同,见下表所示:

土壤类型	砂 土	砂质粉土	粉 土	粉质黏土	黏 土
最佳含水量(%)	8 ~ 12	9 ~ 15	16 ~ 22	12 ~ 20	19 ~ 25
最大干密度(t/m³)	17.64 ~ 18.42	18.13 ~ 20.47	15.78 ~ 17.64	18.13 ~ 19.11	15.48 ~ 16.66

通过击实试验求最佳含水量的压实度

击实试验

2. 在对于土壤的最大干密度和最大含水量的试验,应根据有关技术规范和工程的实际要求,分为重型击实和轻型击实两种试验。采用重型击实法可以增加最大干密度的绝对值,同时提高了土基的压实标准。为了保证路堤的压实质量,施工过程中必须及时进行必要的压实度试验。其压实试验方法的种类、试验用材料见下表所列:

击实试验方法类种

试验方法	类别	锤底直径(cm)	锤重(kg)	落高(cm)	试筒尺寸			层 数	每层击数	击实功(kJ/m³)	最大粒径(mm)
					内径(cm)	高(cm)	容积(cm³)				
轻型 I 法	Ⅱ.1	5	2.5	30	10	12.7	977	3	27	598.2	
	Ⅱ.2	5	2.5	30	15.2	12	2177	3	59	598.2	
重型 Ⅱ法	Ⅱ.1	5	4.5	45	10	12.7	977	5	27	2687.0	
	Ⅱ.2	5	4.5	45	15.2	12	2177	3	98	2677.2	

试料用量

使 用 方 法	类 别	试筒内径(cm)	最大粒径(cm)	试 料 用 量(kg)
干土法 试样重复使用	A	10	5	3
		10	25	4.5
		15.2	38	6.5
干土法 试样不重复使用	B	10	~25	至少5个试样,每个3次
		15.2	~38	至少5个试样,每个6次
湿土法 试样不重复使用	C	10	~25	至少5个试样,每个3次
		15.2	~38	至少5个试样,每个6次

压实最佳含水量的调节

3. 填筑路堤要求分层铺筑、分层碾压密实,并应符合填方压实的有关技术要求。因此,必须掌握被压实土层接近最佳含水量时迅速进行碾压,一般土壤压实最佳含水量的 ±2% 以内时压实

4. 当填方土壤的含水量不足时,必须采用人工加水来达到其压实最佳含水量,其中所需要的加水量可按下式估算:

$$V = (w - w_0)Q/1 + w_0$$

V——所需加水量(kg); w_0——土壤原来的含水量(以小数计);

w——土壤的压实最佳含水量(以小数计); Q——需要加水的土壤的重量(kg)

图名	路基填方施工工艺(九)	图号	DL4-19(九)

主 要 项 目	城 市 道 路 填 方 路 堤 压 实 方 法 和 要 求		
压实最佳含水量的调节	当需要加的水适宜在前一天均匀地浇洒于土面（或取土表面），使其渗透土壤中。用水车喷洒比人工喷洒要均匀些，如若加水不均匀、土壤的干湿就会不均匀		
填方松铺厚度	5. 对于一级以上的公路或城市快速干道路基填方，要特别掌握控制压实松铺土壤的厚度，一般情况下不应大于300mm，并为慎重计，宜作试验路段，并以试验结果确定其厚度		
机械填筑整平碾压	6. 采用铲运机、推土机和倾卸汽车推运土料填筑路堤时，应平整每层填土，且自中线向两边设置2%～4%的横向坡度，及时碾压，雨期施工更应注意其坡度的掌握		
碾压的原则及方法要求	7. 压路机碾压道路路基时，应遵循先轻后重、先低后高、先慢后快以及轮迹重叠等原则。其具体的要求： （1）首先检查所填土壤的厚度、平整度及含水量等均应符合其要求后才能进行碾压，以保证压实的质量； （2）根据施工现场压实试验所提供的松铺厚度和控制压实遍数而进行碾压。若控制压实遍数超过10遍，则可考虑减少填土的厚度，经检查合格后，才能转入下一道工序； （3）若采用振动压路机碾压时第一遍应不采用振动而是进行静压，然后采用由慢到快、由小振到大振，以保证其压实的质量； （4）各种压实机械开始碾压时应是慢速进行，最快不得超过4km/h（约66～67m/min），碾压直线路段由边到中，小半径曲线段由内侧向外侧，纵向进退式进行； （5）压实机械在施工过程中，应注意纵、横向碾压接头必须重叠压实。横向接头对振动式压路机一般重叠0.4～0.5m就可以，三轮压路机一般重叠后轮的1/2，前后相邻两区段的纵向接头处重叠1.0～1.5m，并要求达到无漏压、无死角标准		
多雨潮湿地区过湿土壤的压实标准	8. 在多雨潮湿地区当只能用过湿土壤填筑路堤进行压实时，根据《公路路基施工技术规范》（JTG F10—2006）规定，可按如下方法施工： （1）当土壤的天然稠度为1.0～1.1时，将土壤翻拌晾晒，分层压实，并允许采用轻型击实试验法。其压实的标准见下表所列： 天然稠度为1.0～1.1的过湿土壤压实标准（轻型） （详见下表） （2）防止取土坑内土的含水量增加，宜采取排水措施不让取土坑浸水，并在坑上以苫布等物覆盖，严禁在下雨的时候取土或挖水中的土来作填筑土壤的材料； （3）对潮湿土壤铺在路堤上必须反复翻拌，同时将大块土破碎晾晒，摊铺整齐且形成较大的路拱，然后进行碾压，由路边向路中压实； （4）对过湿土壤填筑路堤时必须经试验路段确定的压路机形式、规格、填层厚度、压实遍数等，应作为碾压的主要依据。若其试验段不能达到标准要求的干密度时，则应采取综合稳定技术处理后再进行压实作业； （5）填筑路堤的过湿土壤的压实试验应以湿法试验值为准； （6）检验过的湿土筑的压实度标准可按湿土的标准执行		

天然稠度为1.0～1.1的过湿土壤压实标准（轻型）

填挖类型	路床顶面计起深度范围（cm）	压 实 度 （%）	
		高速公路、一级公路	其 他 公 路
路 堤	0～80	98	95
	>80	95	90
零填及路堑	0～30	98	95

图名	路基填方施工工艺（十）	图号	DL4-19（十）

4.4 路基挖方施工工艺

土路堑开挖方法和要求

主 要 项 目	土 质 路 堑 开 挖 方 法 和 要 求
挖掘土壤的方法的简介	（1）土质路堑的开挖，一般都要根据挖方量的大小、土壤的性质以及施工方法的不同来决定，如按挖掘方向的变化，可分别采用全宽掘进、横向通道掘进等方法，同时，还可分为单层挖进法、双层或双层以上的挖进法
单层横向全宽掘进法	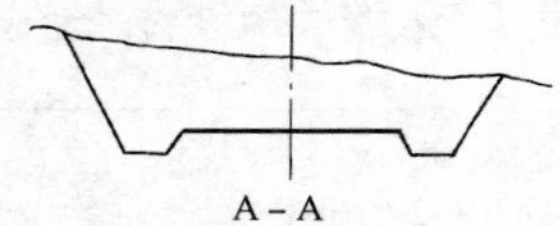 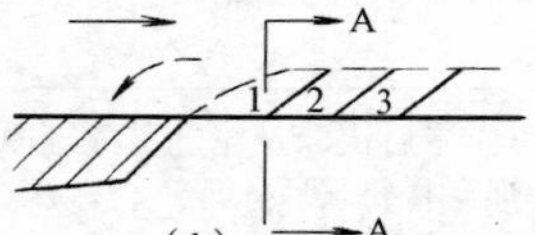 （2）横向全宽掘进法是对路堑整个宽度而说，沿路线纵向一端或两端向前开挖。如左图所示为单层掘进的深度，等于路基设计的高度，所以，向前掘进一段，即完成该路堑路基的一段。左图示：（a）为横剖面图；（b）为纵剖面图所注数字为掘进顺序
双层二次横向全宽掘进法	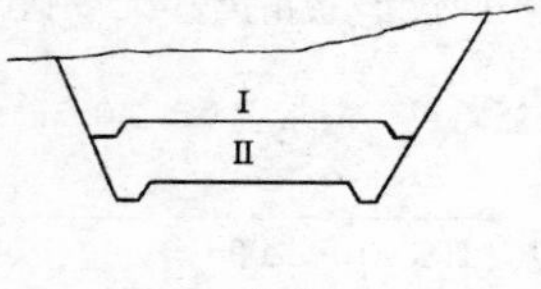 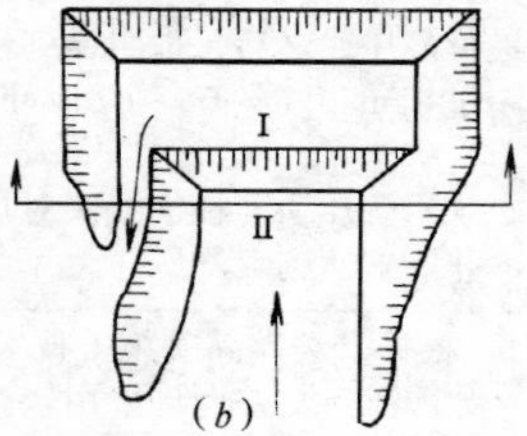 （3）人工挖掘时每层的高度一般为1.5~2.0m（最大），当路堑较深时（同时也是为了扩大施工操作面），横向全宽掘进也可分为两个或两个以上的阶梯，同时分层进行开挖，如左图所示双层挖掘示意图。每层阶梯留有运土路线，同时要注意临时的排水，以防止上下层干扰。左图示：（a）为横剖面图；（b）为平面图：Ⅰ、Ⅱ为开挖层次
双层纵向通道掘进法	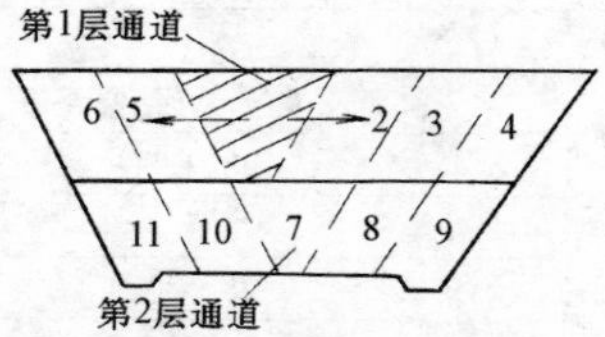 （4）若土方量比较集中的深路堑，可以采用双层纵向通道掘进法进行。即首先沿路堑纵向挖掘出一条通道，然后再沿此通道两侧进行拓宽，既可避免单层深度过大，又可以扩大作业面，同时对施工临时排水可用作导沟。注意：左图中的数字为挖掘顺序
混合掘进法	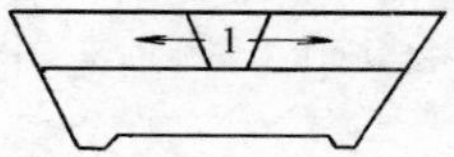 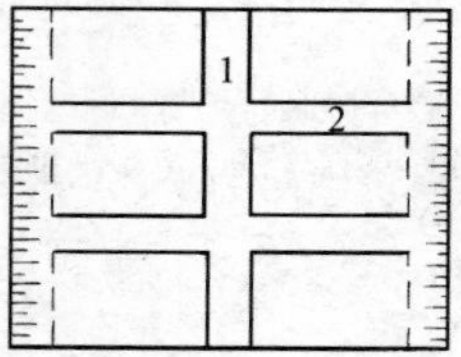 （5）对于特别深而陡的深路堑，其土方量又大，为扩大作业面和加速施工进度，也可以采用上述两种方法的混合掘进法进行。如左图所示，先沿路堑纵向挖出通道1，然后再沿横向两侧，挖出若干条辅助道，因此，可以集中较多的人力和机具，沿纵横向通道同时平行作业。混合通道要特别注意运土与临时排水的统一安排，确保施工的方便和安全。左图中（a）为横剖面图；（b）为平面图

图名	路基挖方施工工艺（一）	图号	DL4-20（一）

主 要 项 目		土 路 堑 开 挖 方 法 和 要 求
机械施工要点	推土机推铲作业	（6）当采用分层纵挖法挖掘路堑长度不大于100m，掘深不大于3m，地面坡度较陡时，宜采用推土机作业，其适当运距可从20～70m，最远在100m左右。如地面横坡平缓，表面宜横向铲土，下层的宜纵向推运。当路堑横向宽度较大时，宜采用两台或多台推土机横向联合作业；当路堑系傍陡峻山坡时，宜用斜铲推土
	推土机铲挖坡道	（7）推土机作业每一铲挖地段的长度应能满足一次铲切达到满载的要求，一般为5～10m，铲挖宜在下坡道进行，对普通土为10%～18%，下坡最大不得大于30%；对于松土不宜大于10%；下坡推土纵坡不宜大于15%，地形困难时不得大于18%；傍山卸土的运行道应设有向内稍低的横坡，但应同时留有向外排水的通道
	铲运机型和土质	（8）当采用分层纵挖路堑长度在100m以上，宜采用铲运机作业；对松土、普通土可采用非液压型机械；对硬土应采用液压型的机械；当铲运土夹石的土时，其中石块径大于50cm（弃方）或块径大于填土厚度的石块含量不应大于5%
	铲斗与适宜运距	（9）对于拖式铲运机和铲运推土机，其铲斗容积为4～8m³的适当运距为100～400m；容积为9～12m³的为100～700m，纵向移挖作填时为1000m；自行式铲运机适当运距可照上述运距加倍，铲运机在路基上作业距离不宜小于100m
	运土道要求	（10）铲运机运土道，单道宽度不应小于4m，双道8m；纵坡：重载上坡不宜大于8%，有困难时不应大于15%；空驶上坡，纵坡不得大于50%；避免急转弯道，路面表层保持平整
	铲运机作业要求	（11）铲运机作业面的长、宽度应能使铲装易于达到满载，在起伏地形的工地，应充分利用下坡铲装；取土应沿工作面有计划地均匀进行，不得局部过度取土而造成坑洼积水 为有利于铲运机作业，应将取土地段内的树根和大石块预先加以清除。有条件时宜配备一台推土机（或使用铲运推土机）配合铲运机作业
平地机的配合作业		（12）在开挖边沟、修筑路拱、削刮边坡、整平路基顶面时，可采用平地机配合土方机械作业
防止超挖与超挖处理		（13）路堑开挖，无论为人工或机械作业，均须严格控制路基设计高度，若有超挖，应用与挖方相同的土壤填补，并压实至规定要求的密实度。如不能达到规定要求，应用合适的筑路材料补填压实

石方开挖的一般规定

主 要 项 目	石 方 开 挖 一 般 规 定
开挖方式的确定	（1）开挖石方应根据岩石的工程地质类别及其风化程度和节理发育程度等确定开挖方式。对于软石和强风化岩石，能用机械直接开挖的均应采用机械开挖，如此类石方数量不大，工期允许，亦可人工开挖。凡不能使用机械或人工直接开挖的石方，则用爆破法开挖
方案报批手续	（2）具有重要缆线、地下管线等的有关爆破设计方案资料，除应经行业主管部门审批并应报送地方公安部门请予查核协助外，对实行工程监理制度者还应报经监理工程师审批

图名	路基挖方施工工艺（二）	图号	DL4-20（二）

主　要　项　目		石　方　开　挖　一　般　规　定					
专业人员施爆		（3）爆破作业必须具有从事该专业执照和经过专业培训并取得爆破专业证书的专业人员施爆					
爆破施工主要程序		（4）爆破法开挖石方的施工程序为：施爆区管线调查；炮位设计及报批；配备专业施爆人员；用机械或人工清除施爆区覆盖层和强风化岩石；根据设计炮位和孔深钻孔（视工程量大小，采用机械或人工打眼）；爆破器材检查与试验；炮孔（坑道、药室）检查与废渣清除；装药并安装引爆器材；布置安全岗哨和施爆区安全员；炮孔堵塞；撤离施爆区和飞石、强地震波影响区内的人、畜；发出起爆信号后，起爆；清除瞎炮；测定爆破效果（包括飞石、地震效应，即地震波对施爆区内外构造物造成的影响或损失）					
爆破类型及其使用	按爆破作用指数区分类型	（5）根据爆破作用指数 n 的大小与爆破类型的不同而区分为如下所列： 爆破漏斗 爆破作用指数 $n = \dfrac{\text{漏斗半径（}r\text{）}}{\text{最小抵抗线（}W\text{）}}$					
		爆破作用指数 n	$n > 1$	$n = 1$	$n < 1$	$n > 0.75$	$n = 0.7 \sim 0.75$	$n < 0.7$
		爆破类型	"加强抛掷爆破"	"标准抛掷爆破"	"减弱抛掷爆破"	能产生抛掷作用，形成可见漏斗，属"抛掷爆破"	形成可见漏斗，不产生抛掷作用，属"松动爆破"	不能形成爆破漏斗，为"内部爆破"
	爆破类型的采用	（6）公路石方开挖所得石料，一般应用于路堤填料和砌筑人工构造物；在确定爆破类型时应结合工程情况，对一级以上等级的公路填石路堤不允许倾填，不得使用抛掷爆，即宜采用松动爆破、减弱松动爆破或控制爆破，三级以下公路可以使用抛掷爆破					
边坡稳定与施工排水	炮孔间距	（7）石方开挖应充分注意边坡稳定，一般宜采用中小型爆破。对于风化较严重、节理发育或岩层产状对边坡稳定不利的石方开挖，宜用小型排炮微差爆破，小型排炮室距设计边坡线的水平距离，应不小于炮孔间距的1/2					
	建筑物保护	（8）开挖层靠边坡的两列炮孔，特别是靠顺层边坡的一列炮孔，宜采用减弱松动爆破。如在开挖的边坡外有必须保证安全的重要建筑物，即使采用减弱松动爆破也无法保证建筑物安全时，可采用人工开凿、控制爆破或化学爆破					
	注意排水	（9）石方开挖区须注意施工排水，应在纵、横向形成坡面开挖面，其坡度应满足排水要求，以确保爆破出的石料不受积水浸泡					

图名	路基挖方施工工艺（三）	图号	DL4-20（三）

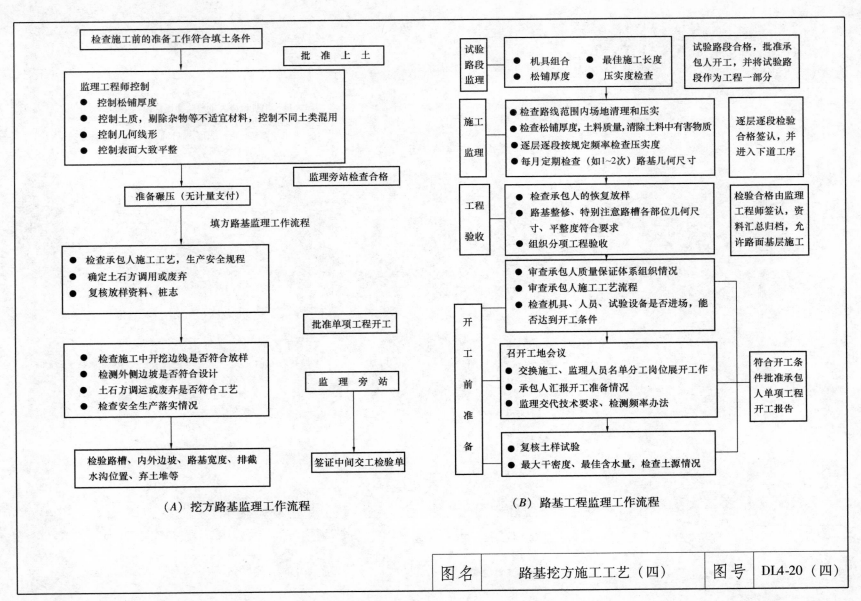

检查施工前的准备工作符合填土条件

批 准 上 土

监理工程师控制
● 控制松铺厚度
● 控制土质，剔除杂物等不适宜材料，控制不同土类混用
● 控制几何线形
● 控制表面大致平整

监理旁站检查合格

准备碾压（无计量支付）

填方路基监理工作流程

● 检查承包人施工工艺，生产安全规程
● 确定土石方调用或废弃
● 复核放样资料、桩志

批准单项工程开工

● 检查施工中开挖边线是否符合放样
● 检测外侧边坡是否符合设计
● 土石方调运或废弃是否符合工艺
● 检查安全生产落实情况

监 理 旁 站

检验路槽、内外边坡、路基宽度、排截水沟位置、弃土堆等

签证中间交工检验单

（A）挖方路基监理工作流程

试验路段监理
● 机具组合　　● 最佳施工长度
● 松铺厚度　　● 压实度检查

试验路段合格，批准承包人开工，并将试验路段作为工程一部分

施工监理
● 检查路线范围内场地清理和压实
● 检查松铺厚度，土料质量，清除土料中有害物质
● 逐层逐段按规定频率检查压实度
● 每月定期检查（如1~2次）路基几何尺寸

逐层逐段检验合格签认，并进入下道工序

工程验收
● 检查承包人的恢复放样
● 路基整修、特别注意路槽各部位几何尺寸、平整度符合要求
● 组织分项工程验收

检验合格由监理工程师签认，资料汇总归档，允许路面基层施工

开工前准备
● 审查承包人质量保证体系组织情况
● 审查承包人施工工艺流程
● 检查机具、人员、试验设备是否进场，能否达到开工条件

召开工地会议
● 交换施工、监理人员名单分工岗位展开工作
● 承包人汇报开工准备情况
● 监理交代技术要求、检测频率办法

符合开工条件批准承包人单项工程开工报告

● 复核土样试验
● 最大干密度、最佳含水量，检查土源情况

（B）路基工程监理工作流程

| 图名 | 路基挖方施工工艺（四） | 图号 | DL4-20（四） |

5　城市道路路面施工

5.1 路面等级、类型及结构

1. 路面等级与类型

（1）公路等级与路面等级 JTG B01—2003

公 路 等 级	高 速 公 路	一 级 公 路	二 级 公 路	三 级 公 路	四 级 公 路
采用的路面等级	高 级	高 级	高级或次高级	次高级或中级	中级或低级

（2）道路路面面层类型 JTG B01—2003

路面等级	面层类型	路面等级	面 层 类 型
高级路面	沥青混凝土、水泥混凝土	中级路面	碎、砾石，半整齐石块，其他粒料
次高级路面	沥青贯入式、沥青碎石、沥青表面处治	低级路面	粒料加固土、其他当地材料加固或改善土

（3）沥青路面类型的选择 JTG B01—2003

公 路 等 级	路 面 等 级	面 层 类 型	设计年限（年）	设计年限内累计标准车次
高速和一级公路	高级路面	沥青混凝土	15	>400
二级公路	高级路面	沥青混凝土	12	>200
	次高级路面	热拌沥青碎石混合料、沥青贯入式	10	100～200
三级公路	次高级路面	乳化沥青碎石混合料、沥青表面处治	8	10～100
四级公路	中级路面	水结碎石、泥结碎石、级配碎砾石、半整齐石块路面	5	≥10
	低级路面	粒料改善土		

图名	路面等级、类型和路拱形式（一）	图号	DL5-1（一）

2. 路 拱 形 式

续表

路拱形式	简 图	说 明	路拱形式	简 图	说 明
直线形路拱		当路面横坡较小时,宜采用直线型路拱,其计算公式为: $$y = x_1$$ 式中 y——纵距,cm; x_1——横距,cm	抛物线形路拱		对中、低级路面其横坡较大时,宜采用一次半抛物线路拱: 计算公式为 $y = h_0 \left(\dfrac{x}{B/2} \right)^{3/2}$ 式中 x——横距(cm); y——路面中心与 x 处的高差(cm); h_0——路面中心与边缘的高差

3. 各种路面的拱坡度 JTG B01—2003

路面类型	沥青混凝土、水泥混凝土	其他沥青路面	半整齐石块	碎、砾石等料路面	低 级 路 面
路拱坡(%)	1～2	1.5～2.5	2～3	2.5～3.5	3～4
说 明	(1)路拱坡度应据路面类型和当地自然条件,按表列规定数值采用。路肩横向坡度一般应较路面横向坡度大1%～2%; (2)六车道、八车道的高速公路宜采用较大的路面横坡				

图名	路面等级、类型和路拱形式（二）	图号	DL5-1（二）

1. 水泥混凝土路面结构层次

道 路 等 级	水泥混凝土板	基 层	垫 层	说 明
高速公路、一级公路、城市快速路、城市主干路	水泥混凝土板的厚度为24cm 或以上	水泥稳定砂砾、石灰工业废渣类基层20~33cm	根据土基潮湿情况以及可能产生冻害的情况设置。最小厚度为15cm	面层、基层厚度由设计确定。基层厚度还应满足基层顶面当量回弹模量 E_1 值的规定;
二级公路、城市主干路、城市次干路	水泥混凝土板的厚度为22cm	水泥稳定砂砾、石灰工业废渣类基层20~25cm;石灰土、二灰土、水泥土基层20~30cm		垫层厚度可按当地经验,由设计确定。在冻区,水泥混凝土路面结构总厚度小于有关"水泥混凝土路面防冻最小厚度"规定值时,其差值通过垫层补足
三级公路、城市次干路、城市支路	水泥混凝土板的厚度为20cm	水泥稳定砂砾、石灰工业废渣类基层15~25cm;石灰土、二灰土、水泥土基层15~30cm		

2. 普通混凝土特种路面宽度及路面结构

路面等级	路面长度（m）	路面宽度（m）	路面结构（cm）		路面等级	路面长度（m）	路面宽度（m）	路面结构（cm）	
轻型路中型路重型路	600＋200300＋200200	4.0	28	素混凝土	平滑石块路	110	4.0	28	素混凝土
			24	素混凝土				24	素混凝土
			18	二次碎石				18	二次碎石
			18	石灰石				18	石灰石
中型卵石路	300＋200	4.0	28	素混凝土	车支线拳石路	890	4.0	20	素混凝土
			24	素混凝土				20	级配碎石
			18	二次碎石				18	未筛分碎石

图名	水泥混凝土路面结构组成（一）	图号	DL5-2（一）

3. 水泥混凝土路面防冻层最小厚度

冰冻深度(cm) \ 潮湿类型 / 土类	中 等 湿 度		湿 度	
	粉 质 土	黏质土、含细粒土的砂	粉 质 土	黏质土、含细粒土的砂
50～100	40～60	30～50	45～70	40～60
100～150	50～70	40～60	55～80	50～70
150～200	60～85	50～70	70～100	60～90
＞200	70～110	70～110	80～130	75～120

备注：

（1）冷冻深度小于50cm的地区可不设防冻层，但是对潮湿与过湿路段，路面防冻层厚度可等于当地最大冻深；

（2）表中垫层部分主要以砂石材料为准，如采用性能良好的材料，其垫层厚度可适当地减小；

（3）对于季节性冰冻地区的中湿、潮湿路段的路面结构总厚度小于本表所规定的最小厚度时，其差值就通过设置垫层补足。对于过潮湿路段的路基经晒干与加固稳定措施后，可按上表潮湿路段落的要求设垫层；

（4）表中数字指 JTG D40—2011 的标准

图名	水泥混凝土路面结构组成（二）	图号	DL5-2（二）

225

1. 沥青路面的结构组成

路面结构图	路面结构名称		主　要　说　明
	面　层		面层是直接接受车轮荷载反复作用和自然因素影响的结构层，由一至三层组成，表面层根据使用要求设置抗滑耐磨、密实的沥青层；中面层、下面层应根据道路的等级、沥青厚度、气候条件等选择适当的沥青结构层
	基　层		基层设置在面层之下，并与面层一起将车轮荷载反复作用传到底基层、垫层、土基，起主要承重作用的层次。基层材料的强度指标应有较高的要求
	底 基 层		底基层设置在基层之下，并且与面层基层一起受车轮荷载反复作用，起次要承重作用的层次。底基层材料的强度指标要求可比基层材料略低就可以
	垫　层		设置在底基层与土基之间的结构层，起排水、隔水防冻、防污等作用
	注　　意：		基层、底基层视道路等级或交通量的需要可以设置一层或两层。当基层或底基层较厚，则需要进行分层施工时，可分别称为上基层、下基层，或上底基层、下底基层

2. 半刚性基层上沥青层的推荐厚度

公　路　等　级	高 速 公 路	一 级 公 路	二 级 公 路	三 级 公 路	四 级 公 路
沥青层推荐厚度（cm）	12～18	10～15	5～10	2～4	1～2.5

3. 沥青路面各类结构层的最小厚度

结构层的类型		施工最小厚度（cm）	结构适应厚度（cm）	结构层的类型	施工最小厚度（cm）	结构适应厚度（cm）
沥青混凝土、热拌沥青碎石	粗粒式	5.0	5～8	沥青石屑	1.5	1.5～2.5
	中粒式	4.0	4～6	沥青砂	1.0	1～1.5
	细粒式	2.5	2.5～4	沥青贯入式	4.0	4～8
石灰稳定类		15.0	16～20	沥青上拌下贯式	6.0	6～10
石灰工业废渣类		15.0	16～20	沥青表面处治	1.0	层铺1～3，拌合2～4
级配碎、（砾石）		8.0	10～15	水泥稳定类	15.0	16～20
泥结碎石		8.0	10～15	填隙碎石	10.0	10～12

图名	沥青混凝土路面结构组成（一）	图号	DL5-3（一）

路面结构类型			主要材料名称	材 料 的 使 用 范 围 和 主 要 要 求
有机结合料稳定类			沥青贯入碎石、乳化沥青碎石混合料、热拌沥青碎石	乳化沥青碎石混合料、沥青贯入碎石常作高速公路及一级公路的底基层，也可作二级及二级以下公路的面层和底基层；热拌沥青碎石适应高速公路、一级公路的路面基层
无机结合料稳定类（又称半刚性类型）	水泥稳定土	水泥稳定土		该材料具有良好的力学性能、水稳定性和抗冻性，但是，它容易产生收缩裂缝、初期强度高。水泥掺量一般为4%～6%，因此，宜采用32.5MPa的水泥
		水泥稳定砂砾		当路面厚度为15～20cm最合适，水泥剂量为矿料的4%～6%，混合料组成的设计可参照有关技术规定
	石灰稳定类	石灰稳定土（又称石灰土）		这种材料的强度和水稳定性较好，但容易产生裂缝，它能适应各类路面基层。在冰冻地区水文不良地段，应在其下铺设隔水防冻层
		石灰碎、砾石土（或石灰碎砾石土、石灰碎石土）		路面材料中掺入的碎砾石粒经范围，以1～4cm最合适，其最大颗粒不得大于6cm。如掺入的碎砾石，大于0.5cm的颗粒不宜小于50%，碎、砾石或砂砾掺入量，一般以占混合料总重的30%～50%为合适
	工业废渣稳定类	石灰粉煤灰（渣）类、石灰粉煤灰（渣）（二灰）、石灰粉煤灰（渣）土（二灰土）等		对于石灰工业废渣，特别是二灰材料，均具有良好的力学性能、板体性、水稳定性和一定的抗冻性，其抗冻性较石灰土高得多。可适用于各种交通类别道路的基层和底基层，但是二灰土不宜作高级沥青路面的基层
粒料类	嵌锁型结构	水泥碎石、泥灰结碎石		对于泥结碎、砾石的水稳定性较差，在中湿和潮湿的地段，应该采用泥灰结碎、砾石。主层矿料粒径不要小于4cm，嵌缝料应与主层矿料的最小粒径相衔接
		填隙碎石		主要是采用单一尺寸的粗粒碎石作主集料，形成嵌锁作用，若用石屑填满碎石间的空隙，则增加其密实度和稳定性。铺筑一层的厚度，常为最大碎石粒径的1.5～2.0倍，即为10～12cm。这种填隙碎石的施工方法特别适应于干旱缺水施工的地区
	级配型结构	级配碎、砾石		对于级配碎、砾石的路基，应密实稳定，其粒径应按有关规定选用。为防止冻胀和湿软，应注意控制小于0.5mm细料的含量和塑性指数。在中湿和潮湿的路段，可用作沥青路面的基层，应在级配砾、碎石中掺灰，细料含量可以增加，其掺灰剂量为细料含量的8%～12%
		天然级配砂砾石		其使用的主要范围、要求基本上与级配碎、砾石相同，这里不再重复

5. 沥青路面的垫层

主 要 项 目	基 本 情 况 的 说 明
垫层的主要材料	一般可选择粗砂、砂砾、碎石、煤渣、矿渣等主要材料，以及水泥或石灰煤渣稳定粗粒土、石灰粉煤灰稳定粗粒土等来作为路基垫层材料
垫层的主要宽度	对于高速公路、一级公路、二级公路的排水垫层，应该铺至路基的同等宽度，主要是有利于路面结构的排水，保护路基的稳定。对于三、四级公路的垫层宽度可比底基层每侧至少要宽出25cm以上

图名	沥青混凝土路面结构组成（二）	图号	DL5-3（二）

5.2 稳定土路面施工

1. 石灰稳定土路拌法施工工艺流程

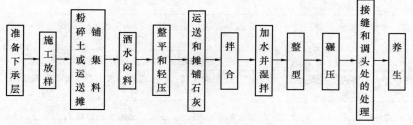

石灰稳定土路拌法施工工艺流程

2. 试验配制石灰土混合料石灰剂量建议值（%）

结构层次	砂砾土和碎石土	塑性指数 I_p <12 的黏性土	塑性指数 I_p >12 的黏性土
基 层	3、4、5、6、7	10、12、13、14、16	5、7、9、11、13
底基层		8、10、11、12、14	5、7、8、9、11

注：工地实际施工证明，采用的石灰剂量应比室内试验确定的剂量多 0.5%～1.0%，采用集中厂拌法施工时，可只增加 0.5%，采用路拌法施工时，宜增加 1%。

3. 试配所需最少的试件数量规定

稳定土类型	下列偏差系数时的试验数量		
	小于 10%	10%～15%	小于 20%
细粒土	6		
中粒土	6		9
粗粒土		9	13

4. 石灰稳定土的强度标准（MPa）

公 路 等 级 用 的 层 次	二级和二级以下公路	高速和一级公路
基 层	≥0.8[①]	—
底基层	0.5～0.7[②]	≥0.8

① 在低塑性土地区，石灰稳定砂砾土和碎石土的 7d 浸水抗压强度应大于 0.5MPa；
② 低限用于塑性指数小于 7 的黏性土，高限用于塑性指数大于 7 的黏性土。

5. 石灰稳定土混合料配比施工工艺流程

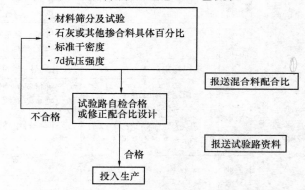

石灰稳定土混合料配比施工工艺流程

6. 石灰稳定土混合料松铺系数的参考值

材料名称	松铺系数	说 明
石灰土	1.53～1.58	现场人工摊铺土和石灰，机械拌合，人工整平
	1.65～1.70	路外集中拌合，运到现场人工摊铺
石灰土砂砾	1.52～1.56	路外集中拌合，运到现场人工摊铺

7. 石灰稳定土基层压实度要求

结构层次	公路等级	稳定土类型	压实度（%）
基层	二级和二级 以下的公路	石灰稳定中粒土和粗粒土	97
		石灰稳定细粒土	93
底基层	高速公路、 一级公路	石灰稳定中粒土和粗粒土	96
		石灰稳定细粒土	95
	二级和二级 以下的公路	石灰稳定中粒土和粗粒土	95
		石灰稳定细粒土	93

图名	石灰稳定土基层施工（一）	图号	DL5-4（一）

8. 石灰稳定土基层施工技术要求

（1）细粒土应尽可能粉碎，土块最大尺寸不应大于 15mm；

（2）配料必须准备；

（3）石灰必须摊铺均匀（路拌法）；

（4）洒水、拌和必须均匀；

（5）应严格掌握基层厚度和高程，其路拱横坡应与面层一致；

（6）应在混合料小于或略小于（如小于最佳含水量 1%～2%）最佳含水量时进行碾压，直到达到按重型击实试验法确定的要求压实度；

（7）应用 12t 以上压路机碾压。用 12～15t 三轮压路机碾压时，每层压实厚度不应超过 15cm；用 18～20t 三轮压路机碾压时，每层压实厚度不应超过 20cm。

9. 接缝和"调头"处的处理法

（1）路拌法施工时

缝的形式	施 工 处 理 方 法
横缝及"调头"处理	（1）两工作段的搭接部分，应采用对接形式。前一段拌合后留 5～8m 不进行碾压，后一段施工时，将前段留下未压部分一起进行再拌合； （2）拌合机械及其他机械不宜在已压成的石灰稳定土层上"调头"，如需"调头"，则应采取保护措施，即覆盖一层 10cm 厚的砂或砂砾，使表层不受破坏
纵缝的处理	（1）在前一幅施工时，在靠中央一侧用方木或钢模板做支撑，方木或钢模板的高度与稳定土层的压实厚度相同； （2）混合料拌合结束后，靠近撑木（或板）的一条带，应人工进行补充拌合，然后进行整形和碾压； （3）在铺筑另一幅时，或在养护结束后，拆除支撑木（或板）； （4）第二幅混合料拌和结束后，靠近第一幅的一条带，应人工进行补充拌合，然后进行整形和碾压

（2）中心站集中拌合（厂拌）法施工时

缝的形式	施 工 处 理 方 法
横向接缝	（1）用摊铺机摊铺混合料时，每天的工作缝应做成横向接缝，摊铺机应驶离混合料末端； （2）人工将末端混合料弄整齐，紧靠混合料放两根方木，方木的高度与混合料的压实厚度相同，整平紧靠方木的混合料； （3）方木的另一侧用砂砾或碎石回填约 3m 长，其高度应高出方木几厘米； （4）将混合料碾压密实； （5）在重新开始摊铺混合料之前，将砂砾或碎石和方木除去，并将下承层顶面清扫干净和拉毛； （6）摊铺机返回到已压实层的末端，重新开始摊铺混合料； （7）如压实层末端未用方木作支撑处理，在碾压后末端成一斜坡，则在第二天开始摊铺新混合料之前，应将末端斜坡挖除，并挖成一横向垂直断面
纵向接缝	在不能避免纵向接缝的情况，纵缝必须垂直，严禁斜缝，并按下述方法处理： （1）在前一幅摊铺时，在靠后一幅的一侧用方木或钢模板做支撑，方木或钢模板的高度与稳定土层的压实厚度相同； （2）养护结束后，在摊铺另一幅之前，拆除支撑木（或板）

图名	石灰稳定土基层施工（二）	图号	DL5-4（二）

1. 石灰稳定土组成材料的质量要求

（1）石灰

1）石灰的技术指标与技术标准（见表所列）。

2）石灰的使用要求：石灰质量应符合表中的技术标准。对于高速公路和一级公路，宜采用磨细生石灰粉。在使用中，应尽量缩短石灰的存放时间。如果石灰需要存放较长时间，应采取堆放成高堆，并采取覆盖封存措施，妥善保管。对于等外石灰、贝壳石灰、珊瑚石灰等应通过试验，石灰稳定土的强度必须符合设计要求。

（2）土与集料

1）土：用于石灰稳定土的黏性土塑性指数范围为 1.5～20。塑性指数大于 15 的黏性土更适宜于用石灰和水泥综合稳定。塑性指数 10 以下的粉质黏土和砂土，需要采用较多的石灰进行稳定，应采取适当的施工措施，或采用水泥稳定。土中的硫酸盐含量不得超过 0.8%，有机质含量不得超过 10%。

2）集料：适宜作石灰稳定混合料的集料有级配碎石、未筛分碎石、砂砾、碎石土、砂砾土、煤矸石和各种粒状矿渣等。当用石灰稳定不含黏土或无塑性指数的粒料时，应添加 15% 左右的黏性土，该类混合料中粒料的含量应在 80% 以上，并具有良好的级配所用的碎（砾）石集料的最大粒径和压碎值应符合表中的要求。

（3）水：人或牲畜饮用水源均可用于石灰稳定土的施工。遇有可疑水源时，应进行试验鉴定。

2. 石灰稳定类混合料的配合比设计

（1）石灰土的配合比设计方法

石灰土配合比以石灰剂量表示，石灰剂量＝石灰质量/干土质量。石灰剂量与土的种类、石灰品种关系甚大，应通过原材料的质量试验，重型击实试验及强度检验来确定。石灰稳定土配合比设计的方法为：通过击实试验或计算，确定稳定土的最大干密度和最佳含水量，按工地要求的压实度制作试件，根据抗压强度检验结果，确定材料配比。

（2）石灰稳定集料的配合比设计方法

石灰稳定集料配合比设计可以按照石灰土配合比设计相同的方法进行。石灰土稳定集料配合比表示为，石灰：土：碎石（砾），

均以质量表示。在石灰稳定集料中，石灰同所加土的总质量与碎石（或砾石）的质量比宜为（1:4）～（1:5），即碎（砾）石在混合料中的质量应不少于 80%。

钙质石灰和镁质石灰分类界限（JTG F40—2004）

石灰种类	生石灰	消石灰
钙质石灰	≤5%	≤4%
镁质石灰	>5%	>4%

石灰剂量推荐范围（参照 JTJ 034—2000）

稳定土品种	基　层	底基层
砂砾土和碎石土	3，4，5，6，7	—
黏性土（塑性指数 <12）	10，12，13，14，16	8，10，11，12，14
黏性土（塑性指数 >12）	5，7，9，11，13	5，7，8，9，11

集料的最大粒径和压碎值要求

公路等级	高速公路、一级公路		二级和二级以下公路	
结构层位	底基层	基层	底基层	基层
最大粒径（方孔筛）（mm）≥	37.5	37.5	53	37.5
压碎值（%）≥	35	—	40	30/35①

① 分子适用于二级公路，分母适用于二级以下公路。

石灰的技术标准（JTJ 034—2000）

石灰品种		检 测 项 目	钙质石灰			镁质石灰		
			Ⅰ	Ⅱ	Ⅲ	Ⅰ	Ⅱ	Ⅲ
生石灰		有效（CaO＋MgO）含量（%）≥	85	80	70	80	75	65
		未消化残渣含量（5mm 筛余量）（%）≤	7	11	17	10	14	20
消石灰		有效（CaO＋MgO）含量（%）≥	65	60	55	60	55	50
		含水量（%）≤	4	4	4	4	4	4
	细度	0.71mm 方孔筛筛余（%）≤	0	1	1	0	1	1
		0.125mm 方孔筛筛余（%）≤	13	20	—	13	20	—

图名	石灰稳定土的组成	图号	DL5-5

石灰工业废渣稳定土的配合比范围参考值

稳定土类型	材料比例	底基层	基层
二灰	石灰:粉煤灰（CaO含量2%~6%的硅铝粉煤灰）	1:2~1:9	
二灰土	石灰:粉煤灰	1:2~1:4（粉土为1:2）	
	石灰粉煤灰:土	30:70~90:10	
二灰集料	石灰:粉煤灰	—	1:2~1:4
	石灰粉煤灰:集料	—	20:80~15:85
石灰煤渣土	石灰:煤渣	1:1~1:4	
	石灰煤渣:细粒土	1:1~1:4	
石灰煤渣集料	石灰:煤渣:集料	(7~9):(26~33):(67~58)	

石灰粉煤灰稳定土中集料的技术要求

道路等级	高速公路及一级公路		二级和二级以下公路	
结构层位	基层	底基层	基层	底基层
最大粒径（方孔筛）（mm）≥	31.5	37.5	37.5	53
压碎值（%）≥	30	35	35	40
应符合级配编号	下表中2或4	—	下表中1或3	—

二灰级配集料混合料中集料的颗粒组成范围

级配编号		通过下列筛孔（mm）的重量百分比							
		37.5	31.5	19.0	9.5	4.75	2.36	1.18	0.6	0.075
砂砾	1	100	85~100	65~85	50~70	35~55	25~45	17~35	10~27	0~15
	2	—	100	85~100	55~75	39~59	27~47	17~35	10~25	0~10
碎石	3	100	90~100	72~90	48~68	30~50	18~38	10~27	6~20	0~7
	4	—	100	81~98	52~70	30~50	18~38	10~27	6~20	0~7

1. 概述

可用的工业废渣包括：粉煤灰、煤渣、高炉矿渣、钢渣（已经过崩解达到稳定）及其他冶金矿渣和煤矸石等。这里重点介绍石灰粉煤灰混合料组成设计的内容。

2. 石灰工业废渣稳定土组成材料的质量要求

（1）石灰、粉煤灰和煤渣

石灰质量应符合表中Ⅲ级消石灰或Ⅲ级生石灰的技术指标，其他要求同石灰稳定土。

粉煤灰中 SiO_2、Al_2O_3 和 Fe_2O_3 总含量应大于70%，烧失量不应超过20%，比表面积宜大于 $2500cm^2/g$（或 0.3mm 筛孔通过量不小于90%，0.075mm 筛孔通过量不小于70%）。干粉煤灰和湿粉煤灰都可以应用，湿粉煤灰的含水量不宜超过35%。

煤渣的最大粒径不应大于30mm，颗粒组成宜有一定级配，且不宜含杂质。

（2）土

宜采用塑性指数12~20的黏性土（粉质黏土）。土中土块的最大尺寸不应大于15mm。不应选用有机质含量超过1.0%的土。

（3）集料

二灰稳定土中集料的最大粒径和压碎值应符合表中的要求。集料应具有良好的级配，不宜使用有塑性指数的土。集料的颗粒组成范围应满足表中的要求。

3. 石灰粉煤灰稳定土的配合比设计

《公路路面基层施工技术规范》JTJ 032—2000 对石灰工业废渣稳定混合料的材料配合比范围，作出了如表中的规定。

图名	石灰工业废渣稳定土的组成	图号	DL5-6

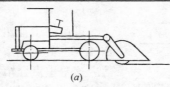

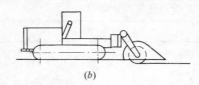

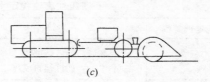

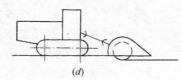

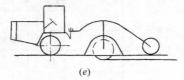

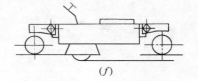

（A）稳定土拌合机分类示意图

（a）后悬挂轮胎式；（b）后悬挂履带式；（c）专用发动机驱动工作转子的拖式；（d）履带拖拉机牵引的拖式；

（e）单轴轮胎牵引车牵引的中间悬挂式；（f）四轮独立驱动的中间悬挂式

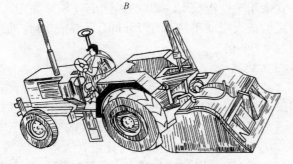

（B）国外自行式雷克斯土壤稳定机外貌

A—离心水泵；B—拌合鼓

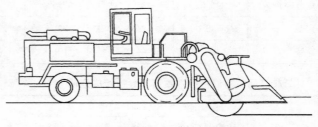

（C）国产 WB230 型稳定土拌合机外形

图名	稳定土拌合机械分类与外貌图	图号	DL5-7

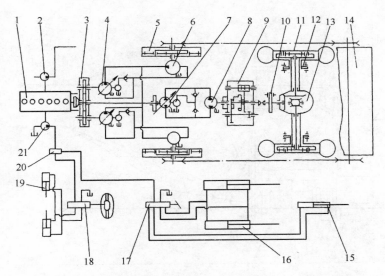

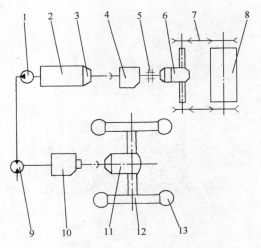

（A）国产 WB230 型轮胎式稳定土拌合机传动系统原理示意图

1—柴油机；2—气泵；3—分动箱；4—液压泵；5—行星减速箱；6—液压马达；7—液压泵；
8—液压马达；9—变速箱；10—手制动器；11—轮边减速器；12—脚制动器；13—后桥；
14—工作转子；15—拖板油缸；16—转子升降油缸；17—电磁换向阀；18—液压转向器；
19—转向油缸；20—优先阀；21—辅助液压泵

（B）美国 CATERPILLAR 公司的 SS-250 型稳定土拌合
机传动系统原理简图

1—液压泵；2—柴油机；3—主离合器；4—二挡变速箱；5—安
全联接盘；6—双速传动轴；7—链传动；8—拌合转子；9—液压马达；
10—三速变速箱；11—后桥总成；12—带轮边减速器的半轴；13—轮胎

图名	稳定土拌合机的传动系统图	图号	DL5-8

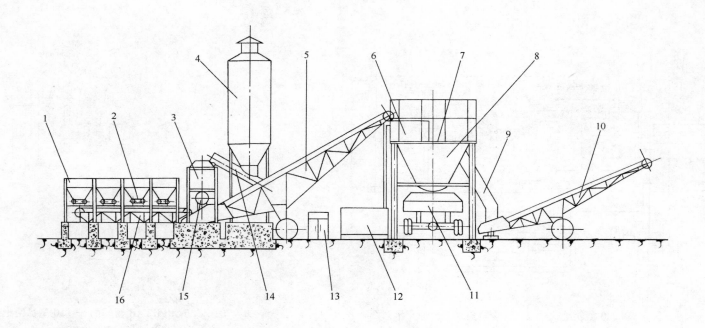

WBC200—型稳定土厂拌设备总体布置示意图

1—配料料斗；2—皮带给料机；3—小粉料仓；4—粉料筒仓；5—斜置集料皮带输送机；6—搅拌机；7—平台；8—混合料储仓；9—溢料管；
10—堆料皮带输送机；11—自卸汽车；12—供水系统；13—控制柜；14—螺旋输送机；15—叶轮给料机；16—水平集料皮带输送机

图名	稳定土厂拌设备总体布局图（一）	图号	DL5-9（一）

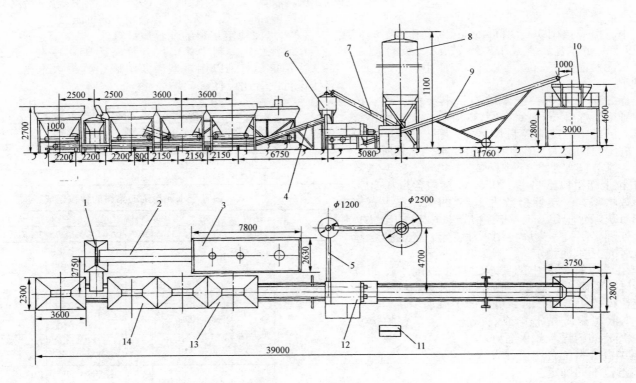

WBC300 型稳定土厂拌设备示意图（尺寸单位：mm）

1—石灰粉配给机；2—石灰粉上料皮带机；3—石灰粉储仓；4—集料输送机；5—螺旋输送机；6—小仓；7—螺旋输送机；8—大仓；
9—输料皮带机；10—混合料储仓；11—配电控制系统；12—搅拌系统；13—带破拱配料斗总成；14—配料斗总成

图名	稳定土厂拌设备总体布局图（二）	图号	DL5-9（二）

1. 水泥稳定类土组成材料的技术要求

（1）水泥

硅酸盐水泥、矿渣硅酸盐水泥和火山灰质硅酸盐水泥，都可用于水泥稳定土，但应选用初凝时间 45min 以上和终凝时间较长（宜在 6h 以上）的水泥，宜采用 32.5 或 42.5 级的水泥。快硬水泥、早强水泥及已受潮变质的水泥不应使用。

（2）土与集料

适宜用水泥稳定的材料有：级配碎石、未筛分碎石、砂砾、碎石土、砂砾土、煤矸石和各种粒状矿渣等，集料中不宜含有塑性指数较大的细土，或应控制其含量。用于各种类别道路等级不同层位的集料的最大粒径和压碎值要求，见表所列。

细粒土的均匀系数应大于 5，液限不超过 40%，塑性指数不应超过 17。中粒土和粗粒土中小于 0.6mm 颗粒含量在 30%以下时，塑性指数可略大。塑性指数大于 17 的土，宜用石灰稳定或用水泥和石灰综合稳定。有机质含量超过 2%的土，必须先用石灰进行处理，闷料一夜后再用水泥稳定。硫酸盐含量超过 0.25%的土不应用水泥稳定。

集料的颗粒组成应符合表中的要求，对于级配不良的碎石、碎石土、砂砾、砂砾土、砂等，宜外加某种集料改善其级配。用水泥稳定粒径较均匀的砂时，可在砂中添加少量塑性指数小于 10 的黏性土（粉质黏土）或石灰土。在具有粉煤灰时，添加 20%～40%的粉煤灰效果更好。

2. 水泥稳定类混合料配合比设计方法

（1）水泥剂量范围的确定

水泥稳定土中水泥剂量 = 水泥质量/干土质量，即以水泥质量占全部粗细粒土颗粒（砾石、砂粒、粉粒和黏粒）的干质量百分率表示。根据表中推荐的水泥剂量，通过试验选取最适宜稳定的土，确定必需的水泥剂量和混合料最大干密度和最佳含水量，可参照上表"适宜于水泥稳定的集料的颗粒组成范围"中设计方法进行。工地上实际采用的水泥剂量，应比室内试验确定的水泥剂量约多 0.5%（集中厂拌法施工）～1.0%（路拌法施工）。

综合稳定土的组成设计内容包括：通过试验选取最适宜稳定的土，确定必需的水泥和石灰剂量以及混合料的最佳含水量。水泥和石灰的比例宜取 60:40，50:50 或 40:60。当水泥用量占结合料总量的 30%以上时，强度指标应参照"无机结合稳定土的抗压强度"的设计要求。

（2）水泥稳定集料的配合比计算法

在水泥稳定集料中，集料含量高达 95%左右，较石灰稳定集料和二灰稳定集料更难以用重型击实法确定其最大干密度，故可以采用计算法进行配合比设计。

水泥稳定土中集料的技术要求

道路等级	高速公路及一级公路		二级和二级以下公路	
结构层位	基层	底基层	基层	底基层
最大粒径（方孔筛）（mm）≯	31.5	37.5	37.5	53
压碎值（%）≯	30	30	35	40

适宜于水泥稳定的集料的颗粒组成范围

道路等级	结构层位	筛孔尺寸（方孔筛）（mm）											
		53	37.5	31.5	26.5	19.0	9.5	4.75	2.36	1.18	0.6	0.075	0.002
二级和二级以下公路	底基层	100	—					50～100			17～100	0～50	0～30
	基层		90～100	—	66～100	54～100	39～100	28～84	20～70	14～57	8～47	0～30	—
高速公路、一级公路	底基层		100			50～100					17～100	0～100	—
			100	90～100	—	67～90	45～68	29～50	18～38		8～22	0～7	
	基层			100	90～100	72～89	47～67	29～49	17～35		8～22	0～7	

水泥剂量范围

土的类型	水泥剂量（%）	
	基层	底基层
中粒土和粗粒土	3，4，5，6，7	3，4，5，6，7
塑性指数小于 12 的土	5，7，8，9，11	4，5，6，7，9
其他细粒土	8，10，12，14，16	6，8，9，10，12

图名	水泥稳定土的组成设计	图号	DL5-10

1. 水泥稳定土路拌法施工工艺流程

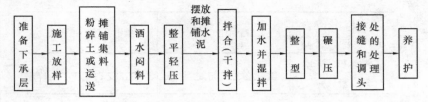

准备下承层 → 施工放样 → 粉碎土或运送 → 摊铺集料 → 洒水闷料 → 整平轻压 → 摆放和摊铺水泥 → 拌合（干拌） → 加水并湿拌 → 整型 → 碾压 → 接缝和处理调头 → 处理的处理 → 养护

水泥稳定土路拌法施工工艺流程

2. 各级公路可用或适用水泥稳定的集料的颗粒组成范围

（1）用做二级及二级以下公路底基层时

组 成 范 围						规 定
筛孔尺寸（mm）	50	5	0.5	0.074	0.002	（1）颗粒的最大粒径不应超过50mm①； （2）土的均匀系数②应大于5，细粒土的液限不应超过40，塑性指数不应超过17③； （3）宜采用均匀系数大于10，塑性指数小于12的土。塑性指数大于17的土，宜采用石灰稳定，或用水泥和石灰综合稳定
通过百分率（质量）	100	50～100	15～100	0～50	0～30	

① 指方孔筛，如为圆孔筛，则最大粒径可为所列数值的1.2～1.25倍，下同；
② 通过量为6%的筛孔尺寸与通过量为10%的筛孔尺寸的比值，称为土的均匀系数；
③ 此规定是针对细粒土而言，对于中粒土和粗粒土，如土中小于0.5mm的颗粒含量在30%以下，塑性指数稍大些是可以的。

（2）适用于一般公路基层的土的颗粒组成曲线图

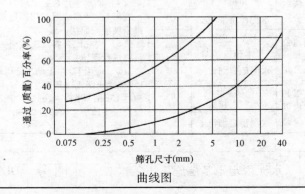

曲线图

（3）用作二级及二级以下公路基层时

筛孔尺寸（mm）	通过百分率（%）
40	100
20	55～100
10	40～100
5	30～90
2	18～68
1	10～55
0.5	6～45
0.25	3～36
0.075	0～30

（4）用作一级公路和高速公路底基层或基层时

编　　　号		1	2
通过的质量下列筛孔率（mm）（%）	40	100	
	30	90～100	100
	20	75～90	90～100
	10	50～70	60～80
	5	30～55	30～50
	2	15～35	15～30
	0.5	10～20	10～20
	0.075	0～7①	0～7①
液　限（%）		＜25	＜25
塑性指数		＜6	＜6

注：1. 集料中0.5mm以下细土有塑性指数时，小于0.075mm的颗粒含量不应超过5%；细土无塑性指数时，小于0.075mm的颗粒含量不应超过7%；

2. 表列编号1（1号级配）适用于一级公路或高速公路的底基层；

3. 表列编号2（2号级配）适用于一级公路或高速公路的基层。

图名	水泥稳定土基层施工工艺（一）	图号	DL5-11（一）

237

3. 水泥稳定土适用水泥与石灰结合料品种要求

材料名称	适用品种与质量要求
水泥	（1）普通硅酸盐水泥、矿渣硅酸盐水泥和火山灰质硅酸盐水泥； （2）应选用终凝时间较长（宜在6h以上）的水泥，宜采用强度等级较低（如32.5MPa）的水泥； （3）不应使用块硬水泥、早强水泥以及已受潮变质的水泥
石灰	消石灰粉或生石灰粉

4. 试验配制水泥稳定土混合料水泥剂量（%）

结构层次	中粒土和粗粒土	塑性指数 $I_p < 12$ 的土	其他细粒土
基层	3、4、5、6、7	5、7、8、9、11	8、10、12、14、16
底基层	3、4、5、6、7	4、5、6、7、9	6、8、9、10、12

注：在能估计合适剂量的情况下，可以将5个不同剂量缩减到3或4个。

5. 试配水泥稳定土混合料选择水泥剂量最小的试验数量

稳定土类型	下列偏差系数时的试验数量		
	小于10%	10% ~ 15%	小于20%
细粒土	6	—	—
中粒土	6	9	—
粗粒土	—	9	13

6. 水泥稳定土的强度标准（MPa）

公路等级 用的层位	二级和二级以下公路	一级和高速公路
基层	2 ~ 3	3 ~ 4
底基层	≥1.5	≥1.5

注：此为水泥稳定土的7d浸水抗压强度。

7. 水泥稳定土水泥最小剂量

拌合方法 土类	路拌法	集中（厂）拌合法
中粒土和粗粒土	4%	3%
细粒土	5%	4%

注：工地实际采用的水泥剂量应比室内试验确定的剂量多0.5% ~ 1.0%。集中厂拌法施工时，可只增加0.5%，采用路拌法施工时宜增加1%。

8. 水泥稳定土混合料松铺系数参考表

材料名称	松铺系数	说　明
水泥土	1.53 ~ 1.58	现场人工摊铺土和水泥，机械拌合，人工整平
水泥稳定砂砾	1.30 ~ 1.35	

9. 水泥稳定土结构层的施工要求及压实度

压实度			施工要求
层次	公路等级及料的类型	压实度（%）	（1）土块应尽可能粉碎，土块最大尺寸不应大于15mm； （2）配料必须准确； （3）水泥必须摊铺均匀； （4）洒水、拌合必须均匀； （5）应严格掌握基层厚度和高程，其路拱横坡应与面层一致； （6）应在混合料处于或略大于最佳含水量时进行碾压； （7）应用12t以上的压路机碾压，用12 ~ 15t三轮压路机碾压时，每层压实厚度不应超过15cm；用18 ~ 20t三轮压路机碾压时，每层压实厚度不应超过20cm
基层	高速公路和一级公路	98	
	二级和二级以下公路	水泥稳定中粒土和粗粒土 → 97	
		水泥稳定细粒土 → 93	
底基层	高速公路和一级公路	水泥稳定中粒土和粗粒土 → 96	
		水泥稳定细粒土 → 95	
	二级和二级以下公路	水泥稳定中粒土和粗粒土 → 95	
		水泥稳定细粒土 → 93	

图名	水泥稳定土基层施工工艺（二）	图号	DL5-11（二）

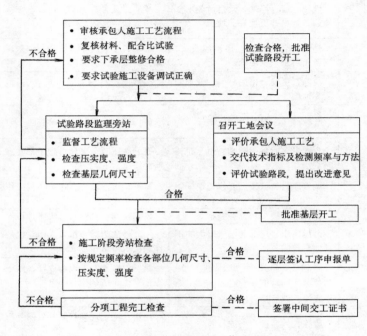

（a）路面基层监理工作流程

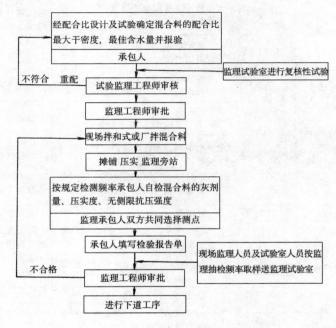

（b）基层混合料质量监理工作流程

| 图名 | 稳定土基层、路面监理流程 | 图号 | DL5-12 |

路面基层施工质量验收标准

工程类别	主要项目	检 查 频 度	质 量 标 准	返工时处理措施的参考意见	简 要 说 明
无结合料底基层	压实度	每一作业段或不大于2000m²检查6次以上	达到要求的96%以上，填隙碎石以固体体积率表示，不得小于83%	继续碾压，局部含水量过大不良地点，挖出并更换好的填土	主要以灌砂法为准，每个点受压路机的作用次数力求相等
	塑性指数	每1000m²检查一次，异常情况时可随时试验	应小于所规定的值	塑性指数高时，应掺砂或石屑，或者用石灰、水泥处治	一般在料场和施工现场进行。采用标准搓条法试验
	承载比	每3000m²检查一次，观察中出现异常情况时可随时增加试验	应小于所规定的值	废除，更换合格的材料，或采购其他措施	一般均在料场和施工现场进行。取样进行室内试验
	弯沉值试验	每一评定段（不超过1km）中的每车道约40~50个测量点	其合格率为97%以上	继续碾压，局部处理	碾压完成后进行仔细检查
	含水量	据观察，出现异常情况时应随时试验	最佳含水量−1%~+2%	含水量多时采用晾晒，过干时补充洒水	开始碾压时及碾压过程中都注意检验质量
无结合料基层	级配	每2000m²一次	在规定的质量范围内	调查原材料，按需要修正现场配合比	整平结束前取样，含土集料应用湿筛分法进行
	均匀性	随时观察	无粗细集料离析现象出现	局部加所缺集料，补充拌合	摊铺、拌合及整平过程中进行
	压实度	每一作业段或不超过2000m²检查6次以上	级配集料基层和中间层98%填隙碎石固体体积率85%	继续碾压。局部含水量过大的不良地点挖除并换填好材料	用灌砂法为准。每点受压路机的作用次数力求相等
	塑性指数	每1000m²一次，异常时随时试验	必须小于规定值	限制0.5mm以下细土用量。用石灰或水泥处治	料场取样和施工现场取样，塑限用标准搓条法试验
	集料压碎值	据观察，异常时随时试验	不超过规定值	废除，然后换合格的材料	料场和施工现场观察和取样
	承载比	每3000m²一次，据观察，异常时随时增加试验	不小于规定值	废除，然后换合格的材料	材料及施工现场观测并取样进行室内试验
	弯沉值检验	每一评定（不超过1km）每车道40~50个测点	95%或97.7%概率的上波动界限不大于计算得的容许值	继续碾压，局部处理，加结合料处理等方法	碾压完成后检验
水泥或石灰稳定土及水泥石灰综合稳定土	级配	每2000m²一次	在规定范围内	调查原材料，按需要修正现场配合比	在现场摊铺整平过程中取样
	集料压碎值	据观察，异常时随时试验	不超过规定值	废除并换合格的材料	在料场和施工现场进行
	水泥或石灰剂量	每2000m²一次，至少6个样品。用滴定法或用直读式测钙仪试验，并与实际水泥用量校核	−1%	检查原因，进行调整	在现场摊铺整平过程中取样

图名	稳定土路面基层施工质量 验收标准（一）	图号	DL5-13（一）

工程类别	主要项目		检查频度	质量标准	返工时处理措施的参考意见	简要说明
水或石灰稳定土及水泥石灰综合稳定土	水泥含量	水泥稳定土	据观察，异常时随时试验	最佳含水量1%~2%	含水量多时，进行晾晒；过干时补充洒水	拌合过程中，开始碾压时及碾压过程中检验；注意水泥稳定土规定的延迟时间
		石灰稳定土		最佳含水量±1%		
	拌合均匀性		随时观察	无灰条、灰团、色泽均匀无离析现象	补充拌合，处理粗集料窝和粗集料带	
	压实度	稳定细粒土	第一作业段或不超过2000m²检查6次以上	一般公路93%以上，高速和一级公路95%以上	继续碾压。局部含水量过大或材料不良地点，挖除并换填好混合料	以灌砂法为准，每个点受压路机的作用次数力求相等
		稳定中粒土和稳定粗粒土		一般公路的底基层95%，基层97%，高速和一级公路的底基层96%，基层98%		
	抗压强度		稳定细粒土，每2000m²检查6个试件；稳定中粒土和粗粒土，每2000m²分别为9个和13个试件	符合有关技术规定的要求	调查原材料，按需要增加结合料剂量，改善材料颗粒组成或采用其他措施，如提高压实度等	在平整过程中，随机取样，每次的样品不应混合，制件时不再拌合，试件密实度与现场达到密实度相同
	延迟时间		每个作业段落检查一次	不得超过有用关技术规定的值	适当处理，认真改进施工方法	这里仅指稳定和综合稳定土，记录从加水拌合到碾压结束的时间
石灰工业废渣	配合比		每2000m²检查一次	石灰1%（石灰剂量少于4%时，-0.5%）以外		按要求的剂量控制
	级配		每2000m²检查一次	不超过有关技术规定的值		在平整过程中取样
	含水量		在观察中，若发现异常时应随即试验	最佳含水量±1%（二灰土为±2%）	当含水量过多时，应进行晾晒，当过干时摊开洒水	拌合过程中，开始碾压时以及碾压过程中均需检验
	拌合均匀性		随时观察	无灰条、灰团、色泽均匀，无离析现象	补充拌合，处理粗集料窝和粗集料带	注意拌合均匀
	压实度	二灰土	每一作业段或者不大于2000m²检查6次以上	一般公路为93%以上，高速和一级公路为95%以上	继续碾压。局部含水量过大或材料不良地点挖除并换填好混合料	一般以灌砂法为准，每个点受压路机的作用次数力求相等
		其他含粒料的石灰工业废渣		一般公路底基层95%、基层97%以上、高速和一级公路底基层96%、基层98%以上		
	抗压强度		细粒土每天两组，每组6个试件，中粒和粗粒土每天分别9个和13个试件	符合有关技术规定的要求	调查原材料，按需要增加石灰用量，调整配合比，提高压实度或采取其他措施	试件密实度与现场达到的密度相同

图名	稳定土路面基层施工质量验收标准（二）	图号	DL5-13（二）

5.3 水泥混凝土路面施工

水泥混凝土路面是采用水泥混凝土材料修筑路面面层的路面结构形式。它具有刚度大、强度高、耐久性好和日常养护工作量小等优点。但由于水泥混凝土的脆性性质和体积变形敏感性，这种路面需设置各种接缝，使得行车舒适性不及沥青路面，噪声也高于沥青路面；另外，水泥混凝土路面一旦出现结构损坏，修复较为困难。

1. 混凝土路面构造

水泥混凝土路面由混凝土面层、基层垫层、路肩结构和排水设施等组成，如下图所示。图中左半侧为未设路面内部排水设施和采用沥青路肩的形式，右半侧为设置内部排水设施和采用水泥混凝土路肩的构造形式。

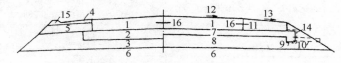

水泥混凝土路面的构造

1—混凝土面层；2—基层；3—垫层；4—沥青路肩；5—路肩基层；6—土基；
7—排水基层；8—不透水垫层（或设反滤层）；9—集水管；10—排水管；
11—混凝土路肩；2—路面横坡；13—路肩横坡；14—反滤织物；
15—拦水带；16—拉杆

2. 混凝土面层类型

水泥混凝土面层直接承受行车荷载的作用和环境因素的影响，应具有较高的结构强度、耐久性和良好的表面特性（抗滑、平整、低噪声等）。

按面层水泥混凝土组成材料或施工方法的不同，可分为普通混凝土面层、碾压混凝土面层、钢筋混凝土面层、连续配筋混凝土面层、钢纤维混凝土面层、预应力混凝土面层和混凝土

预制块面层等类型。水泥混凝土路面的名称是按面层类型命名的，例如：普通混凝土面层的路面可称为普通混凝土路面，其他依次类推。

（1）普通混凝土面层

普通混凝土面层又称为素混凝土面层，是指有接缝且除接缝处及一些局部区域（如角隅、边缘、孔口周围）之外，面层内不配置钢筋的水泥混凝土面层。这是目前应用最为广泛的一种面层类型。道路路面的混凝土面层大多采用等厚断面，其厚度根据轴载大小和作用次数以及混凝土强度确定，一般变动于 $18 \sim 30cm$。混凝土弯拉强度变化在 $4.0 \sim 5.0MPa$。面层由纵横向接缝划分为矩形或棱形板块，纵缝位置一般按车道划分，横向接缝间距一般为 $4 \sim 6m$；板块面积不宜超过 $25m^2$。纵缝设置拉杆以防缝隙张开，横缝宜设置传力杆以传递荷载。

（2）碾压混凝土面层

混凝土面层采用碾压成型，施工工艺类似修筑水泥稳定粒料基层。它造价低于普通混凝土面层，养生期也较短，但其表面平整度较差，材料的变异性较大。因而，碾压混凝土面层仅适用于行车速度较低的道路、停车场等场合；或者，用作下面层，在其上浇筑高强或普通混凝土、钢纤维混凝土或沥青混凝土上面层。

（3）钢筋混凝土面层

这是一种为防止混凝土面板产生的裂缝张开而在板内配置纵横向钢筋的混凝土面层。通常，仅在下述情况时采用：

1）板的长度较长，如大于 6m；

2）板下埋有沟、管线等地下设施，或者路基可能产生不均匀沉降而使板开裂；

3）板平面形状不规则或板内开设孔口等；

图名	概述（一）	图号	DL5-14（一）

4）钢筋的配筋率（钢筋截面积占面层横断面面积的百分比）根据板长、板底摩阻状态和钢筋强度而定，一般为 0.1%～0.15%。因板较长，接缝缝隙较宽，横缝内需设置传力杆以传递荷载和防止错台。

（4）连续配筋混凝土面层

1）连续配筋混凝土面层除邻近构造物或与其他路面交接处设置胀缝，以及施工需要设置施工接缝外，不设接缝的混凝土面层；

2）纵向钢筋的配筋率通常为 0.5%～0.8%，横向钢筋的配筋率为纵向的 0.125～1.5；面层的厚度为普通混凝土面层的 0.8～0.9 倍；

3）面层的横向裂缝间距为 1.0～4.5m，裂缝缝隙宽度应控制在 0.2～0.5mm；

4）连续配筋混凝土面层的端部需设置地梁或灌注桩等锚固措施，以防止过量的纵向位移。连续配筋混凝土面层使用性能和耐久性均佳，但钢筋用量大、造价高，仅限用于高速公路或交通繁重的道路，或加铺已损坏的旧混凝土路面。

（5）钢纤维混凝土面层

1）在混凝土中掺拌钢纤维，可提高混凝土的韧性和强度，减少其收缩量。钢纤维常用的有剪切型、铣削型和熔抽型三种；

2）钢纤维掺量（体积率）一般为 0.4%～1.2%；

3）钢纤维混凝土弯拉强度高于普通混凝土，因此，其面层厚度薄于普通混凝土面层，一般为普通混凝土面层的 0.6～0.8 倍；

4）由于钢纤维混凝土的造价高，因而主要用于设计标高受到限制的旧混凝土路面加铺层，或者用于复合式混凝土面层的上面层。

（6）预制块混凝土面层

1）混凝土预制块由工厂化生产，有异形和矩形两类；预制块的长边一般为 200～250mm，短边为 100～125mm，长宽比一般为 2，厚度常见为 60mm、80mm、100mm 和 120mm 几种；

2）预制块混凝土面层具有良好的承载能力和抗滑耐磨性能，对路基的不均匀沉降也有较强的适应性，但平整度较差；

3）这种预制块混凝土面层主要用于车速较低的道路、停车场，重载的厂矿道路、码头堆场、陡坡、弯道等对抗滑性能要求较高的路段，以及作为路基沉降未完成路段的临时面层。

3. 混凝土路面结构承载能力和损坏类型

（1）混凝土路面结构承载能力：路面结构的承载能力是指路面达到预定的损坏状况（或者说可接受的使用性能下限）之前还能承受的行车荷载的作用次数，或者是还能使用的年限。路面承载能力随着轴载作用次数或使用年限而逐渐下降，路面结构损坏逐渐出现和发展。当承载能力接近极限或临界状态时，路面损坏达到了较严重程度，必须采取措施加以改建或重建，以满足行车要求。

（2）路面损坏的类型：路面损坏可分为断裂类、接缝损坏类、变形类和材料类四大类型。

1）断裂类：混凝土板块出现纵向、横向、斜向或角隅断裂裂缝。这些裂缝缝隙随时间逐渐变宽，边缘出现碎裂，进一步发展形成多条裂缝的破碎板。裂缝的出现是因为板内应力超出了混凝土材料的强度或疲劳强度。断裂损坏严重破坏混凝土板的整体性，使其很快丧失承载能力。一旦出现破碎板，路面平整度随之严重恶化。

图名	概述（二）	图号	DL5-14（二）

2）接缝损坏类：接缝处的填封料失效和脱落、接缝碎裂、唧泥、错台、拱起等损坏是混凝土路面最常见病害。接缝是混凝土路面的薄弱部位，施工及养护不当，会造成填封料失效、脱落，水和坚硬杂物随之进入，导致板底脱空和唧泥现象，接缝两侧碎裂，进而发展为错台、拱起。

3）变形类：由于地基软弱或填土压实不足而出现沉降变形，或者季节性冰冻地基路基的冻胀，混凝土面板会出现沉陷或隆起。它不仅会影响行车舒适性，还会引起混凝土板内附加应力增大而断裂。

4）材料类：耐久性差的集料，在冻融膨胀压力下会在其周围出现新月形发状裂缝。活性集料与水泥或外加剂中的碱会发生碱—硅反应而膨胀，使面层出现网裂。这类损坏发展会导致裂纹边缘碎落和混凝土崩解。

4. 混凝土路面结构设计的任务、内容和方法

（1）设计任务：混凝土路面设计的任务，是以最低的寿命周期费用，在设计使用期（设计基准期）内，为道路使用者提供满足预定使用性能要求的路面结构。

设计使用期是指新建的路面从开始使用到使用性能退化到预定下限的时段。设计使用期长的路面结构，初期投资大，但使用期内年维护费用低，设计使用期短的则相反。设计使用期长，设计期内的交通、环境等因素的预测误差大，会影响设计结果的可靠性。因此，设计使用期的选择，涉及投资效益和技术合理性。各国的混凝土路面的设计使用期规定 20～40 年不等，我国规定为20～30 年，交通繁重的取高限。

（2）设计内容：混凝土路面设计内容可分为以下七个部分：

1）行车道路面结构的组合设计：按当地环境条件、交通要求和材料供应情况，选择路面的结构层次。各结构层的类型和厚度，组合成能提供均匀、稳定支撑，减轻或防止唧泥和错台病害，承受预计车辆荷载作用，满足使用性能要求的路面结构。

2）面层接缝构造和配筋设计：确定面层板块的平面尺寸，选择和布设接缝的类型和位置，设计接缝的构造，确定板内的配筋量和钢筋布置。

3）路面排水设计：设计路表水的排水方案；选择路面内部排水系统的布设方案，确定各项排水设施的构造尺寸和材料规格要求。

4）非机动车道、路肩、人行道的铺面结构层组合设计：选择铺面的结构层次、各结构层的类型和厚度。

5）面层厚度设计：确定满足设计使用期内使用要求所需的混凝土面层厚度。

6）各结构层材料组成设计：选择合适的组成材料，进行配合比设计，以提供各结构层性能要求的混合料。

7）路面表面特性设计：提供满足抗滑、低噪声要求的路面表面的技术措施。

（3）结构设计方法：混凝土路面结构设计有力学—经验法和经验—力学法两大类。

| 图名 | 概述（三） | 图号 | DL5-14（三） |

244

刚性路面面层应具有足够的强度、耐久性，表面抗滑、耐磨、平整。面层类型应依据使用要求及各种面层的技术、经济性选用：

（1）通常采用设接缝的普通水泥混凝土。

（2）面层板的平面尺寸较大或形状不规则，路面结构下埋有地下设施，高填方、软土地基、填挖交界段的路基有可能产生不均匀沉降时，宜选用设置接缝的钢筋混凝土面层。

（3）承受特重交通的高速公路、大城市的快速路，可选用沥青混凝土上面层和连续配筋混凝土或横缝设传力杆的普通水泥混凝土下面层组成的复合式面层。

（4）平整度要求较低的一般道路、停车场，可选用碾压混凝土面层。

（5）标高受限制路段、收费站、混凝土加铺层、桥面铺装等处，可选择钢纤维混凝土面层。

（6）广场、停车场、一般道路的桥头引道沉降等未稳定路段的路面，或景观需要，可选用矩形或异形混凝土预制块铺砌的面层。

普通水泥混凝土、钢筋混凝土、碾压混凝土或钢纤维混凝土面层板一般采用矩形。纵向和横向接缝应垂直相交，纵缝两侧的横缝不得相互错位。

纵向接缝的间距（即面层板宽度），按路面宽度（采用混凝土路肩时，包括路肩宽度）情况选定，变动于3.0～4.5m范围内。碾压混凝土、钢纤维混凝土面层在全幅摊铺时，可不设纵向缩缝。横向接缝的间距（即面层板长度），按面层类型和厚度选定：

（1）普通水泥混凝土面层横向接缝一般为4～6m，面层板的长宽比不宜超过1.30，平面尺寸不宜大于25m²。

（2）碾压混凝土或钢纤维混凝土面层一般为6～10m。

（3）钢纤维混凝土面层一般为6～15m。

路面表面应采用拉毛、拉槽、压槽或刻槽等方法做表面构造，其深度在使用初期应满足下表的要求。

各类基层厚度的建议范围

基层类型	贫混凝土 碾压混凝土	水泥稳定粒料 二灰稳定粒料	沥青 混凝土	沥青稳定 碎石	级配粒料	多孔水泥 碎石	多孔沥青 碎石
厚度（mm）	120～200	150～250	40～60	80～100	150～200	100～140	80～100

基层类型选择

交通等级	特　重	重	中等、轻
基层类型	贫混凝土（水泥用量7%～8%）； 碾压混凝土； 沥青混凝土	水泥稳定粒料（水泥用量5%）； 沥青稳定碎石（沥青用量3%）	水泥稳定粒料（水泥用量4%）； 石灰粉煤灰稳定粒料 级配粒料

水泥混凝土路面结构层最小防冻深度

路基干湿类型	路基土质	当地最大冰冻深度（m）			
		0.50～1.00	1.01～1.50	1.51～2.00	＞2.00
中湿路基	低、中、高液限黏土	0.30～0.50	0.40～0.60	0.50～0.70	0.60～0.95
	粉土、粉质低、中液限黏土	0.40～0.60	0.50～0.70	0.60～0.85	0.70～1.10
潮湿路基	低、中、高液限黏土	0.40～0.60	0.50～0.70	0.60～0.90	0.75～1.20
	粉土、粉质低、中液限黏土	0.45～0.70	0.55～0.80	0.70～1.00	0.80～1.30

各级公路混凝土面层的表面构造深度（mm）要求

公路等级	高速、一级公路	二、三、四级公路
一般路段	≥0.70	≥0.50
特殊路段	≥0.80	≥0.60

注：1. 特殊路段——对于高等级道路系指立交、平交或变速车道处，对于其他道路系指弯、陡坡、交叉口或集镇附近；
　　2. 年降雨量600mm以下的地区，表列数值可适当降低。

图名	水泥路面结构组合设计	图号	DL5-15

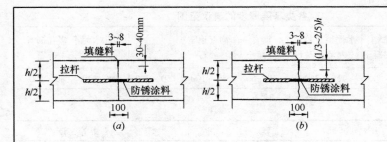

（A）纵缝构造
（a）纵向施工缝；（b）纵向缩缝

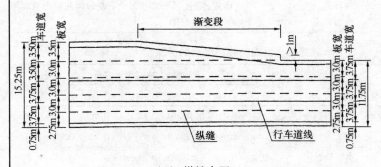

（B）纵缝布置

拉杆尺寸及间距（mm） 表1

面层厚	到自由边或未设拉杆纵缝的距离（m）					
（mm）	3.00	3.50	3.75	4.50	6.00	7.50
200～250	14×700 ×900	14×700 ×800	14×700 ×700	14×700 ×600	14×700 ×500	14×700 ×400
260～300	16×800 ×900	16×800 ×800	16×800 ×700	16×800 ×600	16×800 ×500	16×800 ×400

注：拉杆尺寸和间距的数字为直径×长度×间距。

1. 纵向接缝

纵向接缝的布设应视路面宽度（采用混凝土路肩时，包括路肩宽度）和施工铺筑宽度而定：

（1）一次铺筑宽度小于路面宽度时，应设置纵向施工缝。纵向施工缝采用平缝，并应设置拉杆，纵向施工缝上部应锯切槽口、深度为 30～40mm，宽度为 3～8mm，槽内灌塞填缝料。其构造如图（A）（a）所示。

（2）一次铺筑宽度大于 4.5m 时，应增设纵向缩缝。纵向缩缝采用假缝形式，并应设置拉杆。纵向缩缝锯切的槽口深度应大于施工缝，粒料基层时，槽口深度应为板厚的 1/3；半刚性基层时，槽口深度应为板厚的 2/5。纵缝的构造如图（A）（b）所示。

（3）纵缝须与路线中线平行。在路面等宽的路段内或者路面变宽路段的等宽部分，纵缝的间距和形式应保持一致。路面变宽段向加宽部分与等宽部分之间，以纵向施工缝隔开。加宽板在变宽段起点处的宽度不应小于 1m[见纵缝布置图（B）]。

（4）拉杆应采用螺纹钢筋，设在板厚中央，并应对拉杆中部 100mm 范围内进行喷涂环氧树脂或沥青等防锈处理。拉杆尺寸及间距可按表1选用。施工布设时，拉杆间距应按横向接缝的实际位置予以调整，以保证最外侧的拉杆距横向接缝的距离不小于 100mm。

（5）连续配筋混凝土面层的纵缝，可由板内横向钢筋延伸穿过接缝代替拉杆。拉杆尺寸及间距的计算公式为：

每延米纵缝所需的拉杆截面积（mm^2）：$F_a = 1.6fBh/f_{sy}$

拉杆的长度（mm）：$L_c = f_{zy}d_1/2f_{sy} + 75$

式中 B——到自由边或未设拉杆纵缝的距离（m）；

　　　h——板厚（mm）；

　　　f——面层与基层间的摩阻系数，粒料基层 $f = 1.5$，半刚性基层 $f = 1.8$；

　　　d_1——拉杆直径（mm）；

　　　f_{zy}——钢筋的屈服强度（MPa）；

　　　f_{sy}——钢筋与混凝土的黏着力（MPa），一般可取混凝土抗压强度的 1/10。

图名	水泥路面接缝构造设计（一）	图号	DL5-16（一）

2. 横向接缝

横缝一般分为横向缩缝、胀缝和横向施工缝。

（1）横向缩缝

1）横向缩缝可采用假缝形式，其构造如图（D）（b）所示。特重和重交通的公路及收费广场，横向缩缝应加设传力杆；其他各级交通的公路上，在邻近胀缝或路面自由端部的3条缩缝内，均应加设传力杆。其构造如图（D）（a）所示。

2）横向缩缝顶部应锯切槽口，深度为面层厚度的1/4~1/5，宽度为3~8mm，槽内填塞填缝料。高速、一级公路的横向缩缝槽口宜采用两次锯切法，先用薄锯片切至要求深度，再用厚锯片在同一位置作浅锯切，形成深20mm、宽6~10mm的浅槽口，在浅槽口底部用条带或绳填塞后，上部灌塞填缝料，两次锯切的槽口的构造如图（C）所示。

（2）胀缝

1）在邻近桥梁或其他固定构筑物处、隧道口、与柔性路面相接处、板厚改变处、小半径平曲线和凹形竖曲线纵坡变换处均应设置胀缝。在邻近构造物处的胀缝，应根据施工温度至少设置2条。上述位置以外的胀缝宜尽量不设或少设。其间距可根据施工温度、混凝土集料的膨胀性并结合当地经验确定。

2）胀缝应采用滑动传力杆，并设置支架或其他方法予以固定。其构造如图（E）（a）所示。与构筑物衔接处或与其他公路交叉的胀缝无法设传力杆时，可采用鼠笼式钢筋构架型或厚边型。其构造如图（E）（b）、（c）所示。

（3）横向施工缝

1）每日施工终了，或浇筑混凝土过程中因故中断浇筑时，必须设置横向施工缝。其位置宜设在胀缝或缩缝处。设在胀缝处的施工缝，其构造与"胀缝构造"中的图（F）（a）相同；设在缩缝处的施工缝应采用平缝加传力杆型，其构造如图（F）（a）所示。遇有困难而须设在缩缝之间时，施工缝采用设拉杆的企口缝形式，其构造如图（F）（b）所示。

2）传力杆应采用光面钢筋，其长度的一半再加5cm，应涂以沥青或加塑料套。胀缝处的传力杆，尚应在涂沥青一端加一套子，

内留3cm的空隙，填以纱头或泡沫塑料。套子端宜在相邻板中交错布置。传力杆尺寸及间距可按表2选用。其最外边的传力杆与接缝或自由边的距离一般为15~25cm。

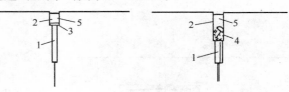

（C）两次锯切的槽口构造

1—第一次锯切槽口；2—第二次锯切槽口；3—隔离填料与浅槽口底部的条带；4—隔离填料与浅槽口底部的堵塞材料；5—填封料

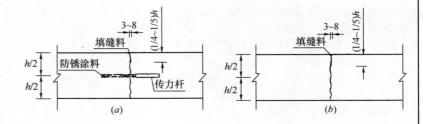

（D）横向缩缝构造

（a）设传力杆假缝型；（b）假缝型

传力杆尺寸及间距　　　　　　　　　表2

板厚 h（mm）	直径 d_s（mm）	最小长度（mm）	最大间距（mm）
220	28	400	300
240	30	400	300
260	32	450	300
280	35	450	300
300	38	500	300

图名	水泥路面接缝构造设计（二）	图号	**DL5-16**（二）

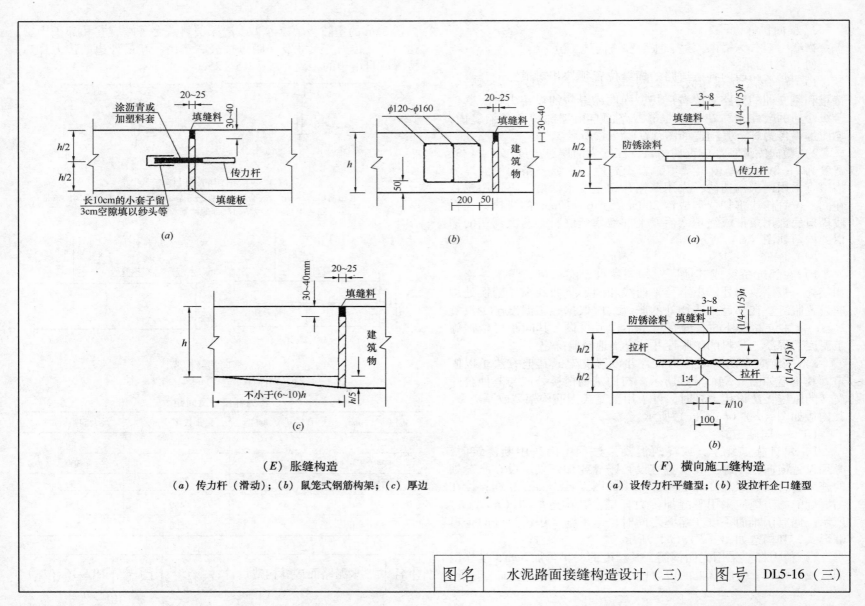

涂沥青或
加塑料套
填缝料
20~25
30~40
h/2
h/2
传力杆
填缝板
长10cm的小套子留
3cm空隙填以纱头等

（a）

φ120~φ160
20~25
填缝料
30~40
建
筑
物
h
50
200　50

（b）

3~8
填缝料
(1/4~1/5)h
h/2
防锈涂料
传力杆
h/2

（a）

30~40mm
20~25
填缝料
建
筑
物
h
不小于(6~10)h
h/5

（c）

（E）胀缝构造

（a）传力杆（滑动）；（b）鼠笼式钢筋构架；（c）厚边

3~8
防锈涂料
填缝料
(1/4~1/5)h
h/2
拉杆
拉杆
(1/4~1/5)h
h/2
1:4
h/10
100

（b）

（F）横向施工缝构造

（a）设传力杆平缝型；（b）设拉杆企口缝型

| 图名 | 水泥路面接缝构造设计（三） | 图号 | DL5-16（三） |

3. 交叉口接缝布设

（1）两条道路正交时，各条道的直道部分均保持本身纵缝的连贯，而相交路段内各条道路的横缝位置须按相对道路的纵缝间距作相应变动，以保证两条道路的纵横垂直相交，互不错位。两条道路斜交时，主要道路的直道部分保持本身纵缝的连贯，而相交路段内的横缝位置须按次要道路的纵缝间距作相应变动，以保证与次要道路的纵缝相连接。相交道面弯道加宽部分的接缝布置，应尽可能不出现或少出现错缝和锐角板。

（2）弯道加宽段起终点处的板宽不宜小于1m（加宽宽度应由零增加到1m以上）。在次要道路弯道加宽段起点（或终点）断面处的横向接缝，应采用胀缝形式。

（3）图（G）、图（H）、图（I）分别为普通水泥混凝土面层在收费广场、平面交叉口和加宽段的面层板平面尺寸划分的示例。

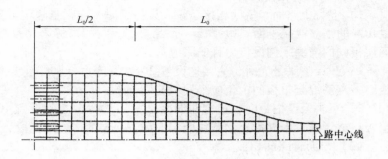

（G）收费广场接缝布置

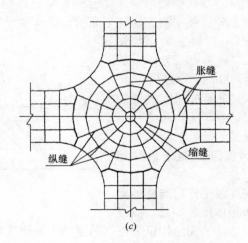

（H）平面交叉口接缝布置

（a）T形交叉口；（b）Y形交叉口；（c）环形交叉口接缝布置

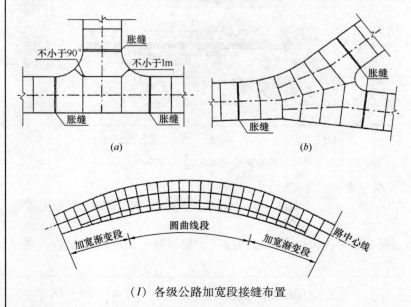

（a）　　　　　　　　　（b）

（I）各级公路加宽段接缝布置

图名	水泥路面接缝构造设计（四）	图号	DL5-16（四）

4. 端部处理

（1）与桥梁相接

1）混凝土路面与桥梁相接，桥头设搭板时，应在搭板与混凝土面层板之间设置长 6～10m 的钢筋混凝土面层边渡板。后者与搭板间的横缝采用设拉杆平缝形式，与混凝土面层板间的横缝采用设传力杆的胀缝形式；

2）预计膨胀量大时，应接连设置 2～3 条传力杆胀缝［参见图（J）］。当桥梁为斜交时，钢筋混凝土板的锐角应采用钢筋网补强；

3）桥头未设搭板时，适宜在混凝土面层与桥台之间设置 10～15m 的钢筋混凝土面层板；或者设置由混凝土预制块面层或沥青面层铺成的过渡段，其长度不小于 8m。

（2）与沥青路面相接

1）混凝土路面与沥青路面相接时，其间应设置至少 3m 长的过渡段。过渡段的路面采用两种路面呈阶梯状叠合布置，靠近沥青路面端的沥青上、下面层和基层向混凝土面层方向自下而上分段逐层消失，其下面铺设变厚度混凝土过渡板，板厚不得小于 200mm；

2）过渡板与混凝土面层相接处的接缝内设置直径 25mm、长 700mm、间距 400mm 的拉杆；

3）混凝土面层毗邻相接缝的 1～2 条横向接缝应设置胀缝，具体布置如图（K）所示。

（3）连续配筋混凝土面层端部处理：

连续配筋混凝土面层与其他类型路面或构造相连接的端部，应设置锚固结构。端部锚固结构可采用钢筋混凝土地梁或宽翼缘工字钢梁或混凝土灌注桩等形式：

1）钢筋混凝土地梁一般采用 3～5 个，梁宽 400～600mm，梁高 1200～1500mm，间距 5000～6000mm；地梁与连续配筋混凝土面层连成整体；其构造如下页图（L）所示；

2）宽翼缘工字钢梁的底部锚入一般长 3000mm、厚 200mm 的钢筋混凝土枕梁内；钢梁腹板与连续配筋混凝土面层端部间填入胀缝材料；其构造如下页图（M）所示。

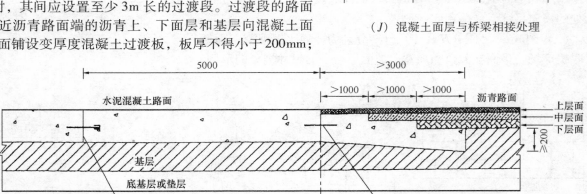

（J）混凝土面层与桥梁相接处理

（K）混凝土路面与沥青路面相接段的构造布置

| 图名 | 水泥路面接缝构造设计（五） | 图号 | DL5-16（五） |

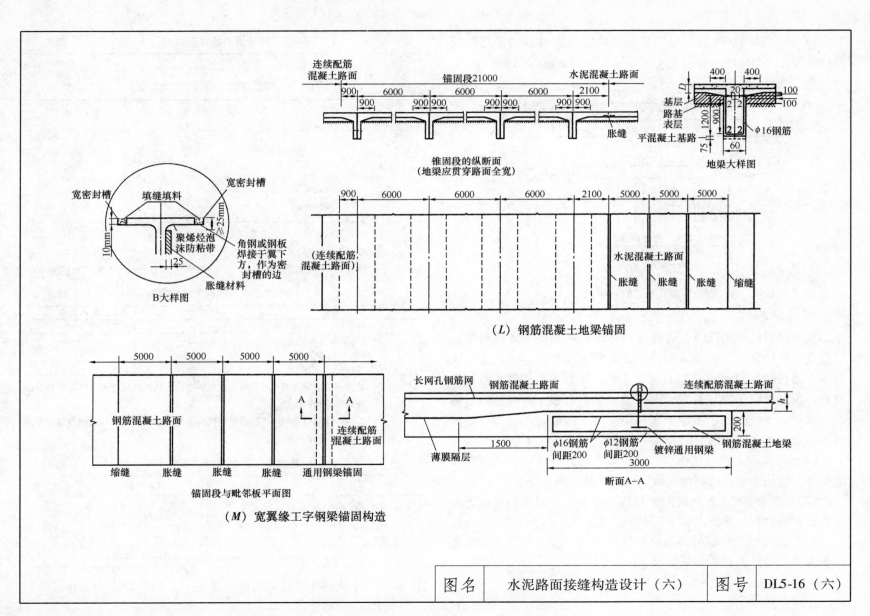

连续配筋混凝土路面

水泥混凝土路面

锚固段21000

900　6000　900 900　6000　900 900　6000　900 900　2100

胀缝

锥固段的纵断面
（地梁应贯穿路面全宽）

基层
路基
表层

平混凝土基路

地梁大样图

400　400

φ16钢筋

宽密封槽

宽密封槽

填缝填料

聚烯烃泡沫防粘带

角钢或钢板焊接于翼下方，作为密封槽的边

胀缝材料

B大样图

900　6000　6000　6000　2100　5000　5000　5000

（连续配筋混凝土路面）

水泥混凝土路面

胀缝　胀缝　胀缝　缩缝

（L）钢筋混凝土地梁锚固

5000　5000　5000　5000

钢筋混凝土路面

连续配筋混凝土路面

缩缝　胀缝　胀缝　胀缝　通用钢梁锚固

锚固段与毗邻板平面图

（M）宽翼缘工字钢梁锚固构造

长网孔钢筋网　钢筋混凝土路面　连续配筋混凝土路面

薄膜隔层

φ16钢筋间距200　φ12钢筋间距200　镀锌通用钢梁　钢筋混凝土地梁

1500　3000

断面A-A

| 图名 | 水泥路面接缝构造设计（六） | 图号 | DL5-16（六） |

251

3）端部锚固结构也可采用混凝土灌注桩，桩顶与面层连成整体，如图（N）所示。混凝土灌注桩一般每车道设一排。

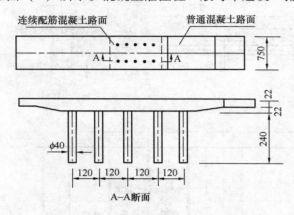

（N）混凝土灌注桩锚固（单位：cm）

5. 接缝填缝料

接缝材料按使用性能分为接缝板和填缝料两类。填缝料按施工温度分为加热施工式和常温施工式两种。接缝板应选用能适应混凝土面板膨胀和收缩、施工时不变形、复原率高和耐久性好的材料。填缝料应选用与混凝土面板缝壁粘结力强、回弹性好、能适应混凝土面板收缩、不溶于水和不渗水、高温时不溢出、低温时不脆裂和耐久性好的材料。

（1）高等级道路宜选用泡沫橡胶板、沥青纤维板；其他等级道路还可选用木材类或纤维类板。它们的技术要求见表3。

（2）加热施工式填缝料主要有沥青橡胶类、聚氯乙烯胶泥类和沥青玛𤧟脂类。其技术要求见表4。

（3）常温施工式填缝料有聚氨酯焦油类、氯丁橡胶类、乳化沥青橡胶类等。其技术要求见表5。

接缝板的技术要求　　表3

试验项目	接缝板种类			备　注
	木材类	塑料（橡胶）泡沫类	纤维类	
压缩应力（MPa）	5.0~20.0	0.2~0.6	2.0~10.0	
复原率（%）	>55	>90	>65	吸水后不应小于不吸水的90%
挤出量（mm）	<5.5	<5.0	<4.0	
弯曲荷载（N）	100~400	0~50	5~40	

注：1. 各类胀缝板吸水后的压缩应力应不小于吸水前的90%，沥青浸泡，木板厚度（2.0~2.5）±0.1cm；

2. 橡胶泡沫板实测参考值：压缩应力0.31MPa，弹性复原率99%，弯曲荷载27N。

加热施工式填缝料的技术要求　　表4

试验项目	低弹性型	高弹性型
针入度（银针法）（mm）	<5	<9
弹性复原率（%）	>30	>60
流动度（mm）	<5	<2
拉伸率（mm）（-10℃）	>10	>15

注：1. 低弹性填缝料适用于道路等级较低的混凝土路面的接缝和道路等级较高的混凝土路面的纵缝；

2. 高弹性填缝料适用于道路等级较低的混凝土路面的胀缝和道路等级较高的混凝土路面的接缝。

常温施工式填缝料的技术要求　　表5

试验项目	技术要求	试验项目	技术要求
灌入稠度（s）	<20	流动度（mm）	0
失粘时间（h）	6~24	拉伸量（mm）（-10℃）	>15
弹性复原率（%）	>75		

图名	水泥路面接缝构造设计（七）	图号	DL5-16（七）

类		型		特 性	产 品		主 参 数 代 号		
名 称	代 号	名 称	代 号	代 号	名 称	代 号	名 称	单 位	
钢筋强化机械	G（钢）	钢筋冷拉机	L（拉）	—	钢筋冷拉机	GL	钢筋最大公称直径	mm	主
		钢筋冷拔机	B（拔）	W（卧）	卧式钢筋冷拔机	GBW	钢筋最大直径	mm	
				L（立）	立式钢筋冷拔机	GBL			
				C（串）	串联式钢筋冷拔机	—			
		钢筋冷拔调直切断机	BT（拔调）	—	钢筋冷拔调直切断机	GBT	钢筋最小直径×钢筋最大直径	mm×mm	
		钢筋扎扭机	U（扭）	—	钢筋扎扭机	GU	钢筋最大直径	mm	
钢筋加工机械	G（钢）	钢筋切断机	Q（切）	S（手）	手动钢筋切断机	GQS	钢筋最大公称直径	mm	参
				D（电）	手动电动钢筋切断机	GQD			
				—	卧式钢筋切断机	GQ			
				L（立）	立式钢筋切断机	GQL			
				E（颚）	颚剪式钢筋切断机	GQE			
				C（磁）	电磁式钢筋切断机	GQC			
		钢筋调直切断机	T（调）	Y（液）	液压定长钢筋调直切断机	GTY	钢筋最小直径×钢筋最大直径	mm×mm	数
				K（控）	数控定长钢筋调直切断机	GTK			
				J（机）	机械定长钢筋调直切断机	GTJ			
		钢筋调直机	T（调）	—	钢筋调直机	GT			
		钢筋弯曲机	W（弯）	—	钢筋弯曲机	GW	钢筋最大公称直径	mm	
				S（手）	手持电动钢筋弯曲机	GWS			
				K（控）	数控钢筋弯曲机	GWK			
		钢筋切断弯曲机	QW（切弯）	—	钢筋切断机	GQW			
		钢筋弯箍机	G（箍）	S（手）	手动钢筋弯箍机	GGS			
				J（机）	机械钢筋弯箍机	GGJ			

图 名	钢筋及预应力机械型号编制（一）	图 号	DL5-17（一）

类	型			特 性	产 品		主 参 数 代 号		
名 称	代号	名 称	代 号	代号	名 称	代号	名 称	单 位	
钢筋加工机械	G（钢）	钢筋压波机	YB（压波）	—	钢筋压波机	GYB	钢筋最大公称直径	mm	主
		钢筋除锈机	B（除）	—	钢筋除锈机	GC	钢筋最大公称直径		
		钢筋镦头机	D（镦）	S（手）	钢筋镦头机	GDS	钢筋最大直径		
				G（固）	固定钢筋镦头机	GDG			
		钢筋扎扭机	U（扭）	—	钢筋扎扭机	GU	钢筋最大直径		
钢筋焊接机械	G（钢）	钢筋点焊机	H（焊）	—	钢筋点焊机	GH	公称容量	kVA	
				D（多）	钢筋多头点焊机	GHD			
		钢筋平焊机	PH（平焊）	—	双钢筋平焊机	GPD			
		钢筋对焊机	DH（对焊）	—	钢筋对焊机	GDH			
预应力千斤顶	YD（预顶）	拉杆式	L（拉）	—	拉杆式预应力千斤顶	YDL	公称容量	kVA	参
		穿心式	C（穿）	—	穿心式预应力千斤顶	YDC	张拉力—最大行程	kN—mm	
		锥锚式	Z（锥）	—	锥锚式预应力千斤顶	YDC			
		台座式	T（台）	—	台座式预应力千斤顶	YDT			
预应力液压泵	YB（预泵）	手动式	S（手）	—	手动液压泵	YBS	公称压力	kPa	数
		轴向式	Z（轴）	—	轴向式电动液压泵	YBZ	公称流量—公称压力	L/min—kPa	
		径向式	J（径）	—	径向式电动液压泵	YBJ			
张拉机预应力钢筋	YL（预拉）	手动式	S（手）	—	手动钢筋张拉机	YLS	张拉力	kN	
		电动式	D（电）	—	电动钢筋张拉机	YLD			
孔道成型机	K（孔）	卷管式	J（卷）	—	卷管式孔道成型机	KJ	工作量最大直径	mm	
		焊管式	H（焊）	—	焊管式孔道成型机	KH			
		涂包式	T（涂）	—	涂包式孔道成型机	KT			
穿束机	CS（穿束）	牵引式	Q（牵）	—	牵引式穿束机	CSQ	牵引力	kN	
		顶锥式	D（顶）	—	顶锥式穿束机	CSD	顶锥力		

图名	钢筋及预应力机械型号编制（二）	图号	DL5-17（二）

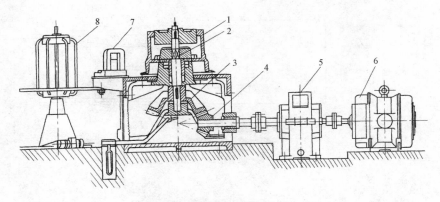

（A）立式钢筋冷拔机

1—卷筒；2—立轴；3、4—锥形齿轮；5—变速箱；

6—电动机；7—拔丝模架；8—承料架

（B）卧式双卷筒钢筋冷拔机

1—电动机；2—变速箱；3—卷筒；

4—拔丝模盒；5—承料架

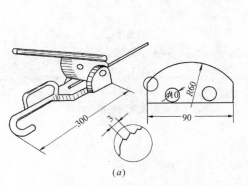

（a）

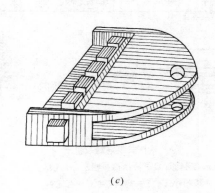

（b）

（c）

（C）冷拉钢筋夹具

（a）重力式偏心夹具；（b）楔块式夹具；（c）镦头式夹具

图名	钢筋冷拔机及其冷拔夹具	图号	DL5-18

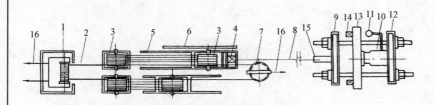

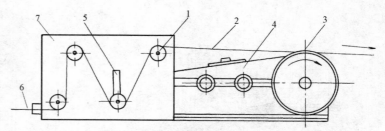

（a）卷扬机式钢筋冷拉机

1—卷扬机；2—钢丝绳；3—滑轮组；4—夹具；5—轨道；6—标尺；

7—导向滑轮；8—钢筋；9—活动前横梁；10—千斤顶；11—油压表；

12—活动后横梁；13—固定横梁；14—台座；15—夹具；16—地锚

（b）阻力轮钢筋冷拉设备

1—阻力轮；2—钢筋；3—绞轮；4—变速箱；

5—调节槽；6—钢筋；7—支撑架

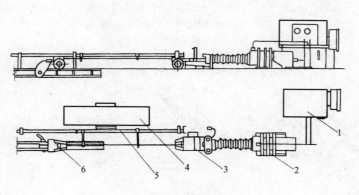

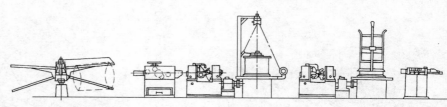

（c）液压式钢筋冷拉机

1—泵阀控制器；2—液压冷拉机；3—前端夹具；

4—袋料小车；5—翻料架；6—后端夹具

（d）滑轮式冷轧带肋钢筋生产线

图名	钢筋冷拉机与冷轧机及生产线	图号	DL5-19

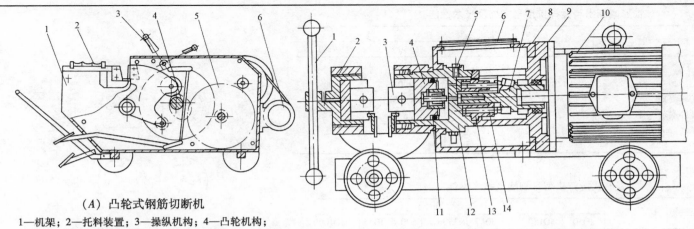

（A）凸轮式钢筋切断机

1—机架；2—托料装置；3—操纵机构；4—凸轮机构；
5—传动机构；6—电动机

（B）液压式钢筋切断机

1—手柄；2—支座；3—主刀片；4—活塞；5—放油阀；
6—观察玻璃；7—偏心轴；8—油箱；9—联接架；10—电动机；
11—皮碗；12—油缸体；13—油泵缸；14—柱塞

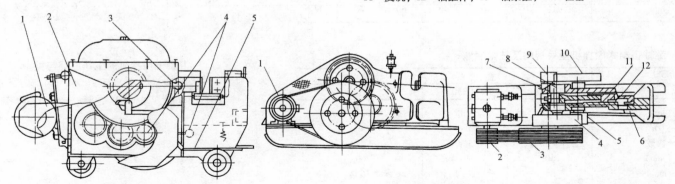

（C）封闭式钢筋切断机

1—电动机；2—机体；3—剪切机构；
4—变速机构；5—操纵机构

（D）开式钢筋切断机

1—电动机；2、3—三角皮带轮；4、5、9、10—减速齿轮；6—固定刀片；
7—连杆；8—偏心轴；11—滑块；12—活动刀片

图名	钢筋切断机结构示意图	图号	DL5-20

锥形倾翻出料搅拌机型号规格及技术性能

基 本 参 数	主 要 型 号			
	JF750	JF1000	JF1500	JF3000
出料容量（m³）	0.75	1.00	1.50	3.00
进料容量（L）	1200	1600	2400	4800
搅拌机额定功率（kW）	2×5.5	2×7.5	2×7.5	2×17
每小时工作循环次数（不少于）	25	25	25	25
骨料最大粒径（mm）	120	120	150	250

强制式搅拌机型号规格及技术性能

基 本 参 数	主 要 型 号						
	JQ50	JQ150	JQ250	JQ350	JQ500	JQ750	JQ1000
出料容量（m³）	0.05	0.15	0.25	0.35	0.50	0.75	1.00
进料容量（L）	80	240	400	560	800	1200	1600
搅筒额定功率（kW）		10	13	22	30	40	55
每小时工作循环次数（不少于）	40	40	40	40	40	40	40
骨料最大粒径（mm）	40	40	40	40	60	60	60

卧轴强制式搅拌机型号规格及技术性能

基 本 参 数	主 要 型 号		
	JD200	JD350	JS350
额定出料容量（m³）	0.20	0.35	0.35
额定进料容量（L）	360	560	560
每小时工作循环次数	>50	>50	>40
骨料最大粒径（mm）	60	40	60
搅拌轴转速（r/min）	34	29.2	36.2
料斗提升速度（m/s）	0.33	0.27	0.32

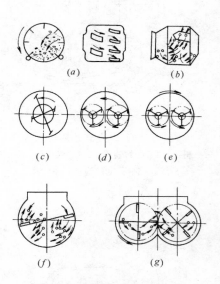

混凝土搅拌机的工作原理与类型

（a）鼓形；（b）锥形反转出料；（c）涡浆式；
（d）、（e）行星式；（f）单卧轴式；（g）双卧轴式

图名	水泥混凝土搅拌的类型与性能	图号	DL5-21

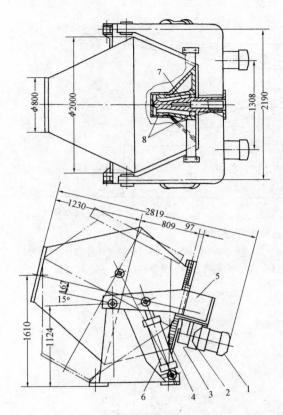

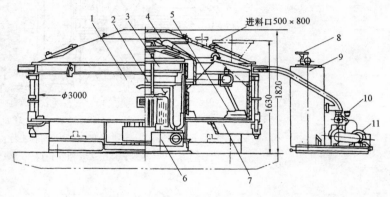

（B）JQ1000 型搅拌机外形

1—搅拌筒；2—主电动机；3—行星减速器；4—搅拌叶片总成；5—搅拌叶；

6—润滑油泵；7—出料门；8—调节手轮；9—水箱；

10—水泵及五通阀；11—水泵电动机

（A）JF1000 型搅拌机外形

1—电动机；2—行星摆线针轮减速机；3—小齿轮；4—大齿圈；

5—倾翻机架；6—倾翻汽缸；7—锥形轴；8—单列圆锥滚子轴承

图名	JF1000、JQ1000 型搅拌机外貌图	图号	DL5-22

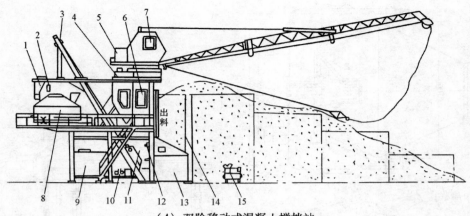

（A）双阶移动式混凝土搅拌站

1—水泥秤；2—示值表；3—料斗卷扬机；4—回转机构；5—拉铲绞车；6—主操作室；7—拉铲操作室；8—搅拌机；

9—水箱；10—水泵；11—提升料斗；12—电磁气阀；13—骨料秤；14—分壁柱；15—空气压缩机

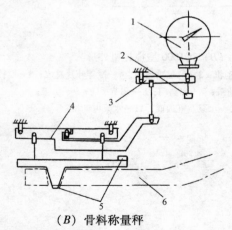

（B）骨料称量秤

1—表头；2—油缓冲器；3—二级杠杆；4—一级杠杆；5—秤盘；6—轨道

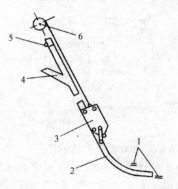

（C）骨料提升装置

1—秤盘；2—轨道；3—提升料斗；4—叉道；5—安全装置；6—提升卷扬机

图名	双阶移动式水泥混凝土搅拌站	图号	DL5-23

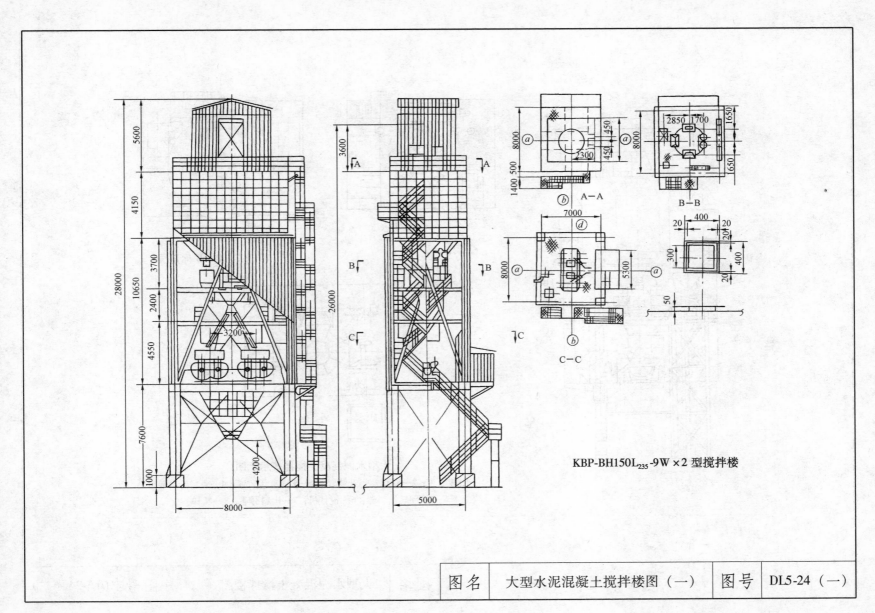

KBP-BH150L$_{235}$-9W×2 型搅拌楼

| 图名 | 大型水泥混凝土搅拌楼图（一） | 图号 | DL5-24（一） |

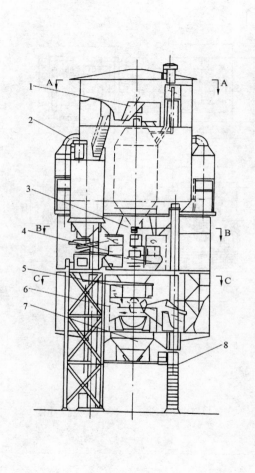

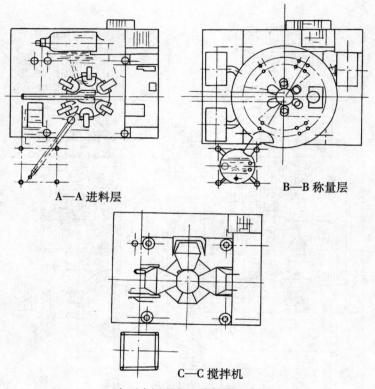

A—A 进料层

B—B 称量层

C—C 搅拌机

大型水泥混凝土搅拌楼示意图

1—回转漏斗；2—粉煤灰提升装置；3—水泥称量装置；4—骨料配料装置；
5—回转给料器；6—搅拌机；7—出料漏斗；8—爬梯

图名	大型水泥混凝土搅拌楼图（二）	图号	DL5-24（二）

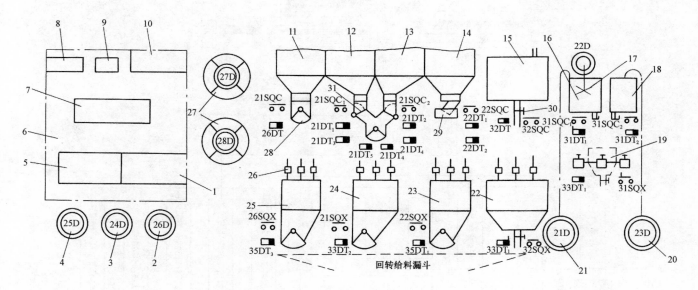

SQX—限位开关；DT—电磁气阀；D—电动机

1—称量柜；2、4—离心通风机；3—布袋滤尘器；5—1 号配电箱；6—配料层控制室；7—2 号操纵台；8—稳压器；9—电话；10—工具箱；11—细石等储料箱；12—1 号水泥储料箱；13—2 号水泥储料箱；14—特大石储料箱；15—水箱；16—塑化剂；17—搅拌器；18—加气剂；19—塑加剂；20—加气剂泵；21—塑化剂泵；22、23、24、25—分别为水、特大石、水泥、细石等的电子秤斗；26—电子秤传感器；27—轴流通风机；28—气控弧门；29—倾翻溜槽；30—气控阀门；31—气控翻板门

图名	大型水泥混凝土搅拌楼配料系统	图号	DL5-25

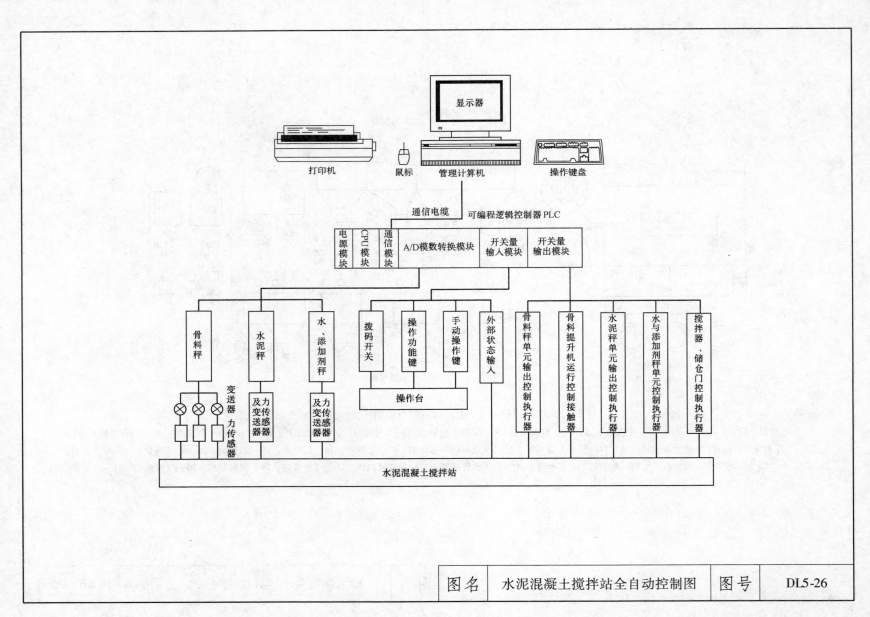

| 图名 | 水泥混凝土搅拌站全自动控制图 | 图号 | DL5-26 |

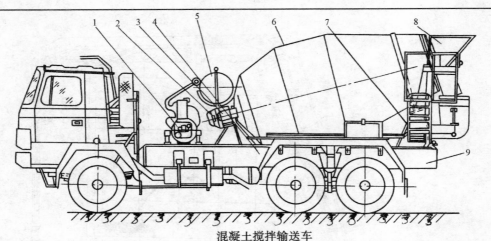

混凝土搅拌输送车

1—泵连接组件；2—减速机总成；3—液压系统；4—机架；5—供水系统；6—搅拌筒；7—操纵系统；8—进出料装置；9—底盘车

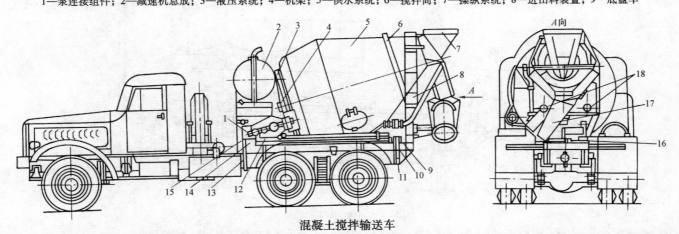

混凝土搅拌输送车

1—减压操纵杆；2—水箱；3—被动链轮；4—搅拌筒主轴承；5—搅拌筒；6—滚圈；7—进料装置；8—梯子；9—离合器操纵杆；10—燃油供给操纵杆；11—减速器逆转机构操纵杆；
12—机架；13—底盘；14—检测器具；15—搅拌筒驱动减速器；16—卸料槽回转装置；17—卸料槽；18—支重滚轮

图名	水泥混凝土搅拌输送车示意图	图号	DL5-27

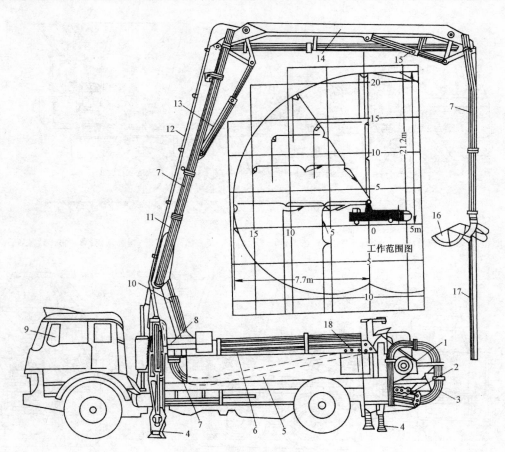

混凝土泵车外形及工作范围

1—料斗及搅拌器；2—混凝土泵；3—Y形出料管；4—液压外伸支腿；5—水箱；6—备用管段；
7—进入旋转台的导管；8—支撑旋转台；9—驾驶室；10、13、15—折叠臂的油缸；
11、14—臂杆；12—油管；16—橡胶软管弯曲支架；17—软管；18—操纵柜

图名	水泥混凝土泵外形与工作范围	图号	DL5-28

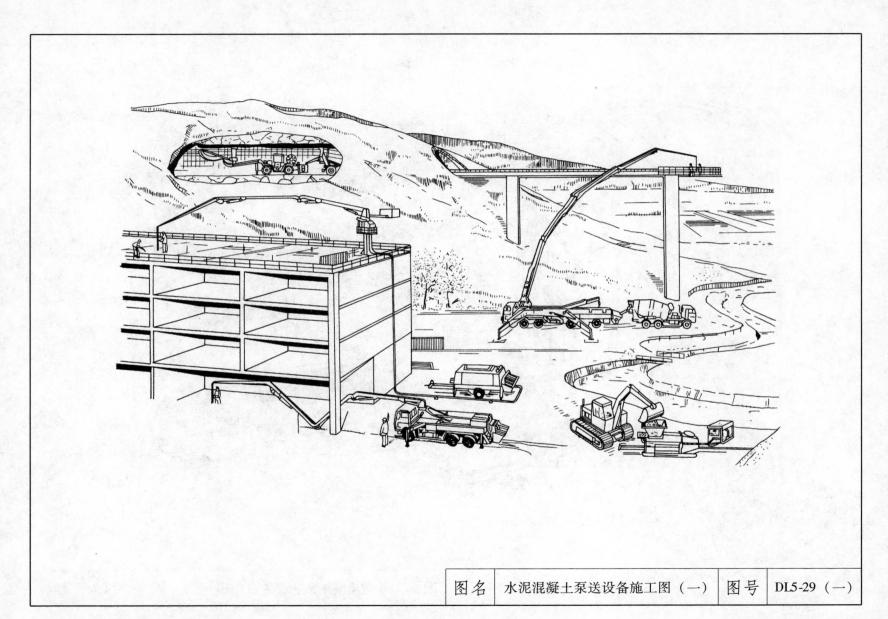

图名	水泥混凝土泵送设备施工图（一）	图号	DL5-29（一）

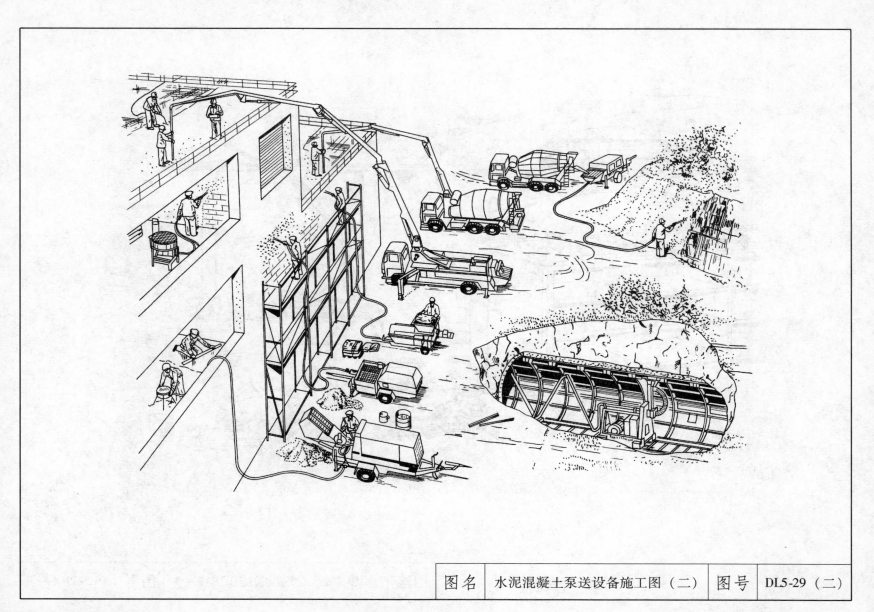

| 图名 | 水泥混凝土泵送设备施工图（二） | 图号 | DL5-29（二） |

轨道式摊铺施工工艺

固定轨模 — 基层
纵缝拉杆
路面下层的布料机 — 下层松铺
下层振动机 — 下层整形捣实
传力杆或钢筋网铺设机 — 传力杆或钢筋网压振到确定位置
路面上层布料机 — 上层松铺
带缝模和整形梁的上层振动机 — 上层整形、捣实、抹平做纵缝、填料
压缝机平板振动器 — 压横缝、填料重新捣实
表面整修机 — 最后整面、抹光
纹理养护机 — 拉槽或刻槽喷洒养护膜
活动篷 — 长约60,由养生机拖动

国外生产的轨道式水泥混凝土摊铺设备

国别	公司	型 号	最大摊铺宽度（m）	最大摊铺厚度（cm）	最高摊铺速度（m/min）	功率（kW）	质量（t）
德国	ABG	BV590NASS12	12.00	45.0	2.5	32.48	13～38
		TITAN410S	12.00	45.0	3.0	32.88	13～15
		NAS512					
	V～GELE	J	4.50	30.0	—	14	6
		S	9.00	40.0	—	25	10
美国	CURBMASTER	CMSF	9.14	61.0	4.0	82	11
		PA1700	6.40	61.0	4.0	42	6
		PA2000	8.53	61.0	2.0	69	8
	METAL FORMS	SUP	18.30	35.6		6	
		SUP	18.30	35.6		3	
	GOMACO	C-450X	9.00	—	3.87	32	2.3
	POWER CURBER	440-XL	0.45	30.0	0.5	15	0.4
		607-W	0.30	30.0	0.2	10	0.4
		57-W	0.30	30.0	0.2	9	0.3
		PC-150	0.30	30.0	0.2	9	0.3
	RAYGO	Roodster120	3.66	20.3	5.4	26	4
比利时	SGME	RCL	5.00	25.0	—	8	4
		VRK	8.50	50.0	—	30	14
		RCG	13.25	50.0	—	45	25
日本	KAWASAKI	KCS75A	7.5	30.0	2.3	33	7
		KCB75A	7.5	30.0	2.3	57	16
		KCF75A	7.5	30.0	2.3	33	11
		KCL75A	7.5	30.0	2.3	18	5
	汽车制造	CF-S	3.0～7.5	—	—	15	6.5
	住友机械	HC-45	3.5～4.5	—	—	22.4	—

国产轨道式摊铺机主要技术性能

生产厂及型号	主要技术参数与功能
江阴交通工程机械工业厂S型	（1）刮板式匀料机，18kW，刮板向左、右匀料 （2）振捣机25kW，由复平刮梁/修整机组成 （3）再度修整机组13kW，配有纵向修整梁以保证平整度，整机摊铺宽度3～9m，摊铺厚度为300mm，行走速度为2.5m/min，整机质量10t
江苏建筑机械厂C-450X型	由螺旋式摊铺机、插入式振动机组、整平滚筒和浮动拖板等组成。整机采用三点式整平原理，施工平整度在3.66m内不大于3mm，摊铺宽度3～9mm，最大可达42.7m，功率23.5kW，整机质量2.3t（标准型）
平山机械厂SLHX型	（1）匀料机（SLHY）横向移动21.85m/min，旋转8.28r/min，垂直调整300mm，行走速度13.65～27.3m/min （2）摊铺机（SLHX）插入式振动器2×1.1kW，主振动梁15kW，次振动梁1.5kW，行走速度1m/min，生产率40～60m/h，整机质量6t
山西省公路局山西省交通科研所J型	（1）匀料机 功率为14.2kW，其转速1800r/min （2）摊铺机 功率为22kW，其转速2800r/min （3）精整器 摆动幅度为50～80mm，抹光梁升高度为30mm，摊铺幅度3～4.5m，最大铺厚300mm，摊铺速度1～1.5m/min，整机质量7t

图名	轨道式摊铺机施工工艺及设备性能	图号	DL5-30

269

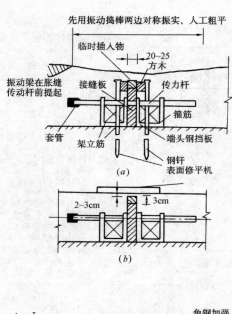

先用振动捣棒两边对称振实、人工粗平

临时插入物
20~25
方木

振动梁在胀缝传动杆前提起

接缝板
传力杆

套管
箍筋
架立筋
端头钢挡板
钢钎
表面修平机

(a)

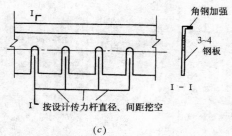

2~3cm
3cm

(b)

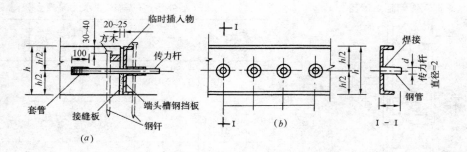

30~40
20~25
临时插入物
方木
传力杆

套管
接缝板
钢钎
端头槽钢挡板

(a)

h/2
h/2
h

(b)

焊接
传力杆
直径=2
d
钢管

I－I

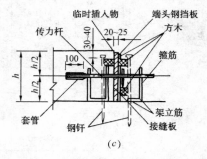

临时插入物
端头钢挡板

传力杆
30~40
20~25
方木
箍筋

100
h
h/2
h/2
架立筋

套管
钢钎
接缝板

(c)

（B）施工终了时施工胀缝
（a）传力杆固定装置；（b）端头槽钢挡板；（c）安装、固定传力杆和接缝板

角钢加强
3~4
钢板

I

I－I

按设计传力杆直径、间距挖空

(c)

（A）机械化连续铺筑时施工胀缝

图名	轨道式摊铺机的接缝施工	图号	DL5-31

松铺系数与坍落度的关系					
坍落度 （cm）	1	2	3	4	5
松铺系数	1.25	1.22	1.19	1.17	1.15

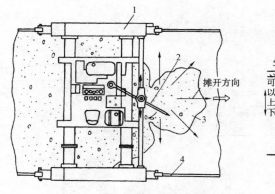

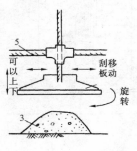

（*A*）刮板式摊铺机的作业

1—刮板式摊铺机；2—刮板；3—混凝土；4—轨道；5—导轨

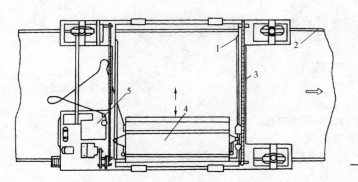

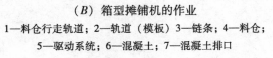

（*B*）箱型摊铺机的作业

1—料仓行走轨道；2—轨道（模板）3—链条；4—料仓；

5—驱动系统；6—混凝土；7—混凝土排口

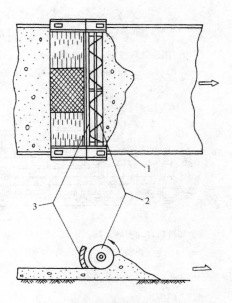

（*C*）螺旋式摊铺机的作业

1—轨道（模板）；2—螺旋；3—刮平板

图名	水泥轨道式摊铺机的作业方式	图号	DL5-32

271

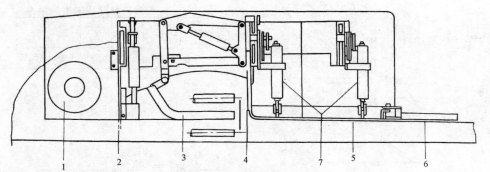

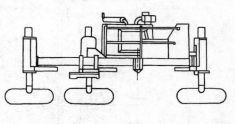

（A）摊铺装置

1—螺旋分料装置；2—计量装置；3—内部振捣装置；4—外部振捣装置；
5—成型装置；6—定型抹光装置；7—调拱装置

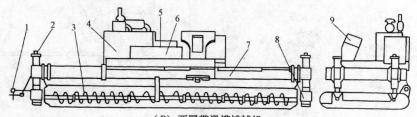

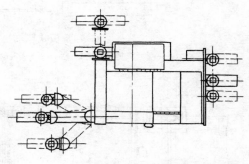

（B）两履带滑模摊铺机

1—找平和转向自动控制系统；2—立柱浮动支撑系统；3—工作装置；4—动力装置；5—传动装置；
6—辅助装置；7—机架；8—行走及转向装置；9—电液控制和操纵装置

（C）三履带滑模摊铺机

图名	两履带与三履带滑模式摊铺机	图号	DL5-33

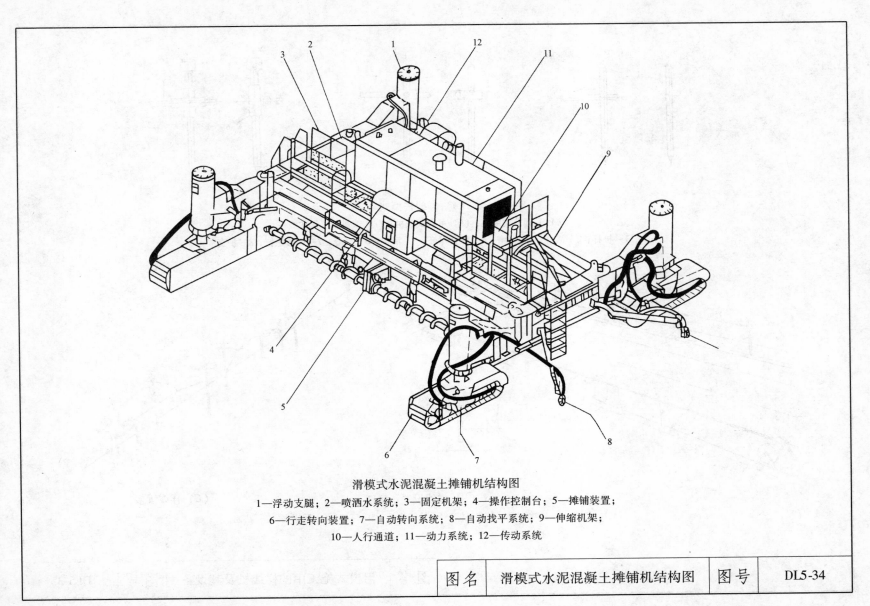

滑模式水泥混凝土摊铺机结构图

1—浮动支腿；2—喷洒水系统；3—固定机架；4—操作控制台；5—摊铺装置；

6—行走转向装置；7—自动转向系统；8—自动找平系统；9—伸缩机架；

10—人行通道；11—动力系统；12—传动系统

图名	滑模式水泥混凝土摊铺机结构图	图号	DL5-34

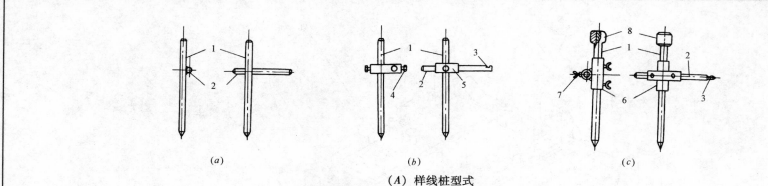

（A）样线桩型式

（a）非调节式线桩；（b）可调式线桩；（c）改进型可调式线桩

1—桩杆；2—横杆；3—凹槽；4—拧紧螺杆；5—滑块；6—滑套；7—蝶形镙钉；8—护套

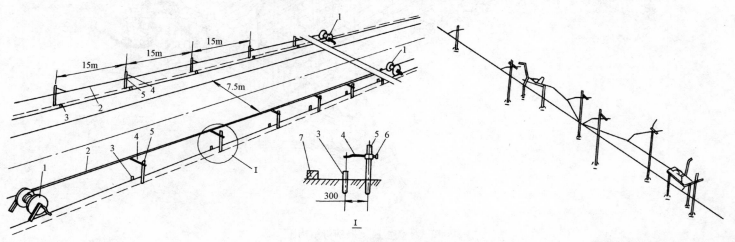

（B）样线设置示意图

1—绞盘；2—样线；3—水准仪桩；4—持线横杆；5—桩杆；6—固定夹；7—路面

（C）样线续接

| 图名 | 滑模式施工中的样线桩及其设备 | 图号 | DL5-35 |

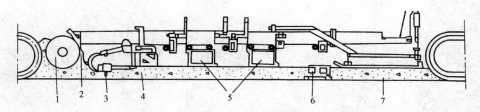

（A）滑模式摊铺机摊铺工艺过程图

1—螺旋摊铺器；2—刮平器；3—振捣器；4—刮平板；5—振动振平板；6—光面带；7—混凝土面层

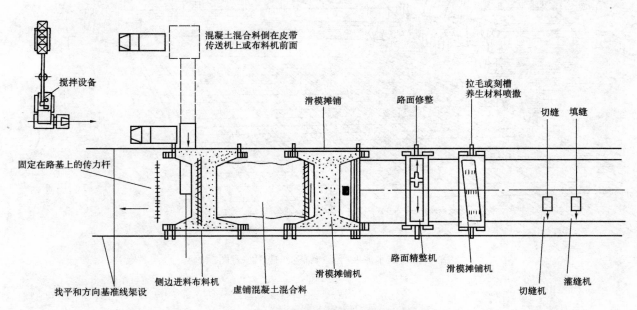

混凝土混合料倒在皮带
传送机上或布料机前面

搅拌设备

固定在路基上的传力杆

拉毛或刻槽
养生材料喷撒

滑模摊铺

路面修整

切缝   填缝

路面精整机

滑模摊铺机

找平和方向基准线架设

侧边进料布料机

虚铺混凝土混合料

滑模摊铺机

切缝机

灌缝机

（B）典型的滑模施工工艺流程图

图名	滑模式摊铺机施工工艺流程图	图号	DL5-36

275

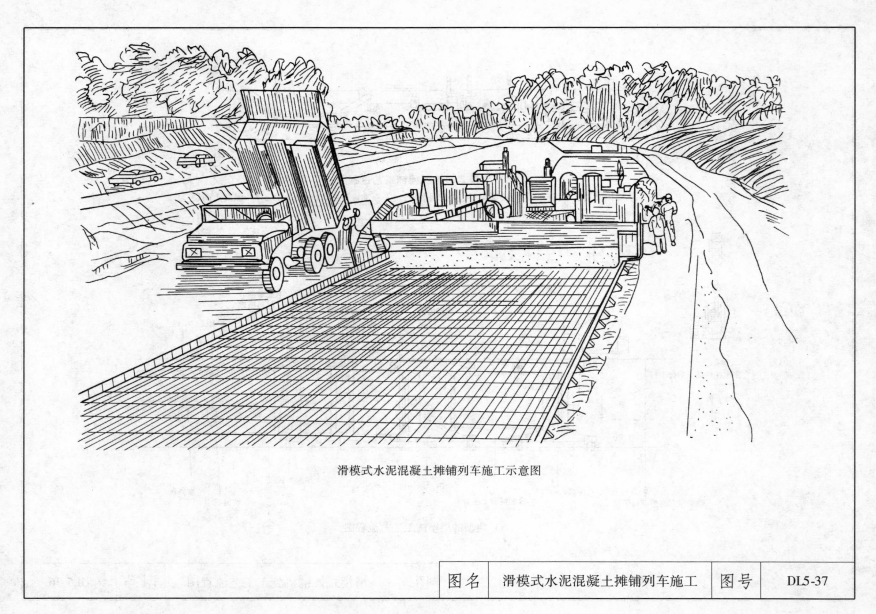

滑模式水泥混凝土摊铺列车施工示意图

图名	滑模式水泥混凝土摊铺列车施工	图号	DL5-37

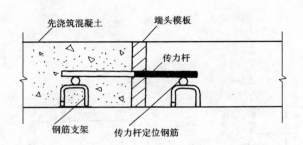

（A）预制定位支架固定传力杆示意图

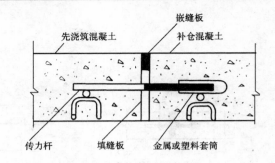

（B）预制支架固定传力杆套筒示意图

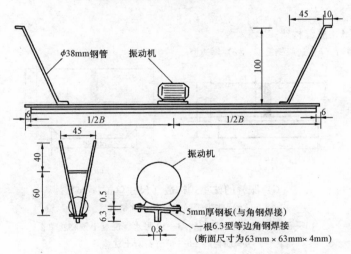

（C）振动压缝板（单位：cm）

B = 混凝土板宽—2cm

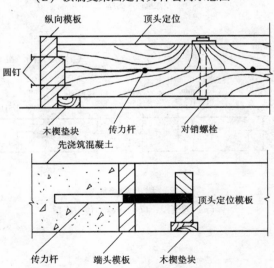

（D）顶头定位木模固定传力杆示意图

图名	水泥混凝土路面接缝施工图	图号	DL5-38

277

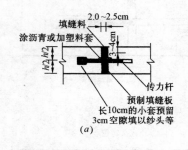

填缝料
2.0~2.5cm
涂沥青或加塑料套
3~4cm
$h/2$ $h/2$
传力杆
预制填缝板
长10cm的小套预留
3cm空隙填以纱头等

(a)

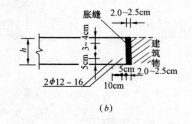

胀缝 2.0~2.5cm
3~4cm
h
5cm
5cm 2.0~2.5cm
$2\phi12-16$
10cm
建筑物

(b)

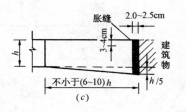

胀缝 2.0~2.5cm
3~4cm
h
建筑物
不小于(6~10)h
$h/5$

(c)

（A）胀缝构造

（a）传力杆（滑动型）；（b）边缘钢筋型；（c）厚边型

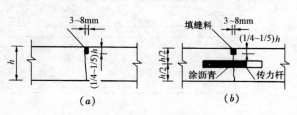

3~8mm
(1/4~1/5)h
h
(a)

填缝料 3~8mm
(1/4~1/5)h
$h/2$ $h/2$
涂沥青 传力杆
(b)

（B）横向缩缝构造

（a）假缝型；（b）加缝加传力杆型

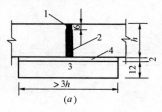

1
6
2
4
3
h
12
2
> 3h
(a)

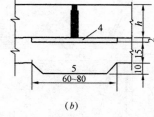

4
h
2
15
5
10
60~80
(b)

（C）胀缝的枕垫式构造（尺寸单位：cm）

（a）枕垫式；（b）基层枕垫式

1—沥青填缝；2—油毛毡；3—10号水泥混凝土预制枕垫；

4—沥青砂；5—炉渣石灰土枕垫

| 图名 | 水泥路面胀缩缝的构造示意图 | 图号 | DL5-39 |

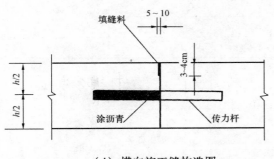

（A）横向施工缝构造图

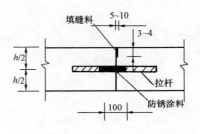

（B）纵向缩缝构造　　　　　（C）纵向施工缝构造

拉杆尺寸及间距

板宽（m）	板厚（cm）	直径 d_s（mm）	最小长度（cm）	最大间距（cm）	板宽（m）	板厚（cm）	直径 d_s（mm）	最小长度（cm）	最大间距（cm）
3.00	≤20	12	60	90	3.75	≤20	12	60	70
	21～25	14	70	90		21～25	14	70	70
	26～30	16	80	90		26～30	16	80	70
3.50	≤20	12	60	80	4.50	≤20	12	60	60
	21～25	14	70	80		21～25	14	70	60
	26～30	16	80	80		26～30	16	80	60

传力杆的尺寸及间距表

板厚 h（cm）	直径 d_s（mm）	最小长度（cm）	最大间距（cm）
20	20	40	30
21～25	25	45	30
26～30	30	50	30

图名	纵向缝构造及拉、传力杆尺寸	图号	DL5-40

接缝板和填缝料的种类与技术要求

（1）接缝板的种类与技术要求	材料品种	可做接缝板的材料有：杉木板、纤维板、泡沫橡胶板、泡沫树脂板等				
	技术要求	试验项目	接 缝 板 种 类			备　注
			木 材 料	塑料泡沫类	纤 维 类	
		压缩应力（MPa）	5.0～20.0	0.2～0.6	2.0～10.0	吸水后不应小于不吸水的90%
		复原率（%）	>55	>90	>65	
		挤出量（mm）	<5.5	<5.0	<4.0	
		弯曲荷载（N）	100～400	0～50	5～40	

（2）加热施工式填缝料的种类和技术要求	种　类	主要有沥青橡胶类、聚氯乙烯胶泥类和沥青玛琋脂类等		
	技术要求	试 验 项 目	低弹性型	高弹性型
		针入度（锥针法）（mm）	<5	<9
		弹性（复原率%）	>30	>60
		流动度（mm）	<5	<2
		拉伸量（mm）	>5	>15
	注：低弹性填缝料适用于公路等级较低的混凝土路面的接缝和公路等级较高的混凝土路面的缩缝；高弹性填缝料适用于公路等级较高的混凝土路面的胀缝和高速公路混凝土路面的接缝			

（3）常温施工式填缝料的种类和技术要求	种　类	主要有聚氨酯焦油类、氯丁橡胶类、乳化沥青橡胶类等	
	技术要求	试 验 项 目	技 术 要 求
		灌入稠度（s）	<20
		失粘时间（h）	6～24
		弹性（复原率%）	>75
		流动度（mm）	0
		拉 伸 量（mm）	>15

图名	接缝板和填缝料的种类与要求	图号	DL5-41

接缝料的施工工艺

	项　目	工 艺 内 容
（1）接缝板的施工工艺	施工前的准备工作	1）胀缝板施工前要按设计图加工成板材，长度应与混凝土板块宽度相等。原则上不允许两块板拼接，个别需要拼接时，锯成齿状用乳胶或其他胶粘结牢固，搭接处需无缝隙，以避免水泥砂浆进入； 2）采用软质木板作为接缝板时，如白松、杉木、纤维板等需事先在煤油中进行防腐处理，煤焦油的温度应大于100℃，浸泡时间一般不小于1h，达到板内全部变黄无夹心为止； 3）对于设传力杆的胀缝，接缝板事先应根据传力杆间距和直径钻好孔洞，以便传力杆插入
	接缝板施工技术及要求	1）先用地板胶或建筑沥青等粘结在灌筑好的板面接缝一侧，粘结要牢固，接缝要严密。接缝板底面应与混凝土板底平齐，接缝底面不能脱空，脱空部分必须用找平层材料填实； 2）接缝板接头以及接缝板与传力杆之间的间隙必须用沥青或其他填缝材料填实抹平，在接缝板的上部还应粘好嵌缝条，经验收合格后方可浇筑另一侧混凝土，施工中要注意保护安放好的接缝板； 3）采用泡沫树脂类等弯曲强度和抗压强度较低的接缝板，粘贴后应在侧面用建筑沥青和编织袋布贴成两油两布的保护层

	项　目	施 工 工 艺 要 点
（2）填缝料的施工工艺	清缝	在填缝前必须做清缝工作，做法是用铁钩钩出缝内砂石等杂物，也可用砂轮片或旧金刚石刀片等机械清缝，然后用至少2.5MPa压力的水把缝内灰尘自高处向低处冲洗干净，晒干后即可填缝
	填缝 加热施工式填缝料	1）填缝料的灌注深度宜为3～4cm。当缝槽大于3～4cm时，可填入多孔柔性衬底材料，参见下图。填缝料的灌注高度，夏天宜与板面平，冬天宜稍低于板面； 2）加热施工式填缝料，如聚氯乙烯胶泥、橡胶沥青类等要求均匀加热的填缝料，应采用双层锅加热，加热时应不断搅拌均匀，直至规定的灌入温度。聚氯乙烯胶泥的灌入温度为130～140℃，橡胶沥青为100～170℃，滤去渣物即可倒入已预热的填缝机或其容器里； 3）灌缝时可采用灌注漏斗，也可采用填缝机。填缝机工作时，前进速度与出料速度必须协调，使其均匀出料并灌到规定高度。在填料的同时，边填边用铁钩来回钩动，使缝壁上残存少量灰尘掺入填缝料中以增加与混凝土的粘结性； 4）施工完毕，应仔细检查填缝料与缝壁粘结情况，再有脱开处，应用喷灯小火烘烤，使其粘结紧密
	填缝 常温施工式填缝料	1）施工时一般可采用灌注漏斗或专用型施工枪（厂商一般有配套提供）； 2）填缝深度一般为2.5～3cm，切割过深的接缝可用塑料泡沫或油麻绳塞垫底，以节约材料； 3）缝料灌填以后随着用铁钩快速轻来回钩动一次，起调平及增加粘结作用； 4）施工中，要保持板面整洁，不慎溢洒在接缝外边的材料要及时铲除干净，再洒些水泥擦干，尽量与板面颜色一致

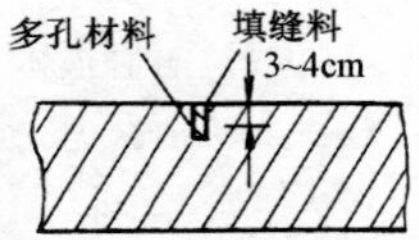

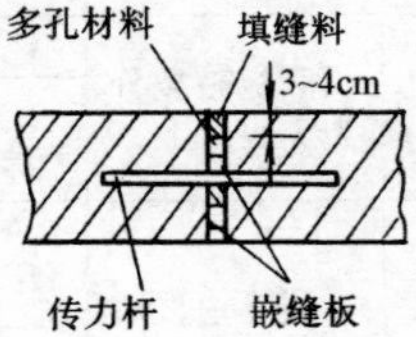

图名	接缝板和填缝料的施工工艺	图号	DL5-42

281

1. 水泥混凝土路面养护质量标准（JTG H10—2009）

评价指标		单位	高速、一级公路	其他等级公路
平整度	平整度仪（σ）	mm	2.5	3.5
	3m 直尺（h）		5	8
路面状况指数 PCI			60 分以上	50 分以上
抗滑系数			0.30	0.40

2. 水泥混凝土路面损坏分类分级

损坏类型	损坏特征	分级标准		计量单位
纵向、横向、斜向裂缝	面板断裂成2块	轻	缝隙宽小于 3mm 的细裂缝	米和块
		中	边缘有中等或严重碎裂，高度小于 13mm 错台的裂缝，缝宽小于 25mm 的裂缝	
		重	13mm 以上错台或缝宽大于 25mm 的裂缝	
破碎板或交叉裂缝	面板破裂分为 3 块以上	轻	板被裂分为 3～4 块	米和块
		重	板被裂分为 5 块以上，或被中等裂缝分为 3 块以上	
板角断裂	裂缝垂直通底，并从角隅到断裂两端的距离等于或小于板边长的一半	轻	缝隙宽小于 3mm 的细裂缝	米和块
		中	边缘有中等或严重碎裂，高度小于 13mm 错台的裂缝，缝宽小于 25mm 的裂缝	
		重	13mm 以上错台或缝宽大于 25mm 的裂缝	
错台	接缝或裂缝两边出现高差	轻	错台量 6～12mm	处
		重	错台量 >12mm	
唧泥	荷载通过时板发生弯沉，接缝或裂缝附近有污染或沉积着基层材料	不分等级		条

损坏类型	损坏特征	分级标准		计量单位
边角剥落	邻近接缝 60cm 内，或板角 15cm 内，混凝土开裂或成碎块	轻	剥落发生在边角附近8cm 之内	处
		中	剥落范围大于 8cm，碎块松动，但不影响行车安全或不易损害轮胎	
		重	影响行车安全或极易损害轮胎	
接缝材料破损	填缝料剥落、挤出、老化和缝内无填缝料	轻	约 1/3 缝长出现损坏，水和杂物易渗入或进入	条
		重	2/3 缝长出现损坏，水和杂物可以自由进入，需立即更换填缝料	
坑洞	面板表面出现直径为 2.5～10cm 深为 1.2～5cm 的坑洞	不分等级		块
修补损坏	面板损坏修补后，重新又损坏	轻	修补功能尚好，四周有轻微剥落	块
		中	四周有中等剥落，且内部有裂缝	
		重	四周严重剥落，修补已损坏，需重新修补	
拱起	横缝两侧的板体发生明显抬高	不分等级		处
表面裂纹与层状剥落	路面表层有网状浅而细的裂纹或层状剥落	轻	面积小于等于 20% 板块面积	块
		重	面积大于 20% 板块面积	

3. 水泥混凝土路面破损评价标准

评价指标	优	良	中	差
路面状况指数（PCI）	≥85	≥70～<85	≥50～<70	<50
平整度（σ）	≤2.5	>2.5～<3.5	>3.5～≤4.5	>4.0
抗滑系数（F）	≥55	≥48～<55	≥38～48	<38
路面综合评定指标（SI）	≥8.5	≥6.9～<8.5	≥4.5～<6.9	<4.5

图名	水泥路面的质量评价与养护	图号	DL5-43

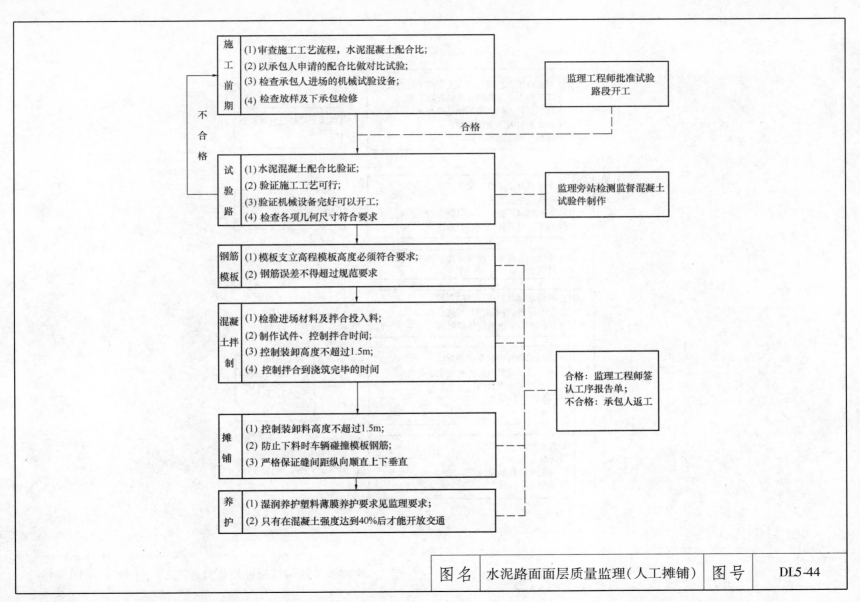

| 施工前期 | (1)审查施工工艺流程，水泥混凝土配合比；
(2)以承包人申请的配合比做对比试验；
(3)检查承包人进场的机械试验设备；
(4)检查放样及下承包检修 | 监理工程师批准试验路段开工 |

不合格

合格

| 试验路 | (1)水泥混凝土配合比验证；
(2)验证施工工艺可行；
(3)验证机械设备完好可以开工；
(4)检查各项几何尺寸符合要求 | 监理旁站检测监督混凝土试验件制作 |

| 钢筋模板 | (1)模板支立高程模板高度必须符合要求；
(2)钢筋误差不得超过规范要求 |

| 混凝土拌制 | (1)检验进场材料及拌合投入料；
(2)制作试件、控制拌合时间；
(3)控制装卸高度不超过1.5m；
(4)控制拌合到浇筑完毕的时间 |

合格：监理工程师签认工序报告单；
不合格：承包人返工

| 摊铺 | (1)控制装卸料高度不超过1.5m；
(2)防止下料时车辆碰撞模板钢筋；
(3)严格保证缝间距纵向顺直上下垂直 |

| 养护 | (1)湿润养护塑料薄膜养护要求见监理要求；
(2)只有在混凝土强度达到40%后才能开放交通 |

| 图名 | 水泥路面面层质量监理(人工摊铺) | 图号 | DL5-44 |

283

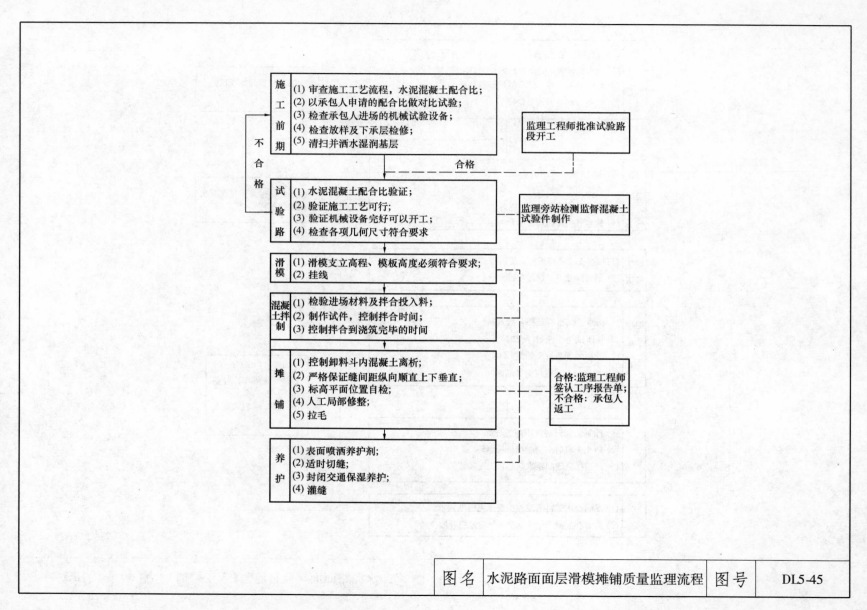

施工前期	(1) 审查施工工艺流程，水泥混凝土配合比； (2) 以承包人申请的配合比做对比试验； (3) 检查承包人进场的机械试验设备； (4) 检查放样及下承层检修； (5) 清扫并洒水湿润基层		监理工程师批准试验路段开工
试验路	(1) 水泥混凝土配合比验证； (2) 验证施工工艺可行； (3) 验证机械设备完好可以开工； (4) 检查各项几何尺寸符合要求		监理旁站检测监督混凝土试验件制作
滑模	(1) 滑模支立高程、模板高度必须符合要求； (2) 挂线		
混凝土拌制	(1) 检验进场材料及拌合投入料； (2) 制作试件，控制拌合时间； (3) 控制拌合到浇筑完毕的时间		
摊铺	(1) 控制卸料斗内混凝土离析； (2) 严格保证缝间距纵向顺直上下垂直； (3) 标高平面位置自检； (4) 人工局部修整； (5) 拉毛		合格:监理工程师签认工序报告单； 不合格：承包人返工
养护	(1) 表面喷洒养护剂； (2) 适时切缝； (3) 封闭交通保湿养护； (4) 灌缝		

合格

不合格

图名	水泥路面面层滑模摊铺质量监理流程	图号	DL5-45

水泥混凝土面板质量验收允许误差

验收标准		质量标准和允许误差	检验要求		检验方法
			范围	点数	
抗弯拉强度		不小于规定强度	每天或每200m³（400m³） 每1000～2000m³	2组增一组	（1）小梁抗弯拉实验； （2）现场钻圆柱体试件校核
纵缝顺直度		15（10）mm	100m缝长	1	拉20m线量取最大值
横缝顺直度			20条缩缝	2条	沿板宽拉线量取最大值
板边垂直度		±5mm，胀缝板边垂直度无误差	100mm	2	沿板边垂直拉线量取最大值
平整面	路面宽＜9m	5mm	50m	1	用3m直尺连量三次，取最大三点平均值或用平整度仪测（高速公路≤2.5mm）
	路面宽9～15m	5mm	50m	2	
	路面宽＞15m	5mm	50m	3	
	高速公路	3mm			
相邻板高差		±3（2）mm	每条胀缝	2	用尺量
			20条胀缝抽2条	2	
纵坡高差		±10（5）mm	20m	1	用水准仪测量
横坡	路面宽＜9m	±0.25%	100m	3	用水准仪测量
	路面宽9～15m	±0.25%	100m	5	用水准仪测量
	路面宽＞15m	±0.25%	100m	7	用水准仪测量
	高速公路	±0.15%	100m		用水准仪测量
板厚度		±10（5）mm	100m	2	用尺量或现场钻孔
板宽度		±20mm	100m	2	用尺量
板长宽		±20（10）mm	100m	2	用尺量
板面纹理	拉毛压槽深度	1～2mm	100m	2块	用尺量
	纹理深度	≥0.6mm	100m	2块	砂铺法

注：括号内数值为高速公路的允许误差。

图名	水泥路混凝土路面质量验收标准	图号	DL5-46

285

质量控制的项目、频度和质量标准

工程类别	项　目	频　　度	质　量　标　准	达不到要求时的参考处理措施	备　　注
无结合料基层或底基层	含水量	据观察，异常时随时试验	最佳含水量 −1% ～ +2%	含水量多时晾晒过干时补充洒水	开始碾压时及碾压过程中进行
	级　配	据观察，异常时随时试验	在规定范围内	调查原材料，按需要修正现场配合比	在料场和施工现场进行。含土集料应用湿筛法
	均匀性	随时观察	无粗细集料离析现象	局部填加所缺集料，补充拌合或换填新料	在摊铺、拌合整平过程中进行
	压实度	每一作业段或不大于2000m² 检查6次以上	96%以上填隙碎石以固体体积率表示不小于83%	继续碾压。局部含水量过大或材料不良地点，挖除并换填好料	以灌砂法为准。每个点受压路机的作用次数力求相等
	塑性指数	每1000m² 1 次，异常时随时试验	小于规定值	塑性指数高时，掺加砂或石屑，或用石灰、水泥处治	在料场和施工现场进行。塑限用标准搓条法试验
	承载比	每300m² 1 次，据观察异常时随时增加试验	不小于规定值	废除，换合格的材料或采取其他措施	在料场和施工现场进行，取样进行室内试验
石灰工业废渣	配合比	每2000m² 1 次	石灰 −1% 以内		按用量控制
	级　配	每2000m² 1 次	在规定范围内		整平过程中取样，指级配集料
	含水量	据观察，异常时随时试验	最佳含水量 ±1%（二灰土为 ±2%）	含水量多时，进行晾晒；过干时摊开洒水	拌合过程中，开始碾压时及碾压过程中检验
	拌合均匀性	随时观察	无灰条灰团，色泽均匀，无离析现象	充分拌合，处理粗集料窝和粗集料带	
	压实度 二灰土	每一作业段或不超过2000m² 检查6次以上	一般公路93%以上一级和高速公路95%以上	继续碾压，局部含水量过大或材料不良地点，挖除并换填好的混合料	以灌砂法为准。每个点受压路机的作用次数力求相等
	压实度 其他含粒料的石灰工业废渣		一般公路底基层95%、基层97%高速和一级公路底基层96%与基层98%		

图名　水泥路面施工质量控制与验收（一）　　图号　DL5-47（一）

工程类别	项目		频 度	质 量 标 准	达不到要求时的参考处理措施	备 注
水泥或石灰稳定及石灰水泥综合稳定土	级 配		每 2000m² 1 次	在规定范围内	调查原材料，按需要修正现场比	指稳定中粒土和粗粒土，在现场摊铺整平过程中取样
	集料压碎值		据观察异常时随时试验	不超过规定值	废除，换合格的材料	在料场和施工现场进行
	水泥或（石灰）剂量		每 2000m² 1 次至少 6 个样品	−1.0%	查明原因，进行调整	在摊铺、拌合和整平过程中进行
	含水量	水泥稳定土	据观察，异常时随时试验	最佳含水量 1%～2%	含水量多时，进行晾晒；过干时补充洒水	拌合过程中，开始碾压时及碾压过程中检验。注意水泥稳定土规定的延迟时间
		石灰稳定土		最佳含水量 ±1%		
	拌合均匀性		随时观察	无灰条灰团，色泽均匀，无离析现象	充分拌合，处理粗集料窝和粗集料带	拌合过程中，随时检查其质量
	压实度	稳定细粒土	每一作业段或不超过 2000m² 检查 6 次以上	一般公路 93% 以上一级和高速公路 95% 以上	继续碾压，局部含水量过大或材料不良地点，挖除并换填好的混合料	以灌砂法为准。每个点受压路机的作用次数力求相等
		稳定中粒土和稳定粗粒土		一般公路底基层 95%、基层 97% 高速和一级公路底基层 96%、基层 98%		
水泥或石灰稳定及石灰水泥综合稳定土	抗压强度		稳定细粒土每 2000m² 6 个试件；稳定中粒和粗粒土，每 2000m² 分别为 9 个和 13 个试件	符合规定要求	调查原材料，按需要增加结合料剂量，改善材料颗粒组成或采用其他措施（如提高压实度等）	整平过程中随机取样一处一个样品不应混合，制件时不在拌合，试件密实度与现场达到的密实度相同
	延迟时间		每个作业段 1 次	不超过规定	适当处理，改进施工方法	仅指水泥稳定和综合稳定土。记录从加水拌合到碾压结束的时间

图名	水泥路面施工质量控制与验收（二）	图号	DL5-47（二）

5.4 沥青路面施工

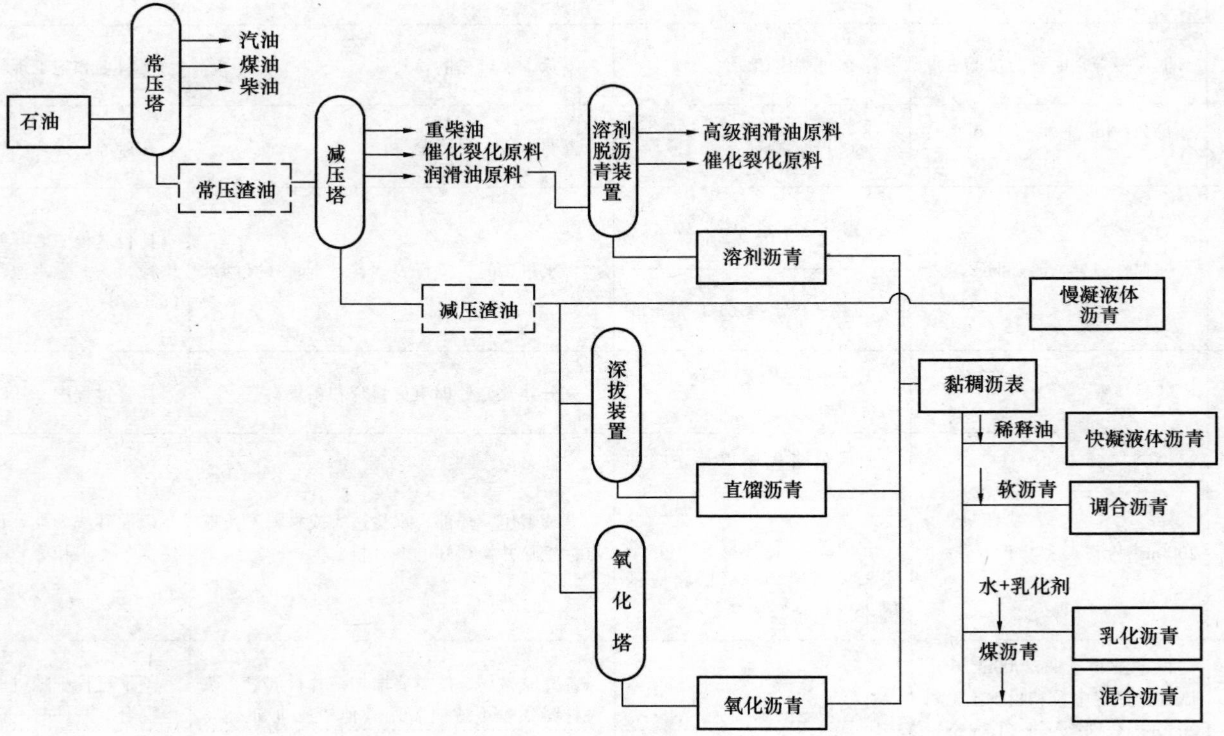

```
                              ┌─→ 汽油
                   ┌────────┐ ├─→ 煤油
                   │ 常压塔 │─┼─→ 柴油
                   └────────┘
┌──────┐           │                    ┌─────┐ ┌─→ 重柴油       ┌──────┐ ┌─→ 高级润滑油原料
│ 石油 │───────────┤           ┌────────┤减压塔│─┼─→ 催化裂化原料  │溶剂脱│ ├─→ 催化裂化原料
└──────┘           │           │        └─────┘ └─→ 润滑油原料    │沥青装│
                   └─[常压渣油]─┘                                 │置    │
```

石油

常压塔 → 汽油、煤油、柴油

常压渣油 → 减压塔 → 重柴油、催化裂化原料、润滑油原料

溶剂脱沥青装置 → 高级润滑油原料、催化裂化原料

溶剂沥青

减压渣油

慢凝液体沥青

深拔装置 → 直馏沥青

氧化塔 → 氧化沥青

黏稠沥表

稀释油 → 快凝液体沥青

软沥青 → 调合沥青

水+乳化剂

煤沥青 → 乳化沥青

混合沥青

图名	石油沥青生产工艺流程	图号	DL5-48

288

级别	结 构 图 例	说　　明	结 构 图 例	说　　明	结 构 图 例	说　　明
高速公路		中粒式沥青混凝土； 粗粒式沥青混凝土； （粗）沥青碎石； 水泥（或石灰）稳定粒料； 级配碎石或砂粒； 土基		中粒式沥青混凝土； 粗粒式沥青混凝土； 沥青碎石（粗）； 水泥（或石灰）稳定粒料； 石灰土； 土基		细粒式沥青混凝土； 中粒式沥青混凝土； 沥青碎石（粗）； 二灰粒料； 二灰　二灰土或石灰石； 土基
一级公路		沥青石屑（或细粒式沥青混凝土）； 沥青碎石； 沥青贯入； 下封层； 水泥或石灰稳定粒料； 级配碎石或砂砾； 土基		中粒式沥青混凝土； 沥青贯入； 下封层； 水泥（或石灰）稳定粒料； 石灰土； 土基		细粒式沥青混凝土； 沥青碎石或贯入式； 二灰粒料； 二灰土； 土基
二级公路		沥青上拌下贯； 石灰土或水泥土； 天然砂砾； 土基		沥青石屑； 沥青碎石（Ⅰ）； 水泥（或石灰）稳定粒料； 土基		沥青贯入； 二灰粒料； 级配碎石（或石灰土）； 土基
三级公路		沥青表面处治； 泥灰结碎（砾）石（或级配碎砾石掺灰）； 天然砂砾； 土基		沥青表面处治； 水泥（或石灰）稳定粒料（或二灰土）； 天然砂砾； 土基		沥青表面处治； 石灰土（或填隙碎石或级配碎石掺灰或泥灰结碎石）； 土基
四级公路		泥结碎（砾）石； 土基		级配碎（砾）石； 土基		天然砂砾或粒料改善土； 土基

图名	各级道路推荐的沥青路面结构图	图号	DL5-49

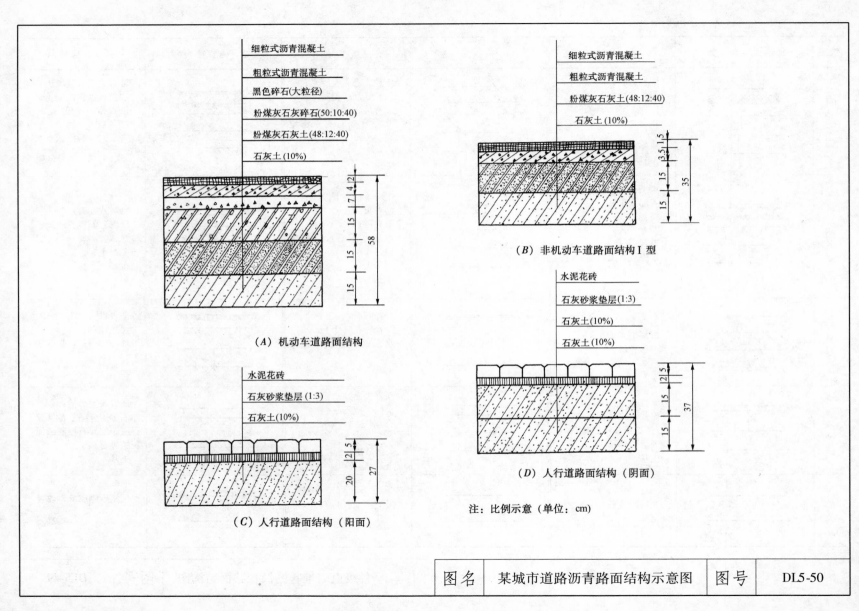

细粒式沥青混凝土

粗粒式沥青混凝土

黑色碎石(大粒径)

粉煤灰石灰碎石(50:10:40)

粉煤灰石灰土(48:12:40)

石灰土(10%)

（A）机动车道路面结构

细粒式沥青混凝土

粗粒式沥青混凝土

粉煤灰石灰土(48:12:40)

石灰土(10%)

（B）非机动车道路面结构Ⅰ型

水泥花砖

石灰砂浆垫层(1:3)

石灰土(10%)

（C）人行道路面结构（阳面）

水泥花砖

石灰砂浆垫层(1:3)

石灰土(10%)

石灰土(10%)

（D）人行道路面结构（阴面）

注：比例示意（单位：cm）

| 图名 | 某城市道路沥青路面结构示意图 | 图号 | DL5-50 |

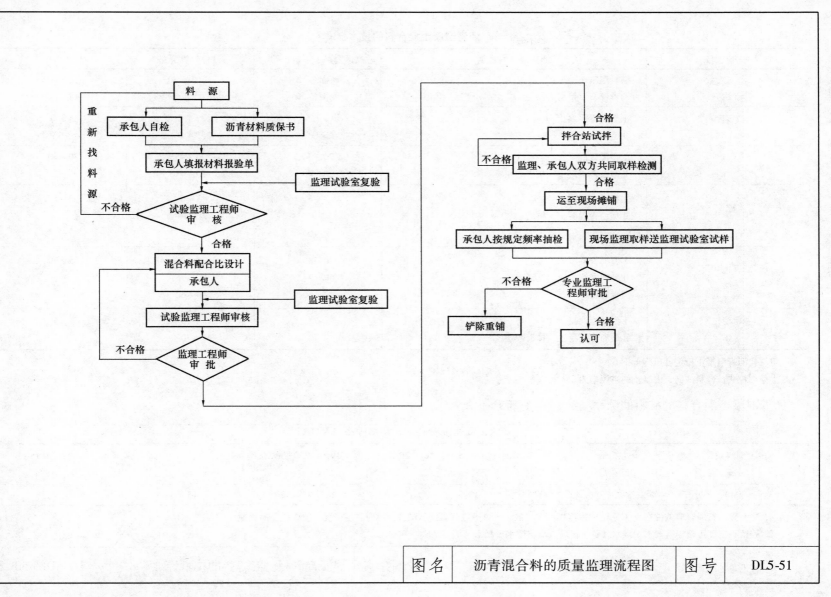

| 图名 | 沥青混合料的质量监理流程图 | 图号 | DL5-51 |

试验项目	沥青混合料类型	高速公路、一级公路	其他等级公路	行人道路
击实次数 （次）	沥青混凝土	两面各 75	两面各 50	两面各 35
	沥青碎石、抗滑表层	两面各 50	两面各 50	两面各 35
稳定度① （kN）	Ⅰ型沥青混凝土	>7.5	>5.0	>3.0
	Ⅱ型沥青混凝土、抗滑表层	>5.0	>4.0	—
流值 （0.1mm）	Ⅰ型沥青混凝土	20～40	20～45	20～50
	Ⅱ型沥青混凝土、抗滑表层	20～40	20～45	—
空隙率② （%）	Ⅰ型沥青混凝土	3～6	3～6	2～5
	Ⅱ型沥青混凝土、抗滑表层	4～10	4～10	—
	沥青碎石	>10	>10	—
沥青饱和度 （%）	Ⅰ型沥青混凝土	70～85	70～85	75～90
	Ⅱ型沥青混凝土、抗滑表层	60～75	60～75	—
	沥青碎石	40～60	40～60	—
残留稳定宽 （%）	Ⅰ型沥青混凝土	>75	>75	>75
	Ⅱ型沥青混凝土、抗滑表层	>70	>70	—

① 粗粒式沥青混凝土稳定度可降低 1kN；

② Ⅰ型细粒式及砂料式沥青混凝土的空隙率为 2%～6%；

沥青混凝土混合料的矿料间隙率（VMA）宜符合下表要求：

沥青混凝土混合料的矿料间隙率（VMA）

最大集料粒径 （mm）	方孔筛	37.5	31.5	26.5	19.0	16.0	13.2	9.5	4.75
	圆孔筛	50	35 或 40	30	25	20	15	10	5
VMA 不小于（%）		12	12.5	13	14	14.5	15	16	18

注：1. 当沥青碎石混合料试件在 60℃水浴中浸泡即发生松散时，可不进行马歇尔试验，但应测定密度，空隙率、沥青饱和度等；

　　2. 残留稳定度可根据需要采用浸水马歇尔试验或真空饱水后浸水马歇尔试验。

图名	沥青混凝土混合料的技术标准	图号	DL5-52

项　　目	单位	城市快速路、主干路	其他等级道路	试验方法
表现相对密度	—	≥2.50	≥2.45	T0328
坚固性（>0.3mm部分）	%	≥12	—	T0340
含泥量（小于0.075mm的含量）	%	≤3	≤5	T0333
砂当量	%	≥60	≥50	T0334
亚甲蓝值	g/kg	≤25	—	T0346
棱角性（流动时间）	s	≥30	—	T0345

注：坚固性试验可根据需要进行。

沥青混合料用天然砂规格

筛孔尺寸（mm）	通过各孔筛的质量百分率（%）		
	粗　砂	中　砂	细　砂
9.5	100	100	100
4.75	90~100	90~100	90~100
2.36	65~95	75~90	85~100
1.18	35~65	50~90	75~100
0.6	15~30	30~60	60~84
0.3	5~20	8~30	15~45
0.15	0~10	0~10	0~10
0.075	0~5	0~5	0~5

沥青混合料用机制砂或石屑规格

规格	公称粒径（mm）	水洗法通过各筛孔的质量百分数（%）							
		9.5	4.75	2.36	1.18	0.6	0.3	0.15	0.075
S15	0~5	100	90~100	60~90	40~75	20~55	7~40	2~20	0~10
S16	0~3	—	100	80~100	50~80	25~60	8~45	0~25	0~15

注：当生产石屑采用喷水抑制扬尘工艺时，应特别注意含粉量不得超过表中要求。

沥青混合料用矿粉质量要求

项　　目	单位	城市快速路、主干路	其他等级道路	试验方法
表观密度	t/m³	≥2.50	≥2.45	T0352
含水量	%	≥1	≥1	T0103 烘干法
粒度范围 <0.6mm	%	100	100	T0351
<0.15mm	%	90~100	90~100	
<0.075mm	%	75~100	70~100	
外观	—	无团粒结块		—
亲水系数	—	<1		T0353
塑性指数	%	<4		T0354
加热安定性	—	实测记录		T0355

木质素纤维技术要求

项　目	单位	指标	试验方法
纤维长度	mm	≤6	水溶液用显微镜观测
灰分含量	%	18±5	高温 590~600℃燃烧后测定残留物
pH 值	—	7.5±1.0	水溶液用 pH 试纸或 pH 计测定
吸油率	—	≥纤维质量的5倍	用煤油浸泡后放在筛上经振敲后称量
含水率（以质量计）	%	≤5	10℃烘箱烘 2h 后的冷却称量

图名	沥青混凝土混合料的质量、规格和技术要求	图号	DL5-53

沥青贯入式面层材料规格和用量

（用量单位：骨料，$m^3/1000m^2$；沥青及乳化沥青，kg/m^2）

沥青品种	石 油 沥 青										乳 化 沥 青			
厚度（cm）	4		5		6		7		8		4		5	
规格和用量	规格	用量	规格	用量	规格	用量	规格	用量	规格	用量	规格	用量	规格	用量
封层料	S14	3~5	S14	3~5	S13 (S14)	4~6	S13 (14)	4~6	S13 (S14)	4~6	S13 (S14)	4~6	S14	4~6
第五遍沥青	—													0.8~1.0
第四遍嵌缝料													S14	5~6
第四遍沥青												0.8~1.0		1.2~1.4
第三遍嵌缝料											S14	5~6	S12	7~9
第三遍沥青		1.0~1.2		1.0~1.2		1.0~1.2		1.0~1.2		1.0~1.2		1.4~1.6		1.5~1.7
第二遍嵌缝料	S12	6~7	S11 (S10)	10~12	S11 (S10)	10~12	S10 (S11)	11~13	S10 (S11)	11~13	S12	7~8	S10	9~11
第二遍沥青		1.6~1.8		1.8~2.0		2.0~2.2		2.4~2.6		2.6~2.8		1.6~1.8		1.6~1.8
第一遍嵌缝料	S10 (S9)	12~14	S8	12~14	S8 (S6)	16~18	S6 (S8)	18~20	S6 (S8)	20~22	S9	12~14	S8	10~12
第一遍沥青		1.8~2.1		1.6~1.8		2.8~3.0		3.3~3.5		4.0~4.2		2.2~2.4		2.6~2.8
主层石料	S5	45~50	S4	55~60	S3 (S4)	66~76	S2	80~90	S1 (S2)	95~100	S5	40~50	S4	50~55
沥青总用量	4.4~5.1		5.2~5.8		5.8~6.4		6.7~7.3		7.6~8.2		6.0~6.8		7.4~8.5	

注：1. 表中乳化沥青用量是指乳液的用量，并适用于乳液浓度约为60%的情况，如果浓度不同，用量应予换算；

2. 在高寒地区及干旱风砂大的地区，可超出高限，再增加5%~10%。

图名	沥青贯入式路面材料规格用量表	图号	DL5-54

沥青混合料用粗集料质量技术要求

指　标	单　位	城市快速路、主干路		其他等级道路	试验方法
		表面层	其他层次		
石料压碎值，≤	%	26	28	30	T0316
洛杉矶磨耗损失，≤	%	28	30	35	T0317
表观相对密度，≥	—	2.60	2.5	2.45	T0304
吸水率，≤	%	2.0	3.0	3.0	T0304
坚固性，≤	%	12	12	—	T0314
针片状颗粒含量（混合料），≤ 其中粒径大于9.5mm，≤ 其中粒径小于9.5mm，≤	% % %	15 12 18	18 15 20	20 — —	T0312
水洗法 <0.075mm 颗粒含量，≤	%	1	1	1	T0310
软石含量，≤	%	3	5	5	T0320

注：1. 坚固性试验可根据需要进行。
　　2. 用于城市快速路、主干路时，多孔玄武岩的视密度可放宽至2.45t/m³，吸水率可放宽至3%，但必须得到建设单位的批准，且不得用于SMA路面。
　　3. 对S14 即 3~5 规格的粗集料，针片状颗粒含量可不予要求，小于 0.075mm 含量可放宽到3%。

图名	沥青路面面层粗集料规格（一）	图号	DL5-55（一）

沥青混合料用粗集料规格

规格名称	公称粒径（mm）	106	75	63	53	37.5	31.5	26.5	19.0	13.2	9.5	4.75	2.36	0.6
		通过下列筛孔（mm）的质量百分率（%）												
S1	40～75	100	90～100	—	—	0～15	—	0～5						
S2	40～60		100	90～100	—	0～15	—	0～5						
S3	30～60		100	90～100	—		0～15	—	0～5					
S4	25～50			100	90～100	—		0～15	—	0～5				
S5	20～40				100	90～100	—		0～15		0～5			
S6	15～30					100	90～100	—	—	0～15	—	0～5		
S7	10～30					100	90～100	—	—	—	0～15	0～5		
S8	10～25						100	90～100	—	0～15	—	0～5		
S9	10～20							100	90～100	—	0～15	0～5		
S10	10～15								100	90～100	0～15	0～5		
S11	5～15								100	90～100	40～70	0～15	0～5	
S12	5～10									100	90～100	0～15	0～5	
S13	3～10									100	90～100	40～70	0～20	0～5
S14	3～5										100	90～100	0～15	0～3

图名	沥青路面面层粗集料规格（二）	图号	DL5-55（二）

道路石油沥青的主要技术要求

指 标	单位	等级	160④	130④	110	110	110	90	90	90	90	90	70	70	70	70	70	50③	30④	方验方法①
针入度（25℃，5s，100g）	0.1mm	—	140~200	120~140	100~120			80~100					60~80					40~60	20~40	T0604
适用的气候分区⑥	—	—	注④	注④	2-1	2-2	2-3	1-1	1-2	1-3	2-2	2-3	1-3	1-4	2-2	2-3	2-4	1-4	注④	附录A注⑥
针入度指数 PI②	—	A	-1.5~+1.0																	T0604
		B	-1.8~+1.0																	
软化点（R&B），≥	℃	A	38	40	43			45			44		46		45			49	55	T0606
		B	36	39	42			43			42		44		43			46	53	
		C	35	37	41			42					43					45	50	
60℃动力黏度系数②≥	Pa·s	A	—	60	120			160			140		180		160			200	260	T0620
10℃延度②，≥	cm	A	50	50	40			45	30	20	30	20	20	15	25	20	15	15	10	T0605
		B	30	30	30			30	20	15	20	15	15	10	20	15	10	10	8	
15℃延度，≥	cm	A、B	100															80	50	
		C	80	80	60			50					40					30	20	
蜡含量（蒸馏法），≤	%	A	2.2																	T0615
		B	3.0																	
		C	4.5																	

图名	沥青路面材料技术质量要求（一）	图号	DL5-56（一）

指 标	单位	等级	沥 青 标 号							方验方法①
			160④	130④	110	90	70③	50③	30④	
闪点，≥	℃				230	245	260			T0611
溶解度，≥	%					99.5				T0607
密度（15℃）	g/m³					实测记录				T0603
TFOT（或 RTFOT）后⑤										T0610 或 T0609
质量变化，≤	%					±0.8				
残留针入度比（25℃），≥	%	A	48	54	55	57	61	63	65	T0604
		B	45	50	52	54	58	60	62	
		C	40	45	48	50	54	58	60	
残留延度（10℃），≥	cm	A	12	12	10	8	6	4	—	T0605
		B	10	10	8	6	4	2	—	
残留延度（15℃），≥	cm	C	40	35	30	20	15	10	—	T0605

① 按照国家现行标准《公路工程沥青及沥青混合料试验规程》JTG E20 规定的方法执行。用于仲裁试验标求取 PI 时的 5 个温度的针入度关系的相关系数不得小于 0.997。
② 经建设单位同意，表中 PI 值、60℃动力黏度、10℃延度可作为选择性指标，也可不作为施工质量检验指标。
③ 70 号沥青可根据需要要求供应商提供针入度范围为 60～70 或 70～80 的沥青，50 号沥青可要求提供针入度范围为 40～50 或 50～60 的沥青。
④ 30 号沥青仅适用于沥青稳定基层。130 号和 160 号沥青除寒冷地区可直接在次干路以下道路上直接应用外，通常用作乳化沥青、稀释沥青、改性沥青的基质沥青。
⑤ 老化试验以 TFOT 为准，也可以 RTFOT 代替。
⑥ 系指《公路沥青路面施工技术规范》JTJ F40 附录 A 沥青路面使用性能气候分区。

图名	沥青路面材料技术质量要求（二）	图号	DL5-56（二）

道路用乳化沥青技术要求

试验项目		单位	品种代号										试验方法
			阳离子				阴离子				非离子		
			喷洒用			搅拌用	喷洒用			搅拌用	喷洒用	搅拌用	
			PC-1	PC-2	PC-3	BC-1	PA-1	PA-2	PA-3	BA-1	PN-2	BN-1	
破乳速度		—	快裂	慢裂	快裂或中裂	慢裂或中裂	快裂	慢裂	快裂或中裂	慢裂或中裂	慢裂	慢裂	T0658
粒子电荷		—	阳离子（＋）				阴离子（－）				非离子		T0653
筛上残留物（1.18mm 筛），≤		%	0.1				0.1				0.1		T0652
黏度	恩格拉黏度计 E_{25}	—	2~10	1~6	1~6	2~30	2~10	1~6	1~6	2~30	1~6	2~30	T0622
	沥青标准黏度计 $C_{25.3}$	s	10~25	8~20	8~20	10~60	10~25	8~20	8~20	10~60	8~20	10~60	T0621
蒸发残留物	残留分含量，≥	%	50	50	50	55	50	50	50	55	50	55	T0651
	溶解度，≥	%	97.5				97.5				97.5		T0607
	针入度（25℃）	0.1mm	50~200	50~300	45~150		50~200	50~300	45~150		50~300	60~300	T0604
	延度（15℃）≥	cm	40				40				40		T0605
与粗集料的粘附性，裹附面积，≥		—	2/3			—	2/3			—	2/3	—	T0654
与粗、细粒式集料搅拌试验		—	—			均匀	—			均匀	—		T0659
水泥搅拌试验的筛上剩余，≤		%	—				—				—	3	T0657
常温贮存稳定性：1d，≤		%	1				1				1		T0655
5d，≤		%	5				5				5		

注：1. P 为喷洒型，B 为搅拌型，C、A、N 分别表示阳离子、阴离子、非离子乳化沥青。

2. 黏度可选用恩格拉黏度计或沥青标准黏度计之一测定。

3. 表中的破乳速度与集料的粘附性、搅拌试验的要求、所使用的石料品种有关，质量检验时应采用工程上实际的石料进行试验，仅进行乳化沥青产品质量评定时可不要求此三项指标。

4. 贮存稳定性根据施工实际情况选用试验时间，通常采用 5d，乳液生产后能在当天使用时，也可用 1d 的稳定性。

5. 当乳化沥青需要在低温冰冻条件下贮存或使用时，尚需按国家现行标准《公路工程沥青及沥青混合料试验规程》JTG E20 进行 −5℃ 低温贮存稳定性试验，要求无粗颗粒、不结块。

6. 如果乳化沥青是将高浓度产品运到现场经稀释后使用时，表中的蒸发残留物等各项指标指稀释前乳化沥青的要求。

图名	沥青路面材料技术质量要求（三）	图号	DL5-56（三）

试验项目		单位	品种及代号		试验方法
			PCR	BCR	
破乳速度		—	快裂或中裂	慢裂	T0658
粒子电荷		—	阳离子（＋）	阳离子（＋）	T0653
筛上剩余量（1.18mm），≤		%	0.1	0.1	T0652
黏度	恩格拉黏度 E$_{25}$	—	1～10	3～30	T0622
	沥青标准黏度 C$_{25.3}$	s	8～25	12～60	T0621
蒸发残留物	含量，≥	%	50	60	T0651
	针入度，（100g，25℃，5s）	0.1mm	40～120	40～100	T0604
	软化点，≥	℃	50	53	T0606
	延度（5℃），≥	cm	20	20	T0605
	溶解度（三氯乙烯），≥	%	97.5	97.5	T0607
与矿料的粘附性，裹覆面积，≥		—	2/3	—	T0654
贮存稳定性	1d，≤	%	1	1	T0655
	5d，≤	%	5	5	T0655

注：1. 破乳速度与集料粘附性、搅拌试验、所使用的石料品种有关。工程上施工质量检验时应采用实际的石料试验，仅进行产品质量评定时可不对这些指标提出要求。

2. 当用于填补车辙时，BCR 蒸发残留物的软化点宜提高至不低于 55℃。

3. 贮存稳定性根据施工实际情况选择试验天数，通常采用 5d，乳液生产后能在第二天使用完时也可选用 1d。个别情况下改性乳化沥青 5d 的贮存稳定性难以满足要求，如果经搅拌后能达到均匀一致并不影响正常使用，此时要求改性乳化沥青运至工地后存放在附有搅拌装置的贮存罐内，并不断地进行搅拌，否则不准使用。

4. 当改性乳化沥青或特种改性乳化沥青需要在低温冰冻条件下贮存或使用时，尚需按国家现行标准《公路工程沥青及沥青混合料试验规程》JTG E20 进行 −5℃ 低温贮存稳定性试验，要求无粗颗粒、不结块。

图名	道路用改性乳化沥青技术要求	图号	DL5-57

道路用液体石油沥青技术要求

试验项目		单位	快凝		中 凝						慢 凝						试验方法
			AL(R)-1	AL(R)-2	AL(M)-1	AL(M)-2	AL(M)-3	AL(M)-4	AL(M)-5	AL(M)-6	AL(S)-1	AL(S)-2	AL(S)-3	AL(S)-4	AL(S)-5	AL(S)-6	
黏度	$C_{25.5}$	s	<20	—	<20	—	—	—	—	—	<20	—	—	—	—	—	T0621
	$C_{60.5}$	s	—	5～15	—	5～15	16～25	26～40	41～100	101～200	—	5～15	16～25	26～40	41～100	101～200	
蒸馏体积	225℃	%	>20	>15	<10	<7	<3	<2	0	0	—	—	—	—	—	—	T0632
	315℃	%	>35	>30	<35	<25	<17	<14	<8	<5	—	—	—	—	—	—	
	360℃	%	>45	>35	<50	<35	<30	<25	<20	<15	<40	<35	<25	<20	<15	<5	
蒸馏后残留物	针入度(25℃)	0.1mm	60～200	60～200	100～300	100～300	100～300	100～300	100～300	100～300	—	—	—	—	—	—	T0604
	延度(25℃)	cm	>60	>60	>60	>60	>60	>60	>60	>60	—	—	—	—	—	—	T0605
	浮漂度(5℃)	S	—	—	—	—	—	—	—	—	<20	>20	>30	>40	>45	>50	T0631
闪点(TOC法)		℃	>30	>30	>65	>65	>65	>65	>65	>65	>70	>70	>100	>100	>120	>120	T0633
含水量≤		%	0.2	0.2	0.2	0.2	0.2	0.2	0.2	0.2	2.0	2.0	2.0	2.0	2.0	2.0	T0612

图名	道路用液体石油沥青技术质量要求	图号	DL5-58

聚合物改性沥青技术要求

指　标	单位	SBS 类（Ⅰ类）				SBR 类（Ⅱ类）			EVA，PE 类（Ⅲ类）				试验方法
		Ⅰ-A	Ⅰ-B	Ⅰ-C	Ⅰ-D	Ⅱ-A	Ⅱ-B	Ⅱ-C	Ⅲ-A	Ⅲ-B	Ⅲ-C	Ⅲ-D	
针入度25℃，100g，5s	0.1mm	>100	80~100	60~80	30~60	>100	80~100	60~80	>80	60~80	40~60	30~40	T0604
针入度指数PI，≥	—	−1.2	−0.8	−0.4	0	−1.0	−0.8	−0.6	−1.0	−0.8	−0.6	−0.4	T0604
延度5℃，5cm/min，≥	cm	50	40	30	20	60	50	40	—				T0605
软化点 $T_{R\&B}$，≥	℃	45	50	55	60	45	48	50	48	52	56	60	T0606
运动黏度①135℃，≤	Pa·s	3											T0625 T0619
闪点，≥	℃	230				230			230				T0611
溶解度，≥	%	99				99			—				T0607
弹性恢复25℃，≥	%	55	60	65	75	—			—				T0662
黏韧性，≥	N·m					5			—				T0624
韧性，≥	N·m	—				2.5			—				T0624
贮存稳定性②离析，48h，软化点差，≤	℃	2.5				—			无改性剂明显析出、凝聚				T0661
TFOT（或 RTFOT）后残留物													
质量变化允许范围	%	±1.0											T0610 或 T0609
针入度比25℃，≥	%	50	55	60	65	50	55	60	50	55	58	60	T0604
延度5℃，≥	cm	30	25	20	15	30	20	10	—				T0605

① 表中135℃运动黏度可采用国家现行标准《公路工程沥青及沥青混合料试验规程》JTG E20 中的"沥青布氏旋转黏度试验方法（布洛克菲尔德黏度计法）"进行测定。若在不改变改性沥青物理力学性质并符合安全条件的温度下易于泵送和搅拌，或经证明适当提高泵送和搅拌温度时能保证改性沥青的质量，容易施工，可不要求测定。

② 贮存稳定性指标适用于工厂生产的成品改性沥青。现场制作的改性沥青对贮存稳定性指标可不作要求，但必须在制作后，保持不间断的搅拌或泵送循环，保证使用前没有明显的离析。

图名	道路用聚合物改性沥青技术质量要求	图号	DL5-59

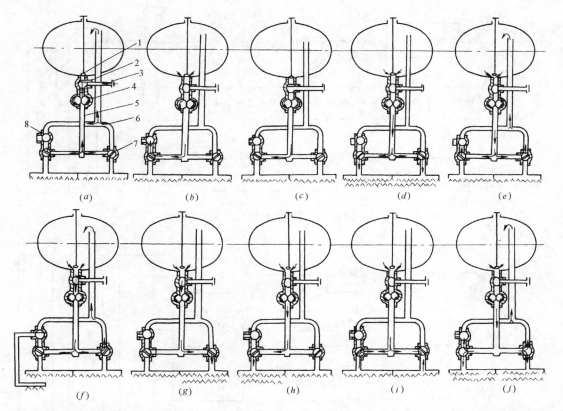

（a）吸入沥青 （b）抽空沥青箱内沥青；（c）转送沥青；（d）全长喷撒；（e）循环；（f）人工撒布；（g）右方喷撒；（h）左方喷撒；
（i）抽出撒布管内残余沥青；（j）少量喷撒及吸回多余沥青

1—沥青箱总阀门；2—沥青泵三通阀；3—吸油管；4—沥青泵；5—输油总管；6—循环管道；7—右横管道三通阀；8—放油三通阀

图名	沥青撒布车的各种作业示意图	图号	DL5-60

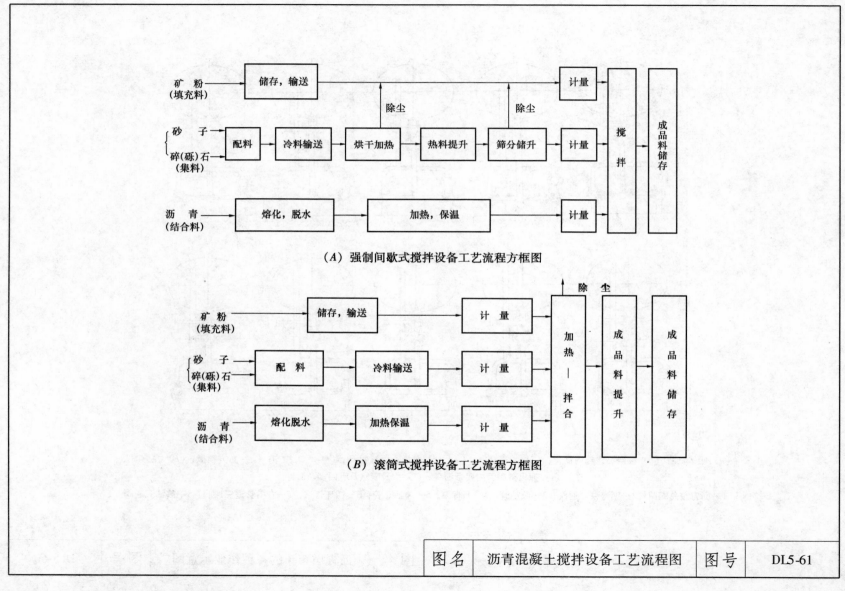

（A）强制间歇式搅拌设备工艺流程方框图

（B）滚筒式搅拌设备工艺流程方框图

| 图名 | 沥青混凝土搅拌设备工艺流程图 | 图号 | DL5-61 |

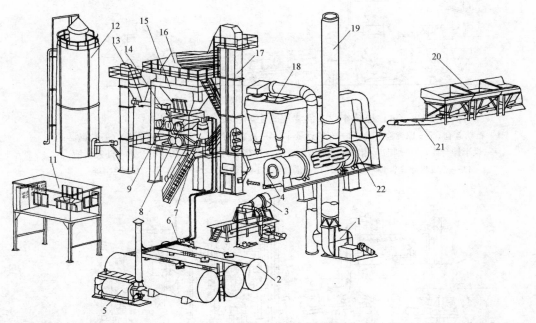

1—排风机；2—沥青保温罐；3—鼓风机；4—燃烧器；5—导热油加热装置；6—沥青输送泵；7—沥青称量桶；

8—热矿料称量斗；9—矿粉称量斗；10—搅拌器；11—操纵控制室；12—矿粉筒仓；13—矿粉提升机；

14—矿粉输送机；15—热矿料储料仓；16—振动筛；17—热矿料提升机；18—集尘器；19—烟囱；

20—冷矿料储存及配料装置；21—冷矿料输送机；22—干燥滚筒

图名	强制式、间歇式沥青搅拌设备	图号	DL5-62

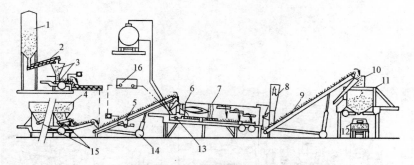

（A）连续作业式沥青混凝土制备设备工艺过程

1—石粉储仓；2—螺旋输送机；3—石粉计量斗；4—冷料供给斗；5—胶带输送机；6—喷燃器；

7—烘干拌合筒；8—烟囱（附有除尘集尘装置）；9—热混料升运机；10—储仓进料斗及斜槽；

11—热混料储仓；12—运输车；13—沥青泵；14—轮胎；15—给料机；16—控制屏

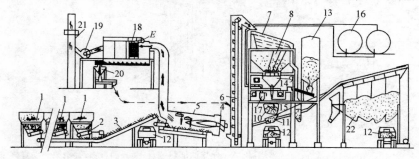

（B）周期式作业式沥青混凝土制备设备工艺过程

1—冷矿料供料斗；2—冷料给料输送机；3—胶带输送机；4—喷燃器；5—烘干筒；6—热料提升机；

7—筛分机；8—热料储仓；9—热料计量斗；10—拌合机；11—混合料提升斗；12—自卸汽车；

13—封闭式石粉储仓；14—螺旋输送机；15—石粉计量斗；16—沥青保温罐；17—沥青计量斗；

18—布袋除尘器；19—鼓风机；20—集尘器；21—烟囱；22—热混合料成品保温储仓

图名	沥青混凝土制备设备工艺过程图（一）	图号	DL5-63（一）

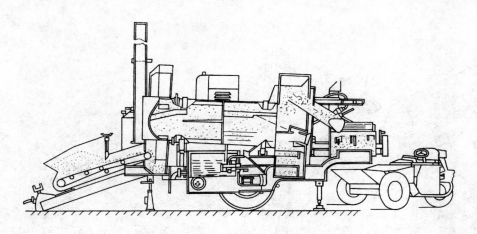

（A）移动式沥青混合料拌合设备工艺过程

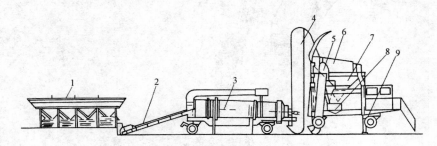

（B）半固定式沥青混合料拌合设备工艺过程

1—冷料给料器；2—冷料输送机；3—烘干筒；4—热料提升机；5—石粉提升斗；
6—筛分机；7—砂石料储仓；8—拌合器；9—支腿

图名	沥青混凝土制备设备工艺过程图 （二）	图号	DL5-63（二）

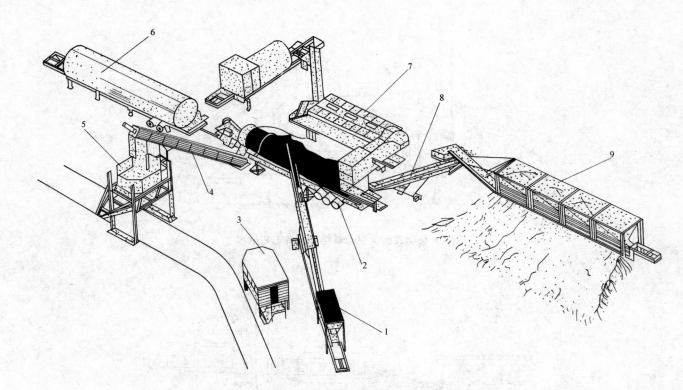

具有再生功能滚筒式搅拌设备示意图

1—回收材料输送机；2—烘干－拌合滚筒；3—控制室；4—成品料输送机；
5—成品料储存仓；6—沥青保温罐；7—布袋式集尘装置；8—冷矿称重输送机；9—冷矿料储存及配料装置

图名	具有再生功能滚筒式搅拌设备	图号	DL5-64

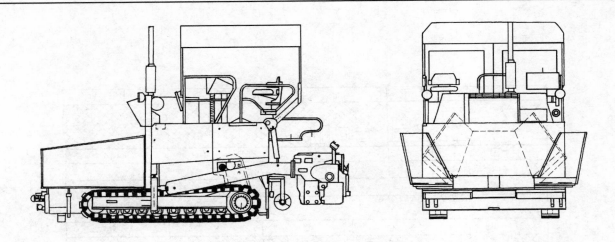

（A）履带式沥青混凝土摊铺机外形

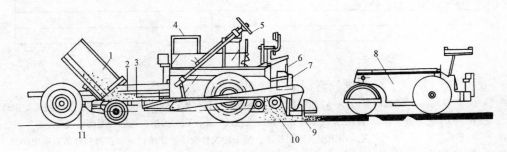

（B）摊铺沥青混凝土机械化工作过程

1—自卸车；2—摊铺机料斗；3—刮板输送机；4—发动机；5—转向机；

6—熨平板升降装置；7—调整螺杆；8—压路机；9—熨平板；

10—螺旋摊铺器；11—推动滚轮

图名	沥青混凝土摊铺机及流水作业图	图号	DL5-65

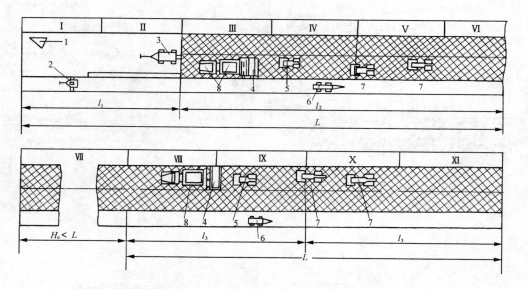

摊铺沥青混凝土路面流水作业示意图

Ⅰ—基层的清理；Ⅱ—涂刷基层路缘沥青；Ⅲ—摊铺机摊铺底层混凝土；Ⅳ—用轻型压路机进行初压；Ⅴ—用重型压路机再压；

Ⅵ、Ⅶ—交替做好补缺填料工作和准备好铺筑面层摊铺工作；Ⅷ—摊铺机摊铺面层沥青混凝土；

Ⅸ—用轻型压路机初压面层；Ⅹ—用重型压路机压实；Ⅺ—轮换检查、补缺填料、修整摊铺好的混凝土路面

1—路刷；2—移动式加热沥青罐；3—喷燃设备；4—沥青混凝土摊铺机；5—6t 压路机；6—加热炉；

7—12～15t 重型压路机；8—自卸汽车

L—流水作业路段长度；l_1、l_2、l_3—综合班工作面长度

| 图名 | 摊铺沥青混凝土路面流水作业图 | 图号 | DL5-66 |

1. 沥青路面结构设计内容

路面结构是直接为行车服务的土木结构，不仅承受各类汽车荷载的作用，而且直接暴露于自然环境中，经受各种自然因素的作用。路面工程的造价占公路造价的很大部分，最大可达50%以上。因此，做好路面设计至关重要。

路面设计不能简单地理解为路面结构（验算）设计，设计内容应包括路面类型与结构方案设计、路面建筑材料设计、路面结构设计和经济评价。

（1）路面类型与结构方案设计：路面类型选择应在充分调查与勘察道路所在地区的自然环境条件、使用要求、材料供应、施工和养护工艺等，并在路面类型选择的基础上考虑路基支承条件确定结构方案。

（2）路面建筑材料设计：路面建筑材料设计是指定各层次材料的标准规范名称，路面建筑材料应在规范的基础上，通过严格的试验筛选，并经配比试验确定配比组成。

（3）路面结构层厚度确定：路面结构设计就是对拟订的路面结构方案和选定的建筑材料，运用规范建议的设计理论和方法对结构进行力学验算。

（4）经济分析：对选定的可比路面类型和结构方案，进行寿命周期费用分析，结合资金筹措和当地经济发展要求，选定成本—效益最佳方案。

2. 沥青路面结构设计步骤

（1）据设计任务书的要求，确定路面等级和面层类型、计算设计年限内一个车道的累计当量轴次和设计弯沉值。

（2）按路基土类与干湿类型，将路基划分为若干路段，确定各路段土基回弹模量值。

（3）可参考前面的推荐结构表，拟定几种可能的路面结构组合与厚度方案，根据选用的材料进行配合比试验及测定各结构层材料的抗压回弹模量、抗拉强度，确定各结构层材料设计参数。

（4）根据设计弯沉值计算路面厚度。对高速公路、一级公路、二级公路沥青混凝土面层和半刚性材料的基层、底基层，应验算拉应力是否满足容许拉应力的要求。如不满足要求，或调整路面结构层厚度，或变更路面结构组合，或调整材料配合比、提高极限抗拉强度，再重新计算。上述计算应采用多层弹性体系理论编制的专用设计程序进行。对于季节性冰冻地区的高级和次高级路面，尚应验算防冻厚度是否符合要求。

（5）排水设计，根据路段所处位置的地质水文状况和路面结构形式，确定是否要采用路面结构内部及边缘排水系统等排水设施。

（6）表面特性设计，制定特定路段的路面抗滑措施。

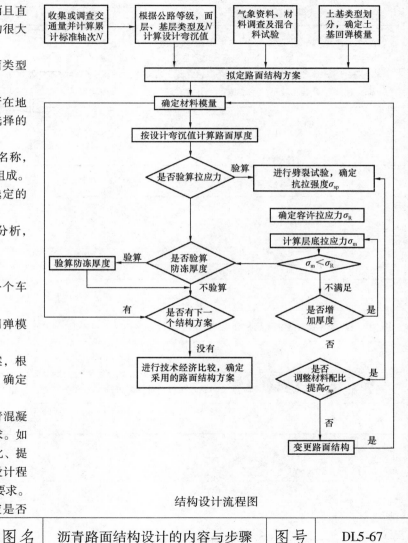

结构设计流程图

图名	沥青路面结构设计的内容与步骤	图号	DL5-67

1. 沥青贯入式路面的一般要求

(1) 本要求适用于三级及二级以下的公路；
(2) 沥青路面厚度宜为 4~8cm，但乳化沥青贯入式路面的厚度不宜超过5cm。当贯入层上部加铺拌合的沥青混合料面层时，总厚度为 6~10cm；
(3) 最上层应撒布封层料或加铺拌合层，乳化沥青贯入式路面铺筑在半刚性基层上时，应铺筑下封层，沥青贯入作为联结层使用时，可不撒表面封层料；
(4) 宜选择在干燥和较热的季节施工，并宜在雨期前及日最高温度低于15℃到来以前半个月结束，使贯入式结构层通过开放交通碾压成型。

2. 贯入式路面施工程序及注意要点

序 号	施 工 程 序	注 意 要 点
1	施工前的各种准备	基层必须清扫干净，当有路缘石时，应在安装路缘石后施工。采用乳化沥青贯入式路面时须浇洒透层油或粘层沥青，贯入式路面厚度小于或等于5cm时，应浇洒透层或粘层沥青
2	撒布主层集料	应避免颗粒大小不均，并应检查松铺厚度，撒布后严禁车辆通行
3	碾压	先用6~8t钢管式压路机压一遍，速度宜为2km/h，然后用10~12t压路机碾压4~6遍
4、5	浇洒第一遍沥青，撒布后严禁车辆通行	第一遍沥青用量见下表，嵌缝料撒布应均匀，不足应找补，用量见下表
6	碾压	宜用6~8t钢管式压路机碾压4~6遍
7	浇洒第二遍沥青，撒布第二遍嵌缝料，碾压，再浇洒第三遍沥青	施工方法同4、5、6，用量同样见下表
8	撒布封层料，最后碾压	宜用6~8t压路机碾压2~4遍

图名	沥青表面处治路面的施工（一）	图号	DL5-68（一）

3. 沥青表面处治路面材料规格和用量

沥青表面处治材料规格和用量

（用量单位：集料，$m^3/1000m^2$；沥青及乳化沥青，kg/m^2）

材料用量			石 油 沥 青						乳 化 沥 青					
			第一层		第二层		第三层		第一层		第二层		第三层	
			规格	用量	规格	用量	规格	用量	规格	用量	规格	用量	规格	用量
厚度（mm）	单层式	5	—	—	—	—	—	—	▲ S_{14}	0.9~1.0 / 7~9	—	—	—	—
		10	• S_{12}	1.0~1.2 / 7~9	—	—	—	—	—	—	—	—	—	—
		15	• S_{10}	1.4~1.6 / 12~14	—	—	—	—	—	—	—	—	—	—
	双层式	10	—	—	—	—	—	—	▲ S_{12}	1.8~2.0 / 9~11	▲ S_{14}	1.0~1.2 / 4~6	—	—
		15	• S_{10}	1.4~1.6 / 12~14	• S_{12}	1.0~1.2 / 7~8	—	—	—	—	—	—	—	—
		20	• S_9	1.6~1.8 / 16~18	• S_{12}	1.0~1.2 / 7~8	—	—	—	—	—	—	—	—
		25	• S_8	1.8~2.0 / 18~20	• S_{12}	1.0~1.2 / 7~8	—	—	—	—	—	—	—	—
	三层式	25	• S_8	1.6~1.8 / 18~20	• S_{10}	1.2~1.4 / 12~14	• S_{12}	1.0~1.2 / 7~8	—	—	—	—	—	—
		30	• S_6	1.8~2.0 / 20~22	• S_{10}	1.2~1.4 / 12~14	• S_{10}	1.0~1.2 / 7~8	▲ S_6	2.0~2.2 / 20~22	▲ S_{10}	1.8~2.0 / 9~11	▲ S_{12} S_{14}	1.0~1.2 / 4~6 / 3.5~4.5

注：1. 表中的乳化沥青用量按乳化沥青的蒸发残留物含量60%计算，如沥青含量不同应予以折算；

2. 在高寒地区及干旱风沙大的地区，可超出高限5%~10%；

3. • 代表石油沥青， ▲ 代表乳化沥青；

4. Sn 代表级配集料规格。

图名	沥青表面处治路面的施工（二）	图号	DL5-68（二）

313

1. 沥青路面评价指标关系图

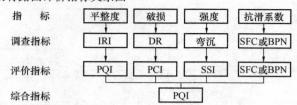

指标	平整度	破损	强度	抗滑系数
调查指标	IRI	DR	弯沉	SFC或BPN
评价指标	PQI	PCI	SSI	SFC或BPN
综合指标		PQI		

2. 沥青路面破损分类分级表

破损类型	分级	外 观 描 述	分级指标	计量单位
裂缝类	龟裂 轻	初期龟裂，缝细，无散落，裂区无变形；	块度：20~50cm；	m²
	中	裂块明显，缝较宽，无或轻散落或轻度变形；	块度：<20cm；	
	重	裂块破碎，缝宽，散落重，变形明显，急待修	块度：<20cm	
	不规则裂缝 轻	缝细，不散落或轻微散落，块度大；	块度：>100cm；	m²
	重	缝宽，散落，裂块小	块度：50~100cm	
	纵裂 轻	缝壁无散落或轻微散落，无或少支缝；	缝宽：≤5mm；	长度×0.2m
	重	缝壁散落重，支缝多	缝宽：>5mm	
松散类	横裂 轻	缝壁无散落或轻微散落，无或少支缝；	缝宽：≤5mm；	长度×0.2m
	重	缝壁散落重，支缝多	缝宽：>5mm	
	坑槽 轻	坑浅，面积较小（<1m²）；	坑深：≤25mm；	m²
	重	坑深，面积较大（>m²）	坑深：>25mm	
	松散 轻	细集料散失，路面磨损，路表粗麻；		m²
	重	粗集料散失，多量微坑，表面剥落		
变形类	沉陷 轻	深度浅,行车无明显不适感；	深度：≤25mm；	m²
	重	深度深,行车明显颠簸不适	深度：>25mm	
	车辙 轻	变形较浅；	深度：≤25mm；	m²
	重	变形较深	深度：>25mm	长度×0.4m
	波浪拥包 轻	波峰波各高差小；	高差：≤25mm；	
	重	波峰波各高差大	高差：>25mm	

续表

破损类型	分级	外 观 描 述	分级指标	计量单位
其他类	泛油	路表呈现沥青膜，发亮，镜面，有轮印		m²
	修补损坏			

3. 沥青路面综合破损率（DR）的计算

综合破损率（DR）计算公式	说 明
$$DR = D/A = \varepsilon\varepsilon D_{ij} \cdot K_{ij}/A$$	式中 D——路段内的折合破损面积（m²）； A——路段的路面总面积（m²）； D_{ij}——第 i 类损坏、j 类严重程度的实际破损面积(m²)，如为纵、横向裂缝，其破损面积为：裂缝长度(m)×0.2m；车辙破损面积为：长度(m)×0.4m； K_{ij}——第 i 类损坏、第 j 类严重程度的换算系数，可从下表查得

路面破损换算系数（K）

破损类型	严重程度	换算系数（K）	破损类型	严重程度	换算系数（K）
龟裂	轻 中 重	0.6 0.8 1.0	松散	轻 重	0.2 0.4
不规则裂缝	轻 重	0.2 0.4	沉陷	轻 重	0.4 1.0
纵裂	轻 重	0.4 0.6	车辙	轻 重	0.4 1.0
横裂	轻 重	0.2 0.4	波浪	轻 重	0.4 0.8
坑槽	轻 重	0.8 1.0	拥包	轻 重	0.4 0.8
修补损坏		0.1	汽油		0.1

图名	沥青混凝土路面的质量评价	图号	DL5-69

质量检测项目、方法及标准

序 号	主要项目	压实度（%）允许偏差（mm）	检 验 频 率				检 验 方 法
			范围	点数			
1	压实度	＞95	1000m²	1			核子密度仪检验或取芯
2	厚 度	+10 −5	10000m²	1			用尺量
3	弯沉值	小于设计规定	20m	路宽（m）	＜9	2	用弯沉仪检测
					9～15	4	
					＞15	6	
4	平整度	≤2.0	100m	路宽（m）	＜9	1	用测平仪检测
					9～15	2	
					＞15	3	
		5	20m	路宽（m）	＜9	1	用3m直尺和塞尺量测
					9～15	2	
					＞15	3	
5	宽 度	≮设计	40m	1			用尺量
6	中线高度	±10	20m	1			用水准仪具量测
7	横断高程	±10且横坡差不大于±0.3	20m	路宽（m）	＜9	2	用水准仪具量测
					9～15	4	
					＞15	6	
8	井框与路面高差	≤5	每 座	1			用塞尺量取最大值

图名	沥青路面质检项目、方法及标准	图号	DL5-70

315

沥青面层工程交工检查与验收质量标准

路面类型	检查项目	检查频度（每一幅行车道）	质量要求 或允许偏差	试验方法
沥青表 面处治	外　观	全　线	密实，不松散	目　测
	厚度：代表值	每20m1，点	−5mm	挖　坑
	极　值	每20m，1点	−10mm	挖　坑
	平整度：标准差	全线连续	4.5mm	3m平整度仪
	最大间隙	每1km10处，各连续10尺	10mm	3m直尺
	宽度：有侧石	每1km，20个断面	±3cm	用尺量
	无侧石	每1km，20个断面	不小于设计宽度	用尺量
	纵断面高程	每1km，20个断面	±20mm	水准仪
	横坡度	每1km，20个断面	±0.5%	水准仪
	沥青用量	每1km，1点	±0.5%	抽　提
	矿料用量	每1km，1点	±5%	抽提后筛分
沥青贯 入式	外　观	全　线	密实，不松散	目　测
	厚度：代表值	每20m，1点	−5mm 或 −8%	挖　坑
	极　值	每20m，1点	−15mm	挖　坑
	平整度：标准差	全线连续	3.5mm	3m平整度仪
	最大间隙	每1km10处，各连续10尺	8mm	3m直尺
	宽度：有侧石	每1km，20个断面	±3mm	用尺量
	无侧石	每1km，20个断面	不小于设计宽度	用尺量
	纵断面高程	每1km，20个断面	±20mm	水准仪
	横坡度	每1km，20个断面	±0.5%	水准仪
	沥青用量	每1km，1点	±0.5%	抽　提
	矿料用量	每1km，1点	±5%	抽提后筛分

图名	沥青路面面层工程验收标准（一）	图号	DL5-71（一）

路面类型	检 查 项 目	检 查 频 度 （每一幅行车道）	质量要求或允许误差		试 验 方 法
			高速公路、一级公路	其他等级公路	
沥青混凝土 沥青碎石路面	路面总厚度：代表值	每1km，5 点	－8mm	－5mm 或 －8%	钻 孔
	极 值	每1km，5 点	－15mm	－10mm 或 －15%	钻 孔
	上面层厚度：代表值	每1km，5 点	－4mm		钻 孔
	极 值	每1km，5 点	－10%		钻 孔
	平整度：标准差	全线连续	1.8mm	2.5mm	3m 平整度仪
	最大间隙	每1km，10 处，各连续 10 处		5mm	3m 直尺
	宽度：有侧石	每1km，20 个断面	±2cm	±3mm	用 尺 量
	无侧石	每1km，20 个断面		不小于设计宽度	用 尺 量
	纵断面高程	每1km，20 个断面	±15mm	±20mm	水 准 仪
	横坡度	每1km，20 个断面	±0.3%	±0.5%	水 准 仪
	沥青用量	每1km，1 点	±0.3%	±0.5%	钻孔后抽提
	矿料级配	每1km，1 点	符合设计级配	符合设计级配	抽提后筛分
	压实度：代表值	每1km，5 点	95%（98%）	95%（98%）	钻孔取样法
	弯 沉	全线每20m，1 点	符合设计要求	符合设计要求	贝克曼梁
		全线每5m，1 点	符合设计要求	符合设计要求	自动弯沉仪
	抗滑表层 构造深度	每1km，5 点	符合设计要求	符合设计要求	砂铺法
	摩擦系数摆值	每1km，5 点	符合设计要求	符合设计要求	摆式仪

图名	沥青路面面层工程验收标准（二）	图号	DL5-71（二）

5.5 路面维修车结构及工作状态

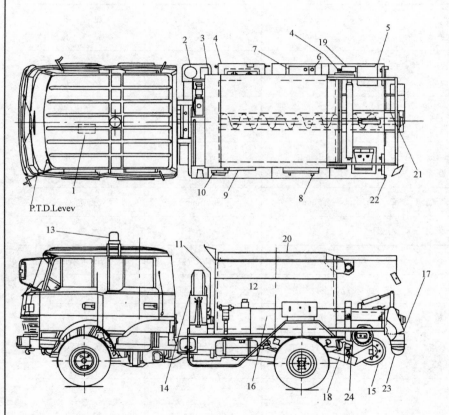

P.T.D.Levev

HMME-40 路面维修车主要技术性能

汽车型号	三菱 FK115F	料斗容量	4t（2.15m²）
最大车速	112km/h	沥青箱容量	100L
最小转弯半径	7.7m	沥青混合料出料量	450kg/min
车重（空载时）	6240kg	手喷沥青喷洒量	25L/min
驾驶室乘员（连驾驶员）	7 人	辗压轮宽度	1500mm
整车外形尺寸（长×宽×高）	3.84×2.37 ×2.90m³	辗压轮附着地面线压力	220~460N/cm
发动机型号	三菱 6D14×1A	辗压工作速度	16~65m/min
型式	四冲程水冷直接喷射式柴油发动机	液压镐型号	H-50s
气缸数与排列	6 缸直列	液压镐重量	24kg
最大功率	160PS（J1S）（3000r/min）	冲击次数	300~1200 次/min

路面维修车

1—前操作箱；2—煤油箱；3—冲洗油箱；4—保温沥青罐；5—排气阀门；
6—柴油箱；7—水箱；8—工具箱；9—液压油箱；10—手持式液压冲击镐；
11—减速箱；12—混合料保温贮料箱；13—旋转式黄色指示灯；14—备胎；
15—压路滚；16—螺旋输送机；17—混合料出料口；18—压路滚支架；
19—后操作箱；20—保温储料箱盖；21—压路滚轴承及注油嘴；
22—蜂音讯号电按钮；23—卸料漏斗；24—风窗开闭手柄

图名	路面维修车及其主要技术性能	图号	DL5-72

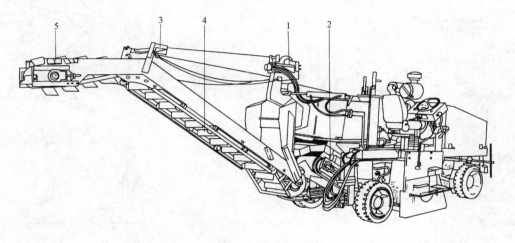

铣刨机上的带式输送机

1—给料输送机；2—钢索铰盘；3—钢索滑轮；4—装车输送机；5—输送带张紧装置

图名	铣刨机上的带式输送机	图号	DL5-73

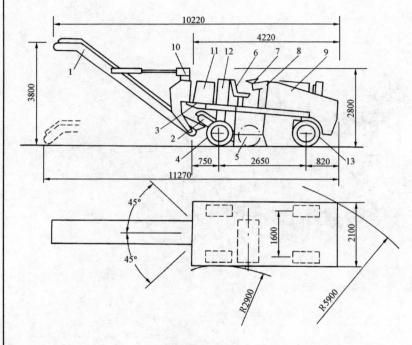

（A）铣刨机结构布置示意图

1—装车输送机；2—给料输送机；3—车架；4—后轮胎；5—铣刨鼓；
6—驾驶员座位；7—转向盘；8—操纵台；9—发动机位置；10—油箱；
11—水箱；12—钢丝绳绞盘；13—前轮胎

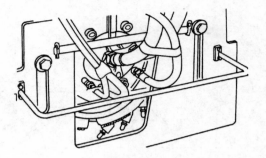

（B）铣刨鼓及铣刀的装置

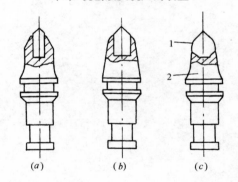

（C）铣刨机铣刀

1—刀头；2—柄体

| 图名 | 铣刨机的结构及其铣刀 | 图号 | DL5-74 |

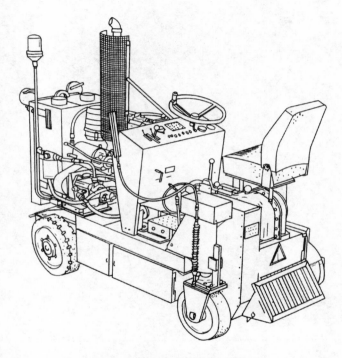

（A）不带输送机的铣刨机外貌图

（B）带输送机铣刨机工作状况

图名	铣刨机的外貌图及其工作状况	图号	DL5-75

6 城市道路控制系统与附属设施

6.1 城市道路控制系统

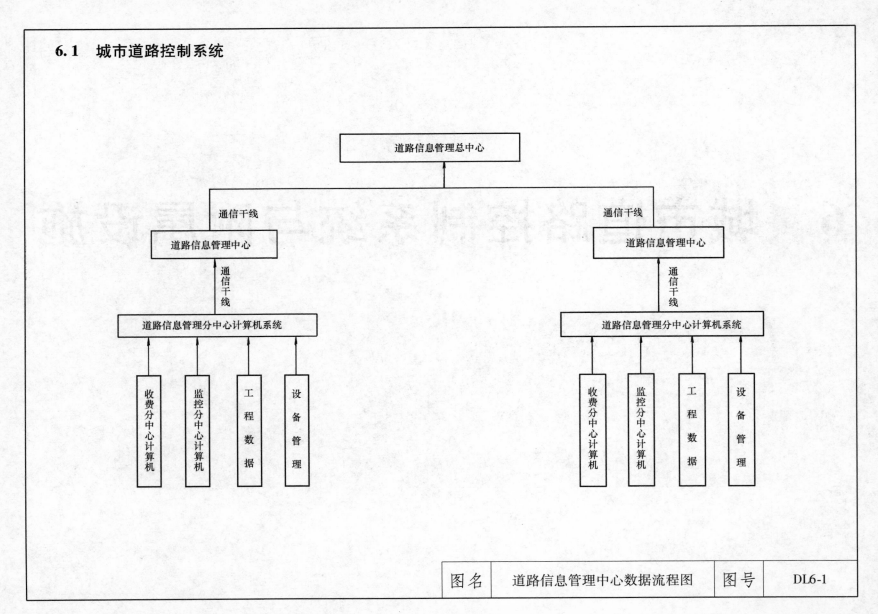

图名	道路信息管理中心数据流程图	图号	DL6-1

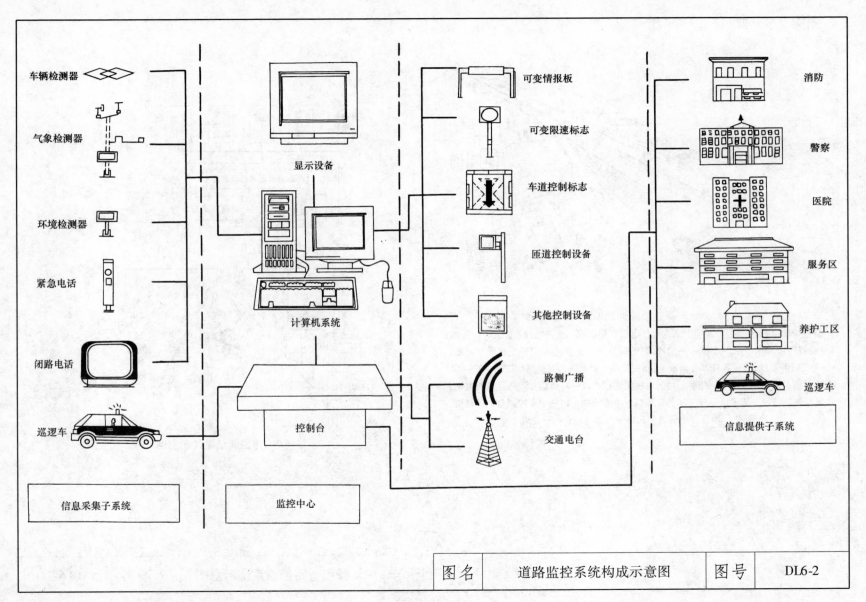

图名	道路监控系统构成示意图	图号	DL6-2

车辆检测器

气象检测器

环境检测器

紧急电话

闭路电话

巡逻车

显示设备

计算机系统

控制台

信息采集子系统

监控中心

可变情报板

可变限速标志

车道控制标志

匝道控制设备

其他控制设备

路侧广播

交通电台

消防

警察

医院

服务区

养护工区

巡逻车

信息提供子系统

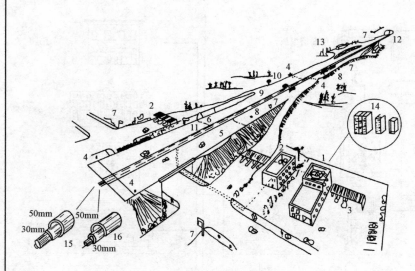

（*A*）高速公路通信系统

1—管理中心（或子中心）调度电话、业务电话监测电视、业务电视、传真、计算机；
2—收费处：传真、业务电话；3—公路养护部门；4—紧急电话；5—交通量监测器；
6—气象监测系统；7—各种可变情报板；8—公路广播系统、路侧通信广播；9—移动
无线通信；10—速度限制标志牌；11—电视摄像机；12—隧道防灾设施，监测电视、
火灾探测器；13—服务区、停车场的交通信息中心终端；14—中央控制室：计算机、
交换机、声音合成装置等；15—对称电缆；16—光缆

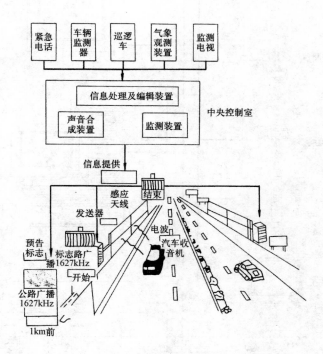

（*B*）路侧通信系统示意图

图名	城市道路通信系统示意图	图号	DL6-3

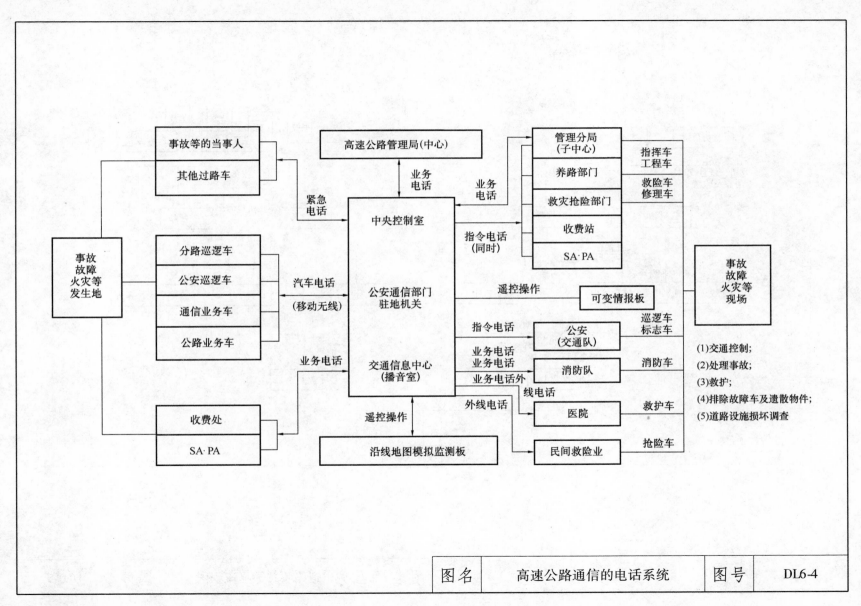

| 图名 | 高速公路通信的电话系统 | 图号 | DL6-4 |

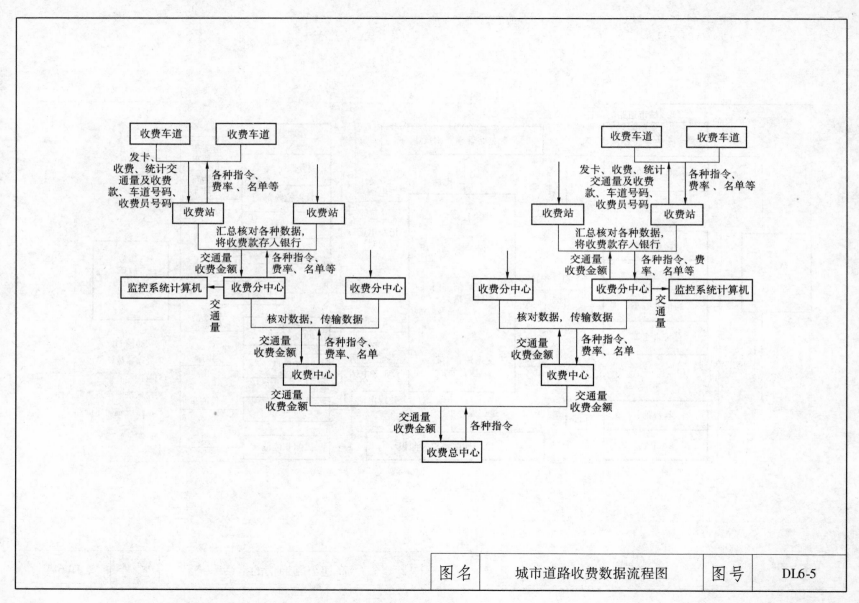

| 图名 | 城市道路收费数据流程图 | 图号 | DL6-5 |

6.2 城市道路隔离护栏

城市道路隔离护栏类别与安装

序号	主要项目	道 路 隔 离 护 栏 的 种 类 及 安 装 方 法
1	道路隔离护栏的设置、类别及其作用	（1）城市道路的护栏，应根据交通安全管理的需要，经工程方案审定后才能进行设计施工； （2）道路隔离护栏按其作用和所设的位置，为实现车辆和行人隔离而设在人行道路上的隔离物称为人行护栏；为实现机动车和非机动车分流而设在分车道边缘的隔离物称为两侧分隔离护栏；为实现双向交通分隔而设在路中的称为中间分隔离护栏； （3）隔离护栏按车行道横断面设计在分隔带上的为固定式，直接安置在路面上的移动式。有时固定式和移动式隔离护栏可配合使用
2	道路隔离护栏的主要材料	（1）隔离护栏可为（钢筋）水泥混凝土预制块或标准型钢制作，或者采用混凝土与型钢组合而成； （2）水泥混凝土原材料应符合混凝土路面材料要求。钢材应符合国家标准规格的型材，如圆钢、钢管、方管、扁钢等，一般厚度必须大于4mm，以确保设施的牢固性和耐久性
3	道路隔离护栏的设计	城市道路各式隔离护栏的式样，应根据设置的需要统一设计、统一规格，各单元组件应具有可互换性。花饰图案应尽量减少交叉与死角，以便按标准统一制作、安装和维护检修
4	道路隔离护栏的制作与安装	（1）按照统一设计，并经审定的施工图纸进行预制和现场安装，并且按照规定的位置执行； （2）金属隔离护栏的立柱和隔栏的联接，必须结实牢固，不得在施工安装时扩孔，拼装件不符合要求的应予调换； （3）若用钢管现时焊接，其焊接处不得有开裂、搭焊、烧穿及严重错位。焊接处的焊渣、毛刺应予清除。用作套管的内毛刺也应予以清除干净； （4）对移动式隔离护栏的端头立柱及每三只用插管稳定，超过50m以上的隔栏，应按小于或等于30m分段设置。端头管外露不超过15cm，并做好封口限位措施
5	道路隔离护栏防锈漆和面漆的涂刷	对道路隔离护栏进行防锈漆的和面漆的涂刷前，必须认真除锈，凡有松浮锈层应全部除净。然后涂刷防锈漆二层和二层面漆，面漆一般采用银粉漆，每层漆必须待前一层油漆干后，才可继续涂刷新漆
6	道路隔离护栏的施工质量标准及安装允许的偏差	（1）道路隔离护栏的直线部分应线形挺直，无明显高低起伏和蛇状；对曲线部分应保持目视线形圆滑顺眼；（2）道路隔离护栏中的固定式立柱应与地面垂直，并用锚固螺栓拧紧；（3）立柱和隔栏联接紧密无松动，隔栅与隔栏之间的边框线应保持平行、竖直，高低一致；（4）油漆必须均匀、光泽、无漏漆、结块、脱皮和皱纹等现象出现；（5）隔离护栏安装容许偏差，规定如下：

主要内容	标准及允许偏差 （mm）	检 验 频 率		检 验 方 法
		范　围	点　数	
顺 直 度	20	100m	1 处	用20m小线量取其最大值
高　度	+20，－10	100m	3 处	用钢尺量尺寸
固定式垂直度	10	100m	3 处	用垂线吊重
相邻隔栅错缝高差	±5	100m	3 处	用钢尺量尺寸

注：本表参照上海市市政工程管理局1993年《市政工程施工及验收技术规程》城市道路篇有关要求编表。

图名	城市道路隔离护栏类别与安装	图号	DL6-6

常用护栏结构类型

	波形梁护栏	波形梁护栏	缆索护栏	缆索护栏	混凝土护栏
护栏结构图式					
防撞等级	A：立柱间距4m； S：立柱间距2m	A：立柱间距4m； S：立柱间距2m	A：立柱间距7m/4m （土中/混凝土）	S：立柱间距7m/4m （土中/混凝土）	可按 A 或 S 级进行配筋设计
规格（mm）	波形梁：310×85×3； 立柱：φ114×4.5； 托架：70×31×4.5	波形梁：310×85×3； 立柱：φ140×4.5； 托架：178×102×3	钢丝绳直径：18，3 股 7 芯； 初拉力：2t； 缆索数：5 根； 端部立柱：φ165×5； 中间立柱：φ140×4.5； 端部混凝土基础：420cm×70cm×150cm	钢丝绳直径：18，3 股 7 芯； 初拉力：2t； 缆索数：6 根； 端部立柱：φ165×5； 中间立柱：φ140×4.5； 端部混凝土基础：500cm×70cm×160cm	需进行强度和稳定性计算，确定混凝土护栏宽度、配筋和锚固形式

图名	城市道路常用护栏结构类型（一）	图号	DL6-7（一）

	波形梁护栏	波形梁护栏	缆索护栏	缆索护栏	混凝土护栏
护栏结构图式					
材料	波形梁、立柱、托架和连接螺栓：普通碳素结构钢（Q235）； 拼接螺栓：高强螺栓（45号）	波形梁、立柱、托架和连接螺栓：普通碳素结构钢（Q235）； 拼接螺栓：高强螺栓（45号）	钢丝绳断裂强度： 1.2×10^8 Pa； 立柱、托架：普通碳素结构，钢（Q235）； 锚具：45 号优质碳素结构钢； 连接件：Q235	钢丝绳断裂强度： 1.2×10^8 Pa； 立柱、托架：普通碳素结构，钢（Q235）； 锚具：45 号优质碳素结构钢； 连接件：Q235	
防腐	波形梁、立柱、托架等结构件：600g/m²； 连接件 350g/m²	波形梁、立柱、托架等结构件：600g/m²； 连接件：350g/m²	钢丝绳：215g/m²； 立柱、托架：600g/m²； 锚具、连接件：350g/m²	钢丝绳：215g/m²； 立柱、托架：600g/m²； 锚具、连接件：350g/m²	

图名	城市道路常用护栏结构类型（二）	图号	DL6-7（二）

331

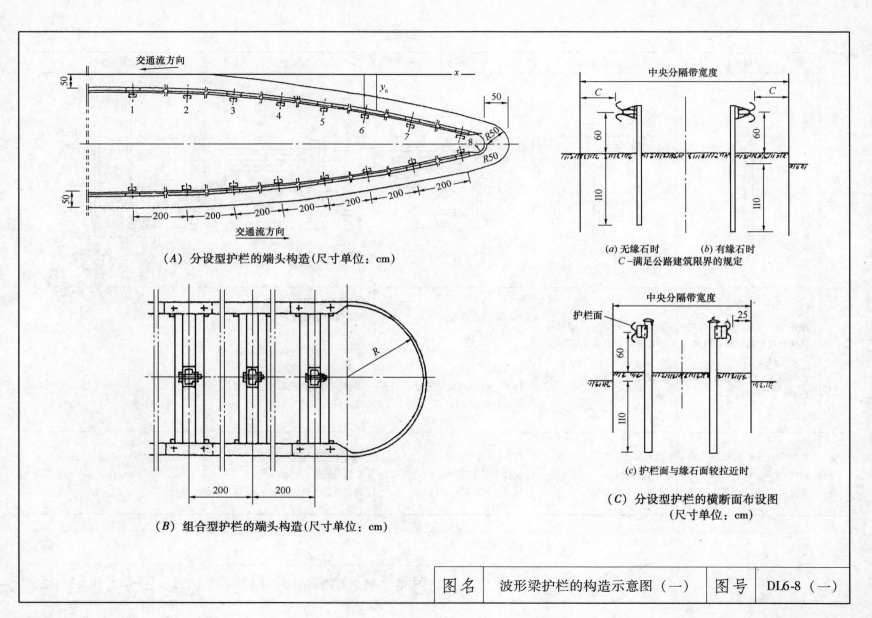

交通流方向

50

1　2　3　4　5　6　7　8　R50

R50

50

200　200　200　200　200　200

交通流方向

（A）分设型护栏的端头构造（尺寸单位：cm）

中央分隔带宽度

C　C

60　60

110　110

(a) 无缘石时　　(b) 有缘石时
C—满足公路建筑限界的规定

R

200　200

（B）组合型护栏的端头构造（尺寸单位：cm）

中央分隔带宽度

护栏面

25

60

110

(c) 护栏面与缘石面较拉近时

（C）分设型护栏的横断面布设图
（尺寸单位：cm）

| 图名 | 波形梁护栏的构造示意图（一） | 图号 | DL6-8（一） |

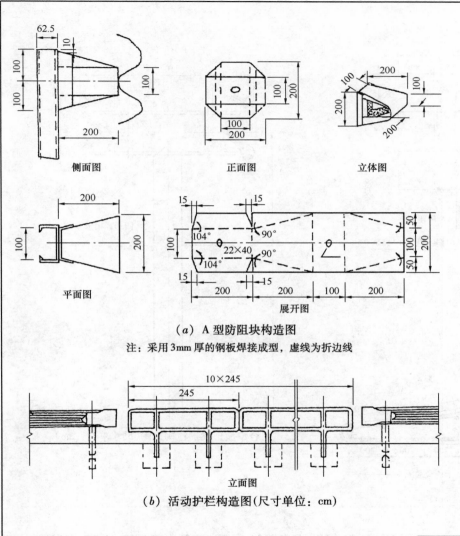

侧面图　　　　　正面图　　　　　立体图

平面图　　　　　展开图

（a）A型防阻块构造图

注：采用3mm厚的钢板焊接成型，虚线为折边线

（b）活动护栏构造图（尺寸单位：cm）

立面图

波形梁护栏的结构构造主要由波形梁、立柱和防阻块等组成。在波形梁和立柱间加设防阻块后有许多好处，增强了波形护栏的防撞作用：

（1）防阻块本身是一个吸能机构，可以使护栏在受碰撞后逐渐变形，有利于能量吸收，减少司乘人员伤亡。

（2）使波形梁从立柱上悬置出来，当失控车辆一旦与护栏发生碰撞时，便不会因波形梁紧靠立柱而使前轮在立柱处绊阻。

（3）参与护栏整体作用，使碰撞力分配到更多跨结构上，从而使护栏受力更加均匀，碰撞轨迹更加圆滑顺适，有利于车辆的导向和增加护栏的整体强度。

（4）有路缘石路段可使波形梁与缘石面的距离减小，减轻甚至消除由于失控车辆碰到缘石后跳起产生对护栏的不利影响。防阻块可以用各种形状的型钢来制造，其构造形式分别如图所示。其中A型适用于槽型或其他型钢立柱。B型适用于圆形立柱。

活动护栏是在中央分隔带开口处，为方便特种车辆如交通事故处理车、急救车等，在紧急情况下临时开启放行的设施，不同的设计适用于不同的使用要求。作为公路一侧因事故关闭时，用于疏导交通的临时开口，可采用一种如图（b）所示的活动护栏，它采用钢管焊接，比较容易拆装，在正常情况下又具有一定的隔离和防撞的能力，已在我国多条高速公路上使用。活动护栏的设置高度，应与中央分隔带波形梁护栏的设置高度保持一致。

| 图名 | 波形梁护栏的构造示意图（二） | 图号 | DL6-8（二） |

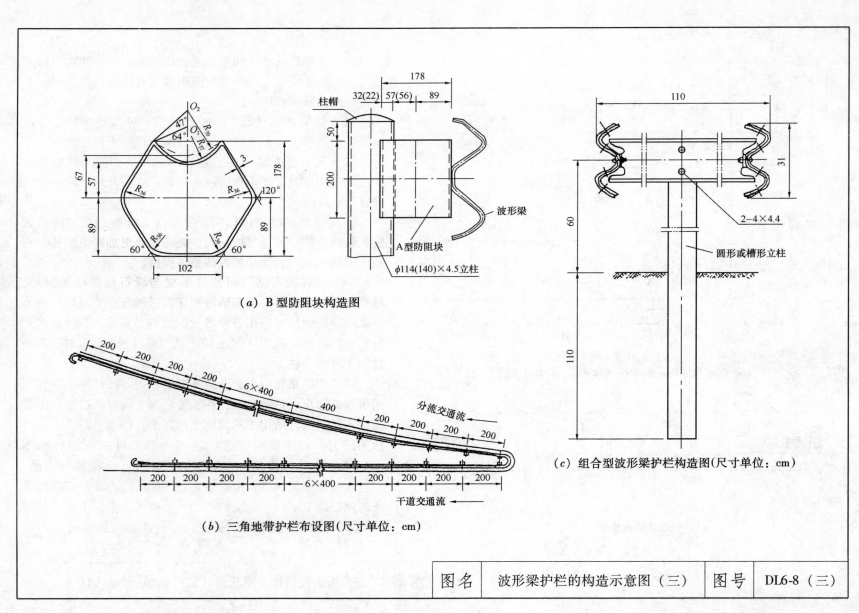

（*a*）B 型防阻块构造图

（*b*）三角地带护栏布设图（尺寸单位：cm）

（*c*）组合型波形梁护栏构造图（尺寸单位：cm）

| 图名 | 波形梁护栏的构造示意图（三） | 图号 | DL6-8（三） |

路侧缆索护栏端部立柱各部构造和尺寸

防撞等级	端部立柱埋置方式	端部立柱				混凝土基础				最下一根缆索的高度（cm）	最大立柱间距，土中/混凝土中（cm）
		外径（mm）	地面以上高度（cm）	埋入深度（cm）	形式	深度（cm）	长度（cm）	宽度（cm）	体积（m³）		
A	埋入式	φ165	100	50	三角形	150	420	70	4.4	43	700/400
A	装配式	φ165	100	6.0	三角形	150	420	70	4.4	43	700/400
B	埋入式	φ190	113	55	三角形	160	500	70	5.6	43	700/400
B	装配式	φ190	115.8	3.2	三角形	160	500	70	5.6	43	700/400

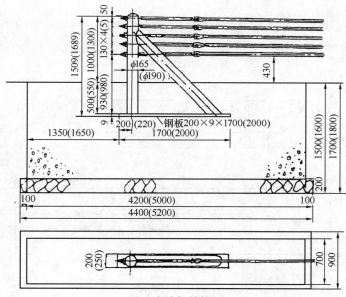

埋入式端部结构图

注：括号外数据为 A 级，括号内数据为 S 级；无括号时，A，S 级公用

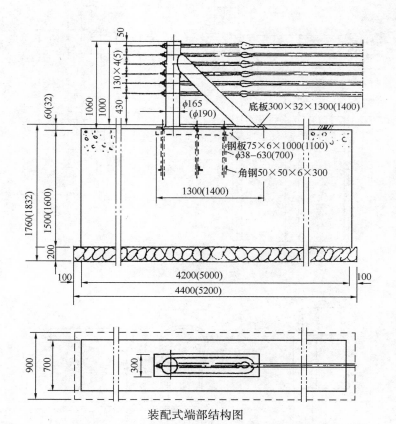

装配式端部结构图

注：括号外数据为 A 级，括号内数据为 S 级；无括号时，A、S 级公用

图名	缆索护栏的构造示意图（一）	图号	DL6-9（一）

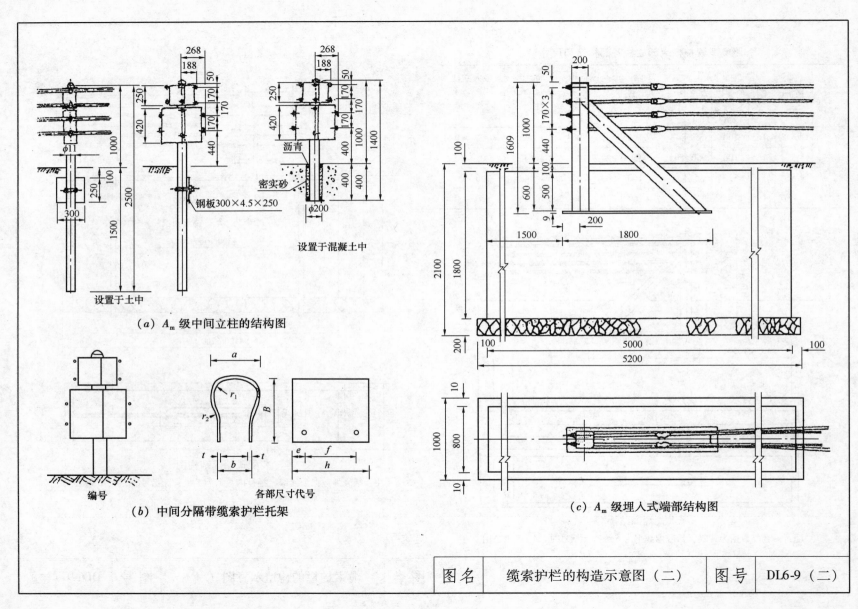

设置于土中

钢板300×4.5×250

设置于混凝土中

沥青

密实砂

（a）A_m级中间立柱的结构图

编号

各部尺寸代号

（b）中间分隔带缆索护栏托架

（c）A_m级埋入式端部结构图

图名	缆索护栏的构造示意图（二）	图号	DL6-9（二）

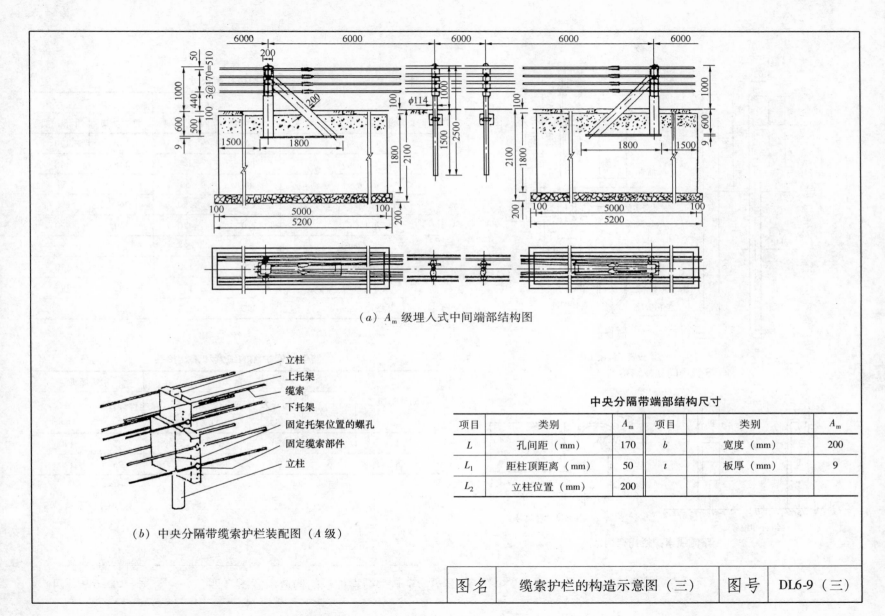

（a）A_m级埋入式中间端部结构图

（b）中央分隔带缆索护栏装配图（A级）

立柱
上托架
缆索
下托架
固定托架位置的螺孔
固定缆索部件
立柱

中央分隔带端部结构尺寸

项目	类别	A_m	项目	类别	A_m
L	孔间距（mm）	170	b	宽度（mm）	200
L_1	距柱顶距离（mm）	50	t	板厚（mm）	9
L_2	立柱位置（mm）	200			

图名	缆索护栏的构造示意图（三）	图号	DL6-9（三）

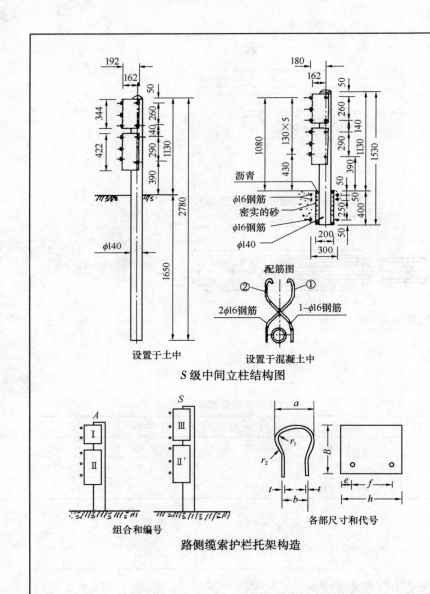

设置于土中

设置于混凝土中

S级中间立柱结构图

配筋图

2φ16钢筋

1-φ16钢筋

组合和编号

各部尺寸和代号

路侧缆索护栏托架构造

路侧护栏托架尺寸

类型 托架各部名称	A 级		S 级	
	Ⅰ上托架	Ⅱ下托架	Ⅲ上托架	Ⅱ下托架
a（mm）	170	170	170	170
b（mm）	148	148	148	148
e（mm）	40	50	40	50
f螺栓孔间距（mm）	130	290	260	290
h（mm）	210	420	340	420
r_1（mm）	55	55	55	55
γ_2（mm）	120	120	120	120
B（mm）	192	192	192	192
t壁厚（mm）	3.2	3.2	3.2	3.2

路侧栏索护缆的缆索和索端接头

防撞等级	缆 索				索端接头	
	根数	初张力（t）	直径（mm）	间距（mm）	配件杆径（mm）	全长（mm）
A	5	20	18	130	25	1200
S	6	20	18	130	25	1200

图名	缆索护栏的构造示意图（四）	图号	DL6-9（四）

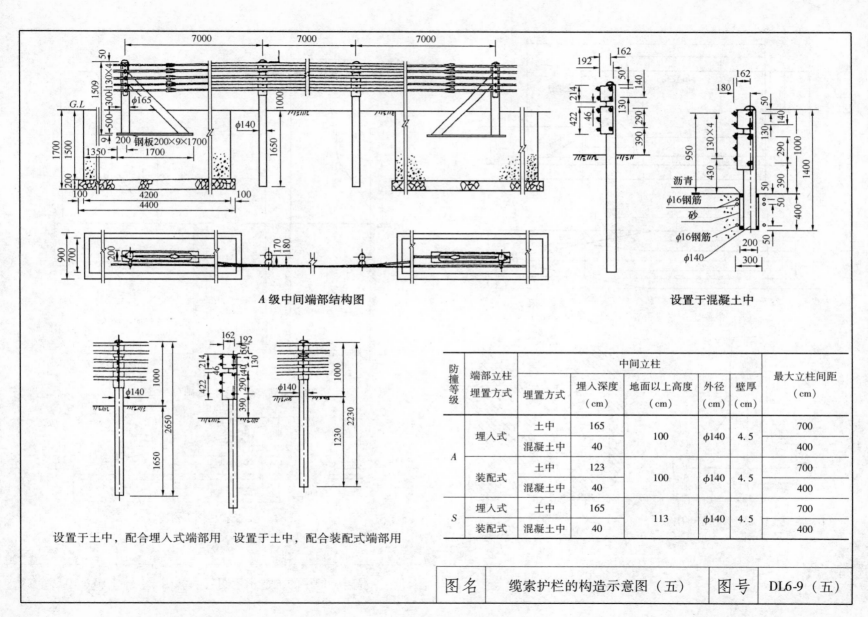

A级中间端部结构图

设置于混凝土中

设置于土中，配合埋入式端部用　设置于土中，配合装配式端部用

防撞等级	端部立柱埋置方式	中间立柱					最大立柱间距（cm）
		埋置方式	埋入深度（cm）	地面以上高度（cm）	外径（cm）	壁厚（cm）	
A	埋入式	土中	165	100	φ140	4.5	700
		混凝土中	40				400
	装配式	土中	123	100	φ140	4.5	700
		混凝土中	40				400
S	埋入式	土中	165	113	φ140	4.5	700
	装配式	混凝土中	40				400

图名	缆索护栏的构造示意图（五）	图号	DL6-9（五）

339

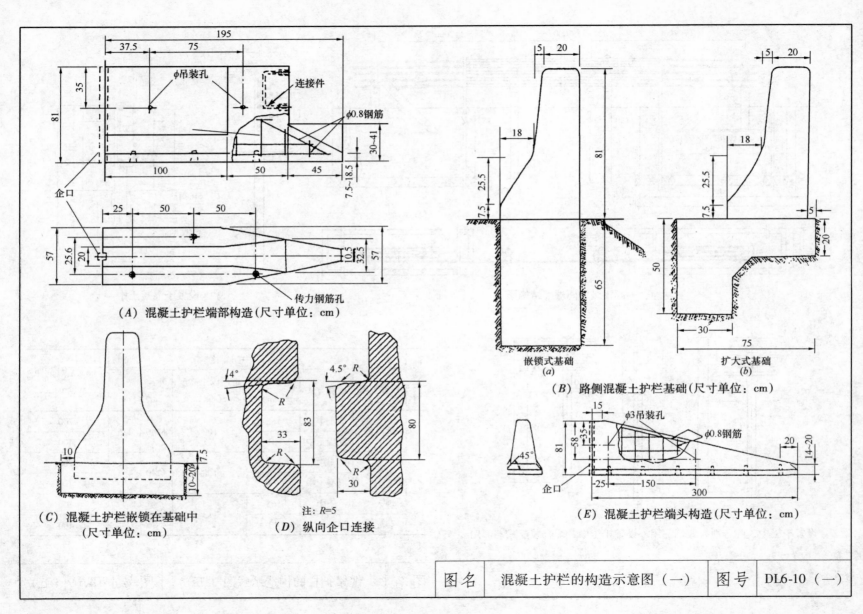

（A）混凝土护栏端部构造（尺寸单位：cm）

（C）混凝土护栏嵌锁在基础中
（尺寸单位：cm）

（D）纵向企口连接

注：R=5

（B）路侧混凝土护栏基础（尺寸单位：cm）

嵌锁式基础
（a）

扩大式基础
（b）

（E）混凝土护栏端头构造（尺寸单位：cm）

图名	混凝土护栏的构造示意图（一）	图号	DL6-10（一）

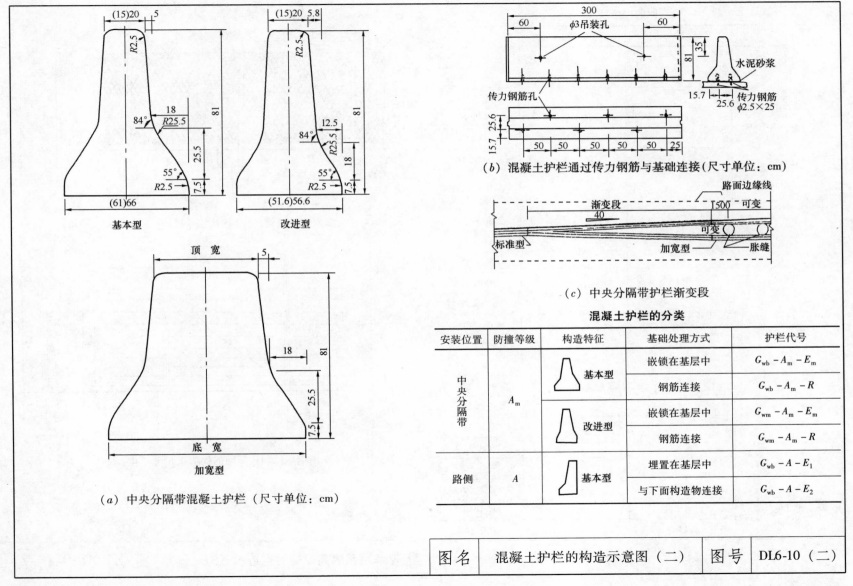

（a）中央分隔带混凝土护栏（尺寸单位：cm）

（b）混凝土护栏通过传力钢筋与基础连接（尺寸单位：cm）

（c）中央分隔带护栏渐变段

混凝土护栏的分类

安装位置	防撞等级	构造特征		基础处理方式	护栏代号
中央分隔带	A_m		基本型	嵌锁在基层中	$G_{wb} - A_m - E_m$
				钢筋连接	$G_{wb} - A_m - R$
			改进型	嵌锁在基层中	$G_{wm} - A_m - E_m$
				钢筋连接	$G_{wm} - A_m - R$
路侧	A		基本型	埋置在基层中	$G_{wb} - A - E_1$
				与下面构造物连接	$G_{wb} - A - E_2$

图名	混凝土护栏的构造示意图（二）	图号	DL6-10（二）

金属网的规格尺寸			
种　类	线号（BWG）	钢丝直径（mm）	网格尺寸（mm）
编织网	12	2.8	100×50
			150×75
	10	3.5	160×80
			150×75
			100×50
	8	4.0	160×80
			150×75
			100×50
电焊网	14	2.2	50×50
			100×50
	12	2.8	50×50
			100×50
			150×75
	10	3.5	75×75
			100×50
			150×75
拔花网	12	2.8	孔距22
			孔距25
	10	3.5	孔距32
			孔距38
	8	4.0	孔距50
拧花网	18	1.2	孔距50
	16	1.6	孔距50
	14	2.2	孔距50

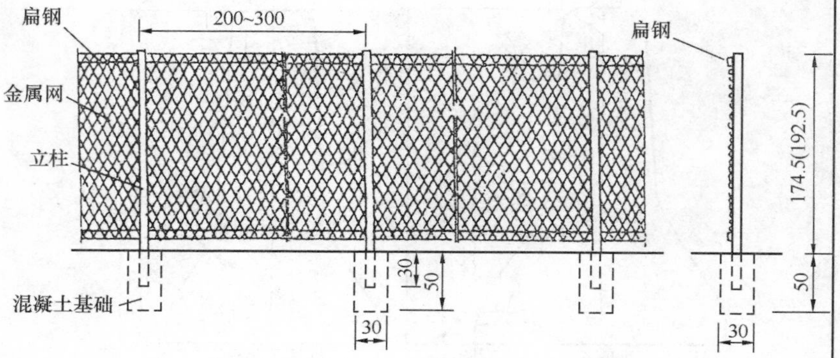

（a）金属网连续铺设，用扁钢固定的构造（尺寸单位：cm）

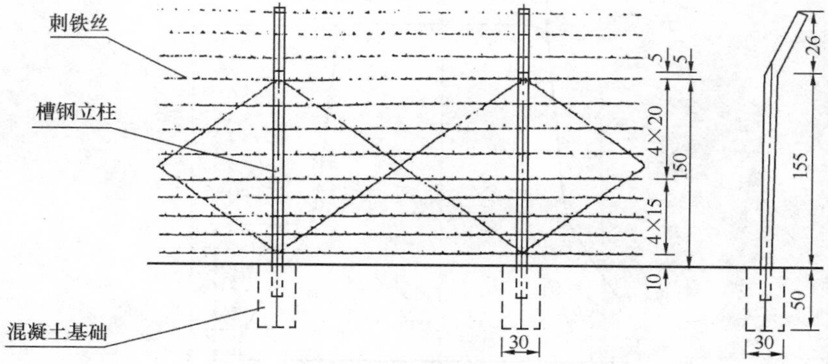

（b）槽钢立柱刺铁丝网的构造（尺寸单位：cm）

图名	道路隔离设施的构造示意图（一）	图号	DL6-11（一）

342

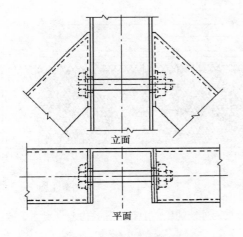

（a）立柱两侧加斜撑的构造

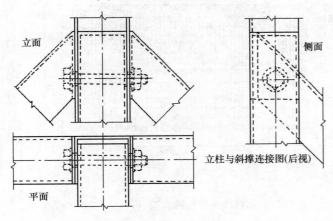

立柱与斜撑连接图(后视)

（c）立柱的三个方向加斜撑的构造

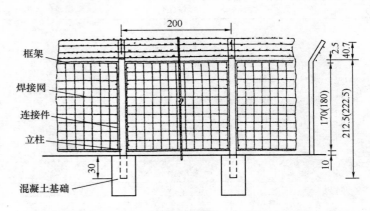

框架
焊接网
连接件
立柱
混凝土基础

（b）框架式焊接网、加刺铁丝的构造（尺寸单位：cm）

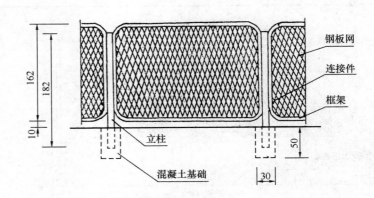

钢板网
连接件
框架
立柱
混凝土基础

（d）框架式钢板网的构造（尺寸单位：cm）

图名	道路隔离设施的构造示意图（二）	图号	DL6-11（二）

343

隔离设施分类

序号	构造形式		埋设条件	隔离设施代号
1	金属网	编织网	土中	$F-W_n-E$
			混凝土中	$F-W_n-B$
		焊接网	土中	$F-W_w-E$
			混凝土中	$F-W_w-B$
		花网	土中	$F-W_{c1}-E$
			混凝土中	$F-W_{c1}-B$
	钢板网		土中	$F-E_m-E$
			混凝土中	$F-E_m-B$
	刺铁网		土中	$F-B_w-E$
			混凝土中	$F-B_w-B$
2	常青绿篱		土中	$F-H_{1d}-E$

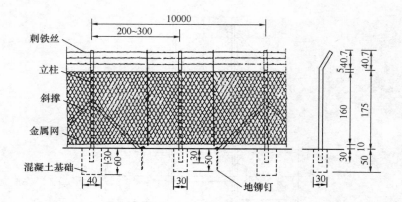

（a）金属网连续铺设，加刺铁丝的构造（尺寸单位：cm）

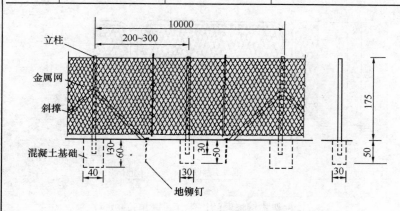

（b）金属网连续铺设的构造（尺寸单位：cm）

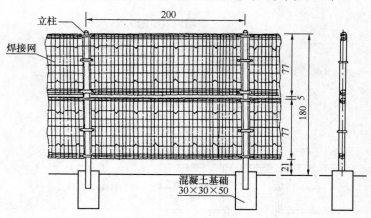

（c）圈状端头焊接网构造（尺寸单位：cm）

图名	道路隔离设施的构造示意图（三）	图号	DL6-11（三）

6.3 道路标志、标线及视线诱导

国际安全色标准中安全色及其含义

颜色	含义	用途举例
红色	停止，禁止	停止信号，禁止、紧急停止装置
		用于消防、消防器材及其位置
蓝色	强制必须遵守	必须佩戴个人防护用具
黄色	注意、警告	危险的警告（防火、防爆、防毒等），注意台阶、低门楣等
绿色	安全	太平门，安全通道、急救站、行人和车辆通行标志

我国国家标准安全色的含义和用途

颜色	含义	用途举例
红色	禁止，停止	禁止标准，停止信号，机器、车辆上的紧急停止手柄或按钮以及禁止人们触动的部位
	表示防火	消防器材及其位置
蓝色	指令必须遵守的规定	指令标志，如必须佩戴个人防护用具，交通上指引车辆和行人行进方向的指令
黄色	警告，注意	警告标志，警戒标志，如厂内危险机器和坑池周围的警戒线，车行道中心线，安全帽，机器齿轮箱内部
绿色	提示，安全状态，通行	提示标志，车间内安全通道，行人和车辆通行信号色，消防设备和其他安全防护设备的位置

注：1. 蓝色须与几何图形同时使用；

2. 为了不与邻近树木绿色相混淆，交通上用的提示标志为蓝色而非绿色。

指示标志不同形状的尺寸同计算行车速度的关系

计算行车速度（km/h）	>100	90~70	60~40	<30
圆形标志的直径（cm）	120	100	80	60
正方形标志的边长（cm）	120	100	80	60
长方形标志的边长（cm）	190×140	160×120	140×100	
单行线标志（长方形边长 cm）	120×60	100×50	80×40	60×30
会车先行标志（正方形边长 cm）			80	60

禁令标志尺寸与计算行车速度的关系

计算行车速度（km/h）		>100	90~70	60~40	<30
圆形标志	标志外径 D（cm）	120	100	80	60
	红边宽度 a（cm）	12	10	8	6
	红杠宽度 b（cm）	9	7.5	6	4.5
三角形标志	三角形边长 a（cm）			90	70
	红边宽度 b（cm）			9	7

警告标志尺寸与计算行车速度的关系

计算行车速度（km/h）	>100	90~70	60~40	<30
三角形边长 a（cm）	130	110	90	70
黑边宽度 b（cm）	9	7	6	5
黑边圆角半径 R（cm）	6	5	4	3

图名	标准安全色的含义与关系（一）	图号	DL6-12（一）

不同速度对交通标志认读距离试验统计表

标志类别	警 告					禁 令					指 示				
速度（km/h）	步行	40	60	80	100	步行	40	60	80	100	步行	40	60	80	100
平均认读距离（m）	316	272	239	212	179	390	336	307	276	239	493	435	411	374	326
认读距离递减率（%）	0	14	24	33	43	0	14	21	29	39	0	12	17	24	34
视角（分）	4.35	5.05	5.75	6.49	7.68	3.53	4.09	4.48	4.98	5.75	2.79	3.16	3.35	3.68	4.22

不同阿拉伯数字字体误读率的比较

字形	误读率（%）　认读距离（f_1）m	（25）7.62	（30）9.144	（35）10.668	（40）12.1920
0 1 2 3 4 5 6 7 8 9		5.2	12.5	30.6	38.7
0 1 2 3 4 5 6 7 8 9		1.9	5.3	12.5	22.5

间隔条纹标志的含义和用途

颜色	含义	用途举例
红色与白色	禁止越过	交通及道桥上的防护栏杆
黄色与黑色	警告危险	道路与铁路交叉口的防护栏杆，工厂企业内部的防护栏杆

交通标志的几何图形

几何图形	含 义
	禁止
	警告
	指令
	提示

安全色使用对比规定

安全色	相应的对比色	安全色	相应的对比色
红色	白色	黄色	黑色
蓝色	白色	绿色	白色

文字尺寸和行车速度的关系

设计速度（km/h）	>100	90~70	60~40	<30
文字高度（cm）	40	30	20	15~10

图名	标准安全色的含义与关系（二）	图号	DL6-12（二）

（a）立交直行和右转弯行驶

（b）向左和向右转弯

（c）靠左侧道路行驶

（d）靠右侧道路行驶

（e）立交直行和左转弯行驶

（f）非机动车道

（g）单向行驶（向左或向右）

（h）直行和向左转弯

（i）直行和向右转弯

（j）环岛行驶

（k）鸣喇叭

（l）机动车道

（m）步行街

（n）直行

（o）向左转弯

| 图名 | 道路交通指示标志示意图 | 图号 | DL6-13 |

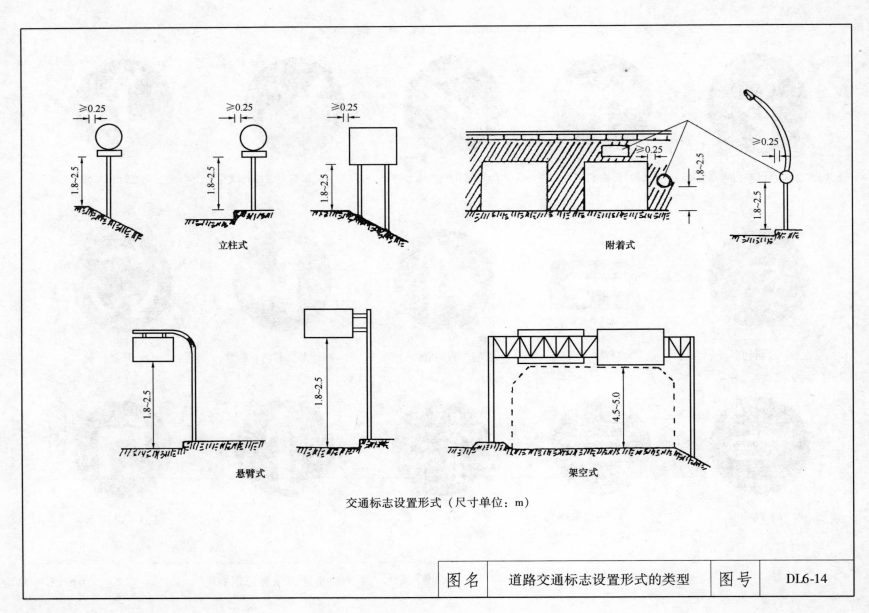

立柱式

附着式

悬臂式

架空式

交通标志设置形式（尺寸单位：m）

| 图名 | 道路交通标志设置形式的类型 | 图号 | DL6-14 |

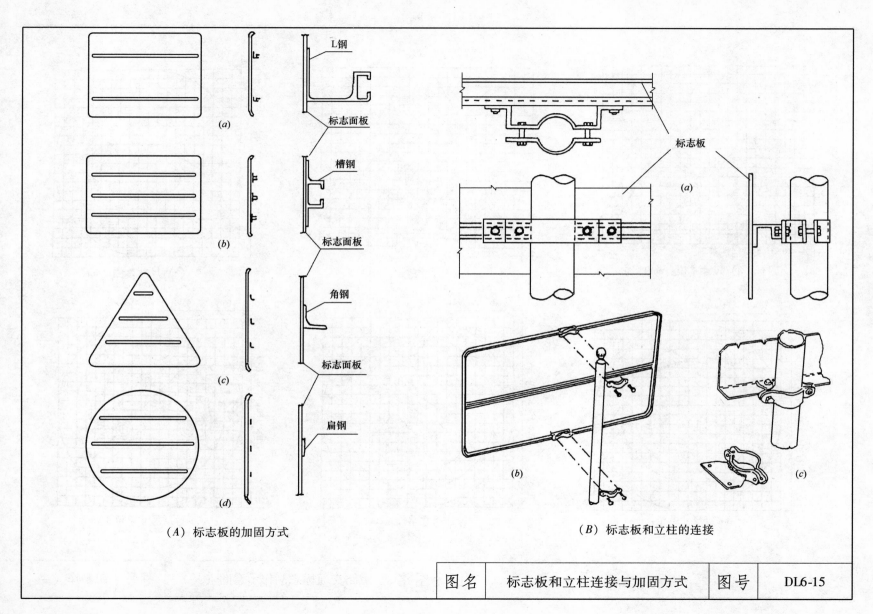

L钢

标志面板

槽钢

标志面板

角钢

标志面板

扁钢

标志板

标志板

（a）

（b）

（c）

（d）

（a）

（b）

（c）

（A）标志板的加固方式

（B）标志板和立柱的连接

图名	标志板和立柱连接与加固方式	图号	DL6-15

349

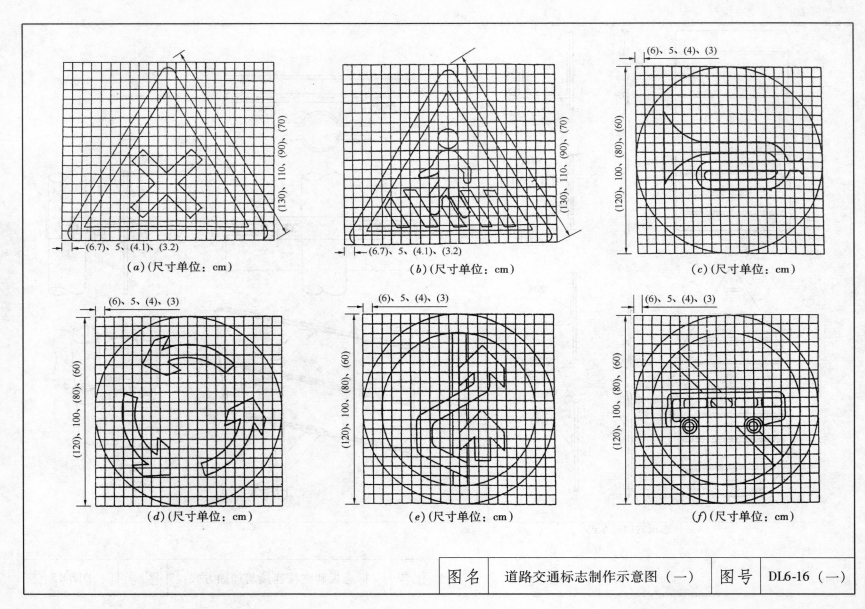

（*a*）（尺寸单位：cm）

（*b*）（尺寸单位：cm）

（*c*）（尺寸单位：cm）

（*d*）（尺寸单位：cm）

（*e*）（尺寸单位：cm）

（*f*）（尺寸单位：cm）

| 图名 | 道路交通标志制作示意图（一） | 图号 | DL6-16（一） |

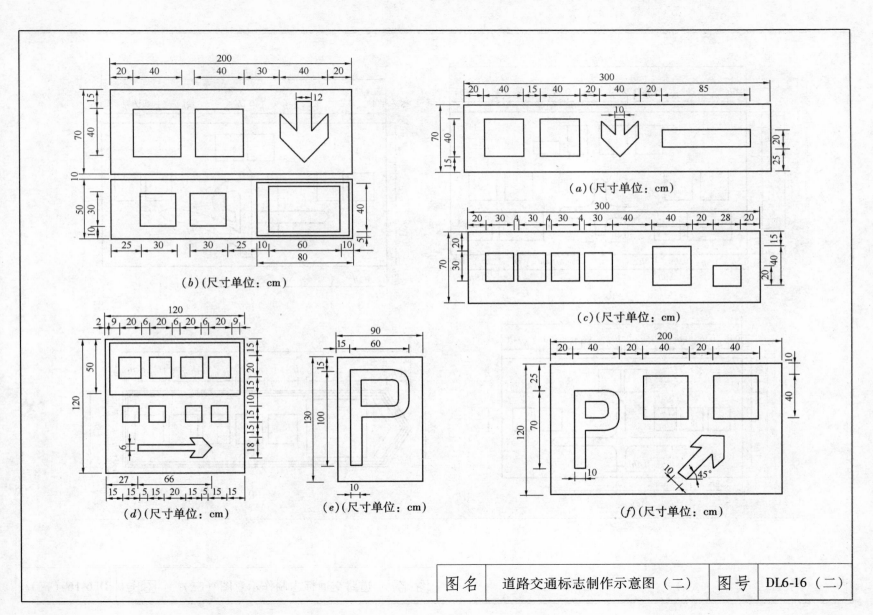

（b）（尺寸单位：cm）

（d）（尺寸单位：cm）

（e）（尺寸单位：cm）

（a）（尺寸单位：cm）

（c）（尺寸单位：cm）

（f）（尺寸单位：cm）

| 图名 | 道路交通标志制作示意图（二） | 图号 | DL6-16（二） |

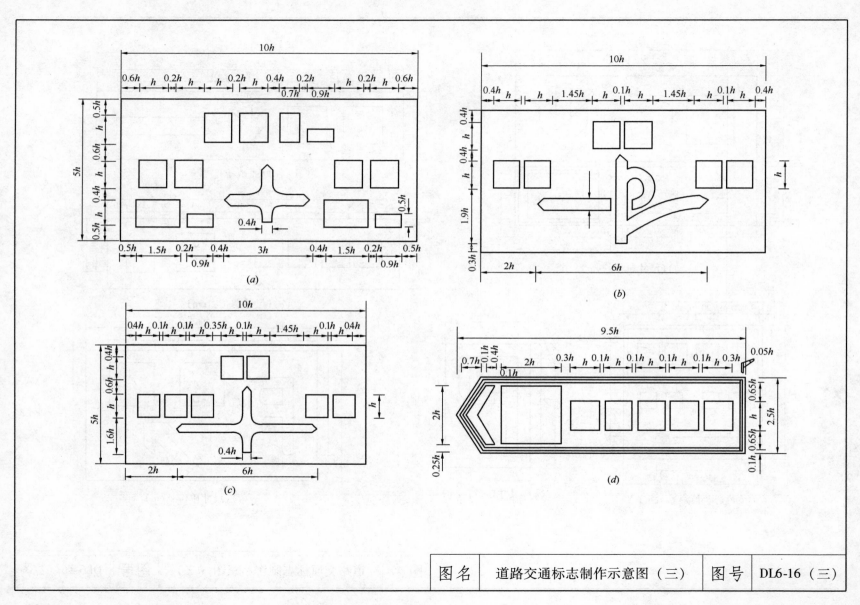

| 图名 | 道路交通标志制作示意图（三） | 图号 | DL6-16（三） |

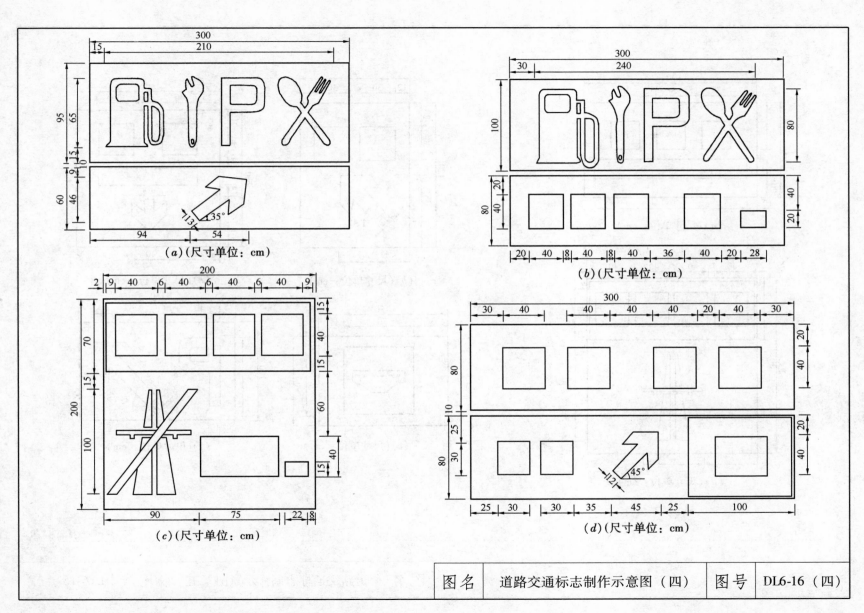

(a)（尺寸单位：cm）

(b)（尺寸单位：cm）

(c)（尺寸单位：cm）

(d)（尺寸单位：cm）

| 图名 | 道路交通标志制作示意图（四） | 图号 | DL6-16（四） |

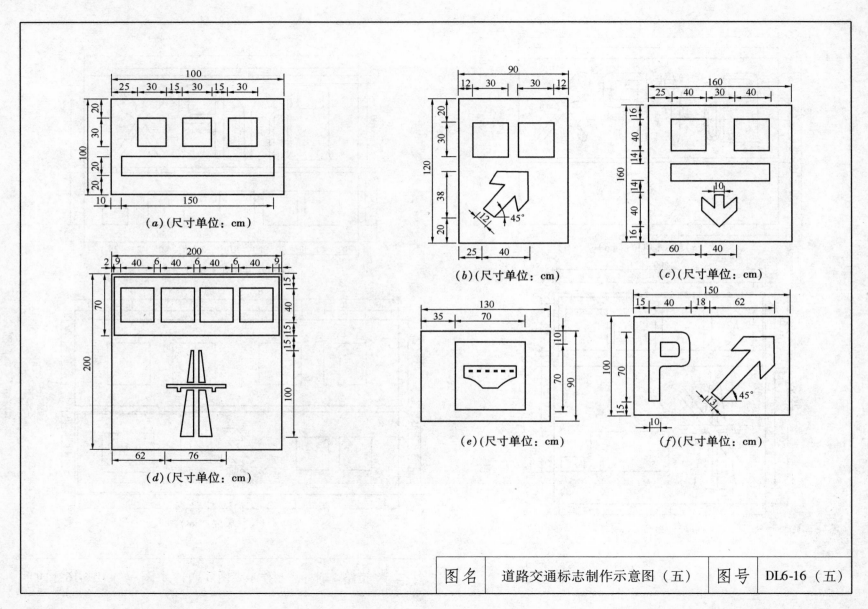

（a）（尺寸单位：cm）

（b）（尺寸单位：cm）

（c）（尺寸单位：cm）

（d）（尺寸单位：cm）

（e）（尺寸单位：cm）

（f）（尺寸单位：cm）

| 图名 | 道路交通标志制作示意图（五） | 图号 | DL6-16（五） |

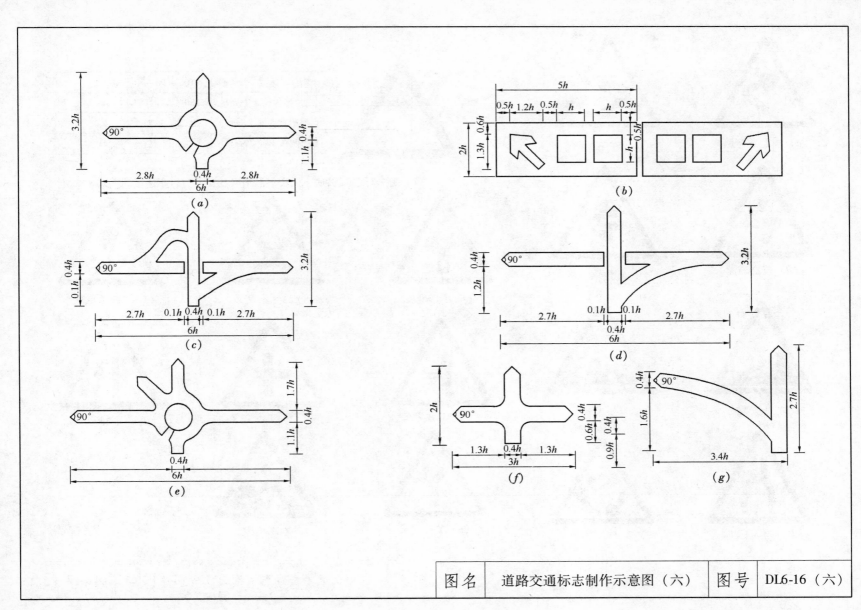

| 图名 | 道路交通标志制作示意图（六） | 图号 | DL6-16（六） |

（a）向左急弯路

（b）向右急弯路

计算行车速度（km/h）	>100	90~70	60~40	<30
三角形边长 a（cm）	130	110	90	70
黑边宽度 b（cm）	9	7	6	5
黑边圆角半径（cm）	6	5	4	3

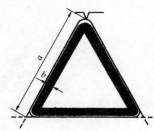

（c）警告标志（黄底、黑边、黑图案）尺寸与行车速度的关系

（d）反向弯路

（e）连续弯路

（f）T形交叉

（g）十字交叉

（h）注意危险

（i）上陡坡

（j）下陡坡

（k）T形交叉

（l）T形交叉

（m）两侧变窄

（n）右侧变窄

（o）环型交叉

（p）Y形交叉

（q）施工

图名	道路交通警告标志示意图（一）	图号	DL6-17（一）

（*a*）左侧变窄

（*b*）双向交通

（*c*）渡口

（*d*）傍山险路

（*e*）堤坝路

（*f*）注意行人

（*g*）注意儿童

（*h*）过水路面

（*i*）村庄

（*j*）隧道

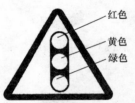

红色
黄色
绿色

（*k*）注意信号灯

（*l*）注意落石

（*m*）驼峰桥

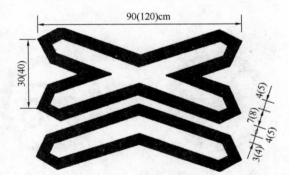

90(120)cm

30(40)

7(8)　4(5)

3(4)　4(5)

（*q*）叉形符号（白底红边）

（*n*）注意横风

（*o*）易滑

（*p*）铁路道口

图名	道路交通警告标志示意图（二）	图号	DL6-17（二）

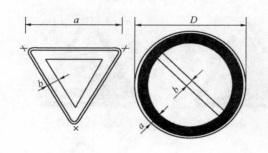

计算行车速度 km/h		>100	90～70	60～40	<30
圆形标志	标志外径 D（cm）	120	100	80	60
	红边宽度 a（cm）	12	10	8	6
	红杠宽度 b（cm）	9	7.5	6	4.5
三角形标志	三角形边长 a（cm）			90	70
	红边宽度 b（cm）			9	7

（d）禁令标志及其尺寸与行车速度的关系

（a）禁止驶入

（b）禁止机动车通行

（c）禁止通行

（e）禁止载货汽车通行

（f）禁止后三轮摩托车通行

（g）禁止大型客车通行

（h）禁止汽车与拖挂车通行

（i）禁止拖拉机通行

（j）禁止自行车下坡

（k）禁止畜力车车通行

（l）禁止人力车通行

图名	道路交通禁令标志示意图（一）	图号	DL6-18（一）

（a）禁止停车

（b）禁止非机动车停车

（c）禁止超车

（d）解除禁止超车

（e）禁止鸣喇叭

（f）禁止掉头

（g）限制质量

（h）限制速度

（i）限制宽度

（j）限制高度

（k）禁止向左转弯

（l）禁止向右转弯

（m）禁止行人通行

（n）禁止手拖拉机通行

（o）禁止摩托车通行

图名	道路交通禁令标志示意图（二）	图号	DL6-18（二）

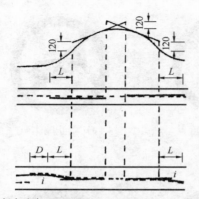

计算行车速度 $V>60\mathrm{km/h}$，$L\geqslant100\mathrm{mm}$，$D=40\mathrm{m}$，$i\geqslant1:50$；
计算行车速度 $V\leqslant60\mathrm{km/h}$，$L\geqslant50\mathrm{mm}$，$D=20\mathrm{m}$，$i\geqslant1:20$。

（a）车行道中心线划法（尺寸单位：cm）

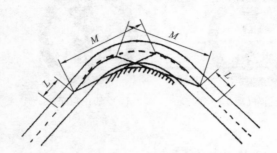

计算行车速度 $V>60\mathrm{km/h}$，$L\geqslant100\mathrm{mm}$；
计算行车速度 $V\leqslant60\mathrm{km/h}$，$L\geqslant50\mathrm{mm}$。

（b）车行道中心线划法

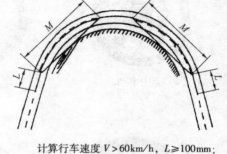

计算行车速度 $V>60\mathrm{km/h}$，$L\geqslant100\mathrm{mm}$；
计算行车速度 $V\leqslant60\mathrm{km/h}$，$L\geqslant50\mathrm{mm}$。

（c）车行道中心线划法

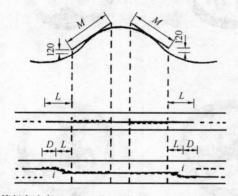

计算行车速度 $V>60\mathrm{km/h}$，$L\geqslant100\mathrm{mm}$，$D=40\mathrm{m}$，$i\geqslant1:50$；
计算行车速度 $V\leqslant60\mathrm{km/h}$，$L\geqslant50\mathrm{mm}$，$D=20\mathrm{m}$，$i\geqslant1:20$。

（d）车行道中心线划法（尺寸单位：cm）

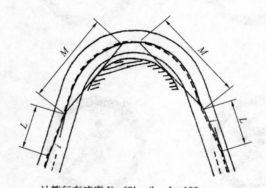

计算行车速度 $V>60\mathrm{km/h}$，$L\geqslant100\mathrm{mm}$；
计算行车速度 $V\leqslant60\mathrm{km/h}$，$L\geqslant50\mathrm{mm}$。

（e）车行道中心线划法

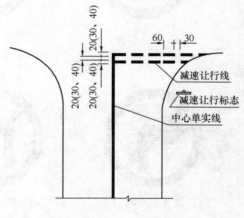

（f）（尺寸单位：m）

| 图名 | 道路标志的种类与设置图（一） | 图号 | DL6-19（一） |

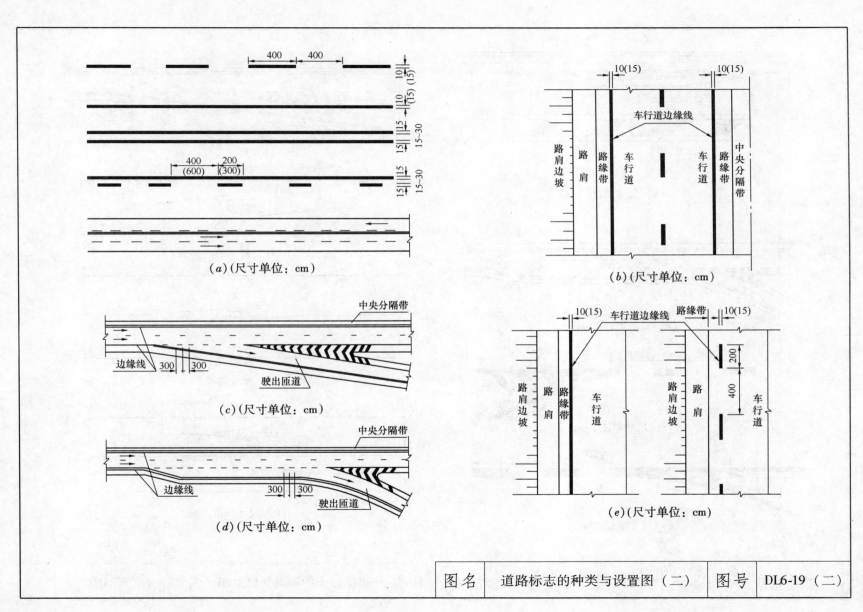

（a）（尺寸单位：cm）

（b）（尺寸单位：cm）

（c）（尺寸单位：cm）

（d）（尺寸单位：cm）

（e）（尺寸单位：cm）

| 图名 | 道路标志的种类与设置图（二） | 图号 | DL6-19（二） |

361

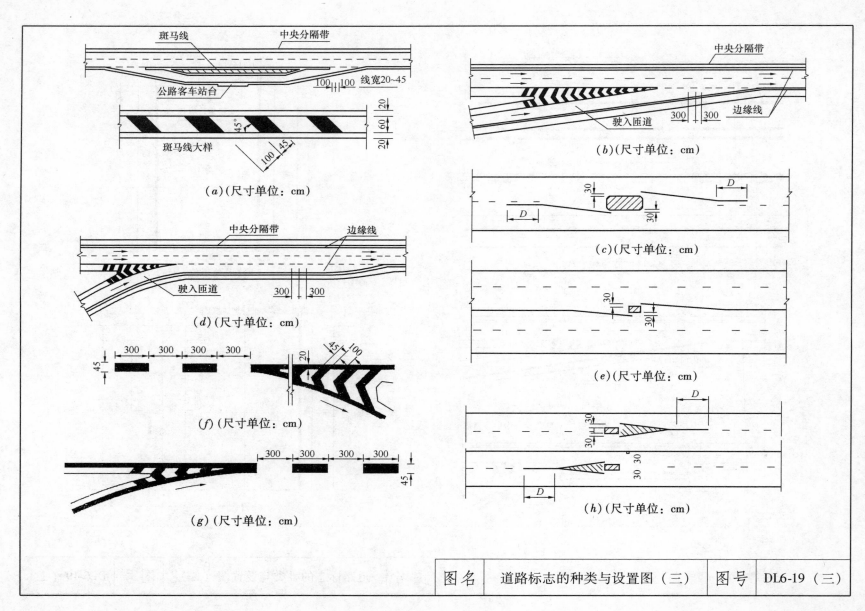

斑马线　　　　　　　中央分隔带

公路客车站台　　　　　　100　　100　线宽20~45

斑马线大样　　　　45°

100　45

20
60
20

（a）（尺寸单位：cm）

中央分隔带　　　　　　　　　　　边缘线

驶入匝道　　　　300　300

（d）（尺寸单位：cm）

300　300　300　300

45　　　　　　　　　　　　　　45　100

20

（f）（尺寸单位：cm）

300　300　300　300

45

（g）（尺寸单位：cm）

中央分隔带

驶入匝道　　　　300　300　边缘线

（b）（尺寸单位：cm）

30　　　　　　　　D

D　　　　　　　30

（c）（尺寸单位：cm）

30
30

（e）（尺寸单位：cm）

D

30
30

30　30

D

（h）（尺寸单位：cm）

图名	道路标志的种类与设置图（三）	图号	DL6-19（三）

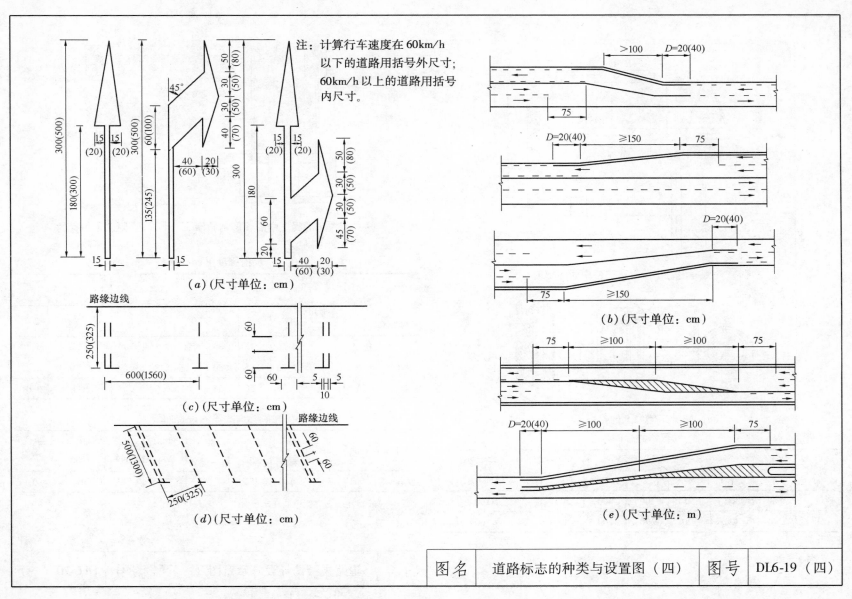

注：计算行车速度在60km/h
以下的道路用括号外尺寸；
60km/h以上的道路用括号
内尺寸。

(a)（尺寸单位：cm）

(b)（尺寸单位：cm）

(c)（尺寸单位：cm）

(d)（尺寸单位：cm）

(e)（尺寸单位：m）

| 图名 | 道路标志的种类与设置图（四） | 图号 | DL6-19（四） |

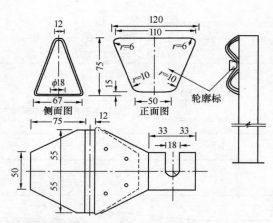

（a）轮廓标附着于波形梁护栏中间的槽内

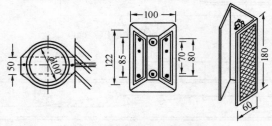

（d）附着于侧墙上的轮廓标

线形诱导标的尺寸

类别	尺寸（mm）						计算行车速度（km/h）
	A	B	C	C'	D	E	
Ⅰ	600	800	30	300	400	300	＞100
Ⅱ	220	400	100	120	200	15	＜100

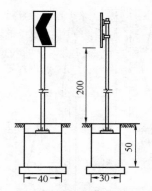

（b）埋置于混凝土中的线形诱导标
（尺寸单位：cm）

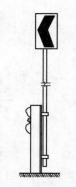

（c）附着于护栏的
线形诱导标

反射强度（cd/lx）

观察角	颜色 入射角	白色			黄色			红色		
		0°	10°	20°	0°	10°	20°	0°	10°	20°
0.2°		4.65	3.75	2.80	2.90	2.35	1.75	1.15	0.95	0.70
0.5°		2.25	1.85	1.30	1.45	1.20	0.80	0.55	0.45	0.35
1.5°		0.07	0.06	0.04	0.04	0.04	0.03	0.02	0.01	0.01

轮廓标曲线段的设置间隔

曲线半径（m）	＜30*	30～89*	90～179*	180～274	275～374	375～999	1000～1990	≥2000
设置间隔（m）	4	8	12	16	20	30	40	50

*一般指互通立交匝道曲线半径。

图名	道路视线诱导设施示意图（一）	图号	DL6-20（一）

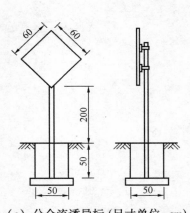

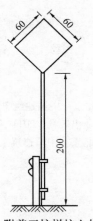

（a）分合流诱导标（尺寸单位：cm）

（b）附着于护栏柱上的分合流诱导标（尺寸单位：cm）

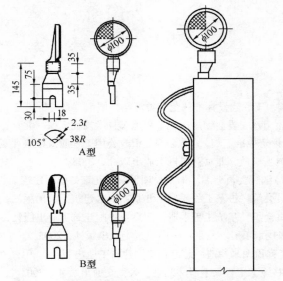

（c）轮廓标安装于波形梁护栏立柱上

分流　　合流

（d）分流、合流诱导标图案

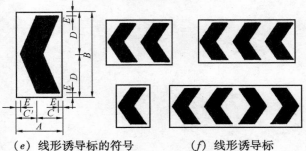

（e）线形诱导标的符号　　　　（f）线形诱导标

视线诱导设施分类

类　别	埋设条件	代号
轮廓标	土中	$V_g - D_L - E$
	附着	$V_g - D_L - A$
分流诱导标	土中	$V_g - D_v - E$
	附着	$V_g - D_v - A_t$
合流诱导标	土中	$V_g - C_v - E$
	附着	$V_g - C_v - A_t$
指示性线形诱导标	土中	$V_g - G_{ca} - E$
警告性线形诱导标	土中	$V_g - W_{ca} - E$

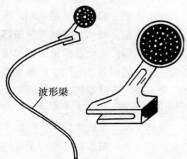

波形梁

（g）固定于波形梁上缘的轮廓标

图名	道路视线诱导设施示意图（二）	图号	DL6-20（二）

参 考 文 献

1 中国建筑工业出版社汇编. 工程建设标准规范分类汇编. 城市道路与桥梁施工验收规范. 北京：中国建筑工业出版社，2003

2 《市政工程施工技术规程汇编》编委会编. 市政工程施工技术规程汇编. 北京：中国建筑工业出版社，2011

3 《市政公用工程质量检验评定标准汇编》编委会编. 市政公用工程质量检验评定标准汇编. 北京：中国建筑工业出版社，1999

4 李世华编. 建筑(市政)施工机械. 北京：机械工业出版社，2008

5 《地基处理手册》(第三版)编写委员会编. 地基处理手册. 北京：中国建筑工业出版社，2008

6 《桩基工程手册》编写委员会编. 桩基工程手册. 北京：中国建筑工业出版社，1998

7 《地坑工程手册》编写委员会编. 基坑工程手册. 北京：中国建筑工业出版社，2004

8 李世华编. 道路桥梁维修技术手册. 北京：中国建筑工业出版社，2003

9 张力、李世华编. 市政工程识图与构造. 北京：中国建筑工业出版社，2012

10 杨文渊、钱绍武编. 道路施工工程师手册. 北京：人民交通出版社，2003

11 吴初航、陈海燕、谢炯、谢广慧、毛鹏、马兴发编著. 水泥混凝土路面施工及技术. 北京：人民交通出版社，2000

12 天津市市政工程有限公司主编. 市政工程设计与施工实例应用手册. 北京：中国建筑工业出版社，2000

13 杨文渊等编. 简明公路施工手册(第二版). 北京：人民交通出版社，2000

14 黄兴安主编. 市政工程施工组织设计实例应用手册. 北京：中国建筑工业出版社，2001

15 交通部公路司编. 公路工程质量通病防治指南. 北京：人民交通出版社，2003

16 王委主编. 市政给排水工程施工员培训教材. 北京：中国建材工业出版社，2010

17 费建国、张兰芳、王建军编. 公路工程机械化施工. 北京：人民交通出版社，2001

18 李世华主编. 市政工程施工图集1 道路工程. 北京：中国建筑工业出版社，2001

19 秦长利主编. 城市轨道交通工程测量. 北京：中国建筑工业出版社，2008

20 宋金华主编. 高等级道路施工技术与管理. 北京：中国建材工业出版社，2005

21 李世华主编. 道路工程施工技术交底手册. 北京：中国建筑工业出版社，2009

22 廖正环主编. 公路施工与管理. 北京：人民交通出版社，2005

23 李世华主编. 大型土木工程设计施工图册-道路工程. 北京：中国建筑工业出版社，2006